权威·前沿·原创

皮书系列为
"十二五""十三五"国家重点图书出版规划项目

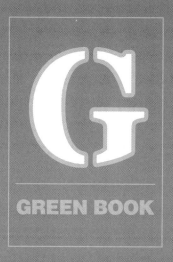

GREEN BOOK

智库成果出版与传播平台

生态安全绿皮书

GREEN BOOK OF
ECOLOGICAL SECURITY

顾　问／陆大道　李景源　郭清祥　孙伟平　胡文臻

西部国家生态安全屏障建设
发展报告（2019）

REPORT ON THE CONSTRUCTION AND DEVELOPMENT OF
NATIONAL ECOLOGICAL SECURITY BARRIERS
IN WESTERN CHINA (2019)

主　编／刘举科　喜文华
副主编／高天鹏　钱国权　常国华　汪永臻

社会科学文献出版社
SOCIAL SCIENCES ACADEMIC PRESS (CHINA)

图书在版编目（CIP）数据

西部国家生态安全屏障建设发展报告. 2019 / 刘举
科，喜文华主编. -- 北京：社会科学文献出版社，
2020. 11

（生态安全绿皮书）

ISBN 978 - 7 - 5201 - 7178 - 6

Ⅰ. ①西… Ⅱ. ①刘… ②喜… Ⅲ. ①生态环境建设
- 研究报告 - 西北地区 - 2019②生态环境建设 - 研究报告
- 西南地区 - 2019 Ⅳ. ①X321. 2

中国版本图书馆 CIP 数据核字（2020）第 157935 号

生态安全绿皮书

西部国家生态安全屏障建设发展报告（2019）

主 编 / 刘举科 喜文华
副 主 编 / 高天鹏 钱国权 常国华 汪永臻

出 版 人 / 王利民
责任编辑 / 周 琼

出 版 / 社会科学文献出版社 · 政法传媒分社 (010) 59367156
　　　　　 地址：北京市北三环中路甲 29 号院华龙大厦 邮编：100029
　　　　　 网址：www. ssap. com. cn
发 行 / 市场营销中心 (010) 59367081 59367083
印 装 / 天津千鹤文化传播有限公司

规 格 / 开 本：787mm × 1092mm 1/16
　　　　　 印 张：21 字 数：314 千字
版 次 / 2020 年 11 月第 1 版 2020 年 11 月第 1 次印刷
书 号 / ISBN 978 - 7 - 5201 - 7178 - 6
定 价 / 139. 00 元

《生态安全绿皮书》为连续出版系列皮书。《西部国家生态安全屏障建设发展报告（2019）》由甘肃省人民政府参事室、兰州城市学院、西安文理学院、北京林业大学、中国社会科学院等单位组织编撰并发布。

生态安全绿皮书编委会

主要编撰者简介

陆大道　男，经济地理学家，中国科学院院士。中国科学院地理研究所原所长，现任中国科学院地理科学与资源研究所研究员，中国地理学会理事长。

李景源　男，全国政协委员。中国社会科学院学部委员、文哲学部副主任，中国社会科学院文化研究中心主任，哲学研究所原所长，中国历史唯物主义学会副会长，博士，研究员，博士生导师。

郭清祥　男，回族，甘肃省人民政府参事室党组书记、主任，中国统战理论研究会民族宗教理论甘肃研究基地研究员。

孙伟平　男，上海大学特聘教授，中国社会科学院哲学研究所原副所长，中国辩证唯物主义研究会副会长，中国现代文化学会副会长，文化建设与评价专业委员会会长，博士，研究员，博士生导师。

胡文臻　男，中国社会科学院社会发展研究中心常务副主任，中国社会科学院中国文化研究中心副主任，中国林产工业联合会杜仲产业分会副会长，安徽省庄子研究会副会长，博士，特约研究员。

刘举科　男，甘肃省人民政府参事，中国社会科学院社会发展研究中心特约研究员，教育部全国高等教育自学考试指导委员会教育类专业委员会委员，中国现代文化学会文化建设与评价专业委员会副会长，兰州城市学院原副校长，教授，享受国务院政府特殊津贴专家。

喜文华 男，回族，联合国工业发展组织国际太阳能中心主任，亚太地区太阳能研究培训中心主任，中国绿色能源产业技术创新战略联盟理事长，甘肃自然能源研究所名誉所长，研究员，享受国务院政府特殊津贴专家。

高天鹏 男，甘肃省人民政府参事室特约研究员，甘肃省植物学会副理事长，甘肃省矿区污染治理与生态修复工程研究中心主任，祁连山北麓矿区生态系统与环境野外科学观测研究站负责人，兰州城市学院学术带头人，博士，教授，硕士生导师。

钱国权 男，甘肃省人民政府参事室特约研究员，甘肃省城市发展研究院副院长，兰州城市学院地理与环境工程学院党委书记，教授，人文地理学博士。

常国华 女，兰州城市学院地理与环境工程学院副院长、副教授，中国科学院生态环境研究中心环境科学博士。

汪永臻 男，中国社会科学院社会发展研究中心特约研究员，兰州城市学院地理与环境工程学院副教授，应用经济学博士。

鲍　锋 男，陕西省地理学会副理事长，西安市政协委员，西安文理学院党委委员兼党委宣传部部长，生物与环境工程学院院长，教授，博士，比利时布鲁塞尔自由大学访问学者。长期关注山区生态环境保护与科学研究工作。

林龙圳 男，北京林业大学党政办公室副主任，副研究员，北京林业大学人文社会科学学院在职博士生，研究方向为生态文明建设与管理。

摘　要

西部是国家"两屏三带"生态安全战略重要实施区，对于国家生态安全具有重要战略保障作用。西部生态安全屏障建设对于推进新时代西部大开发，决胜全面建成小康社会，开启全面建设社会主义现代化国家新征程具有重大而深远的意义。习近平总书记曾批示，要加快推进生态保护修复，要坚持保护优先、自然恢复为主，深入实施山水林田湖草一体化生态保护和修复，开展大规模国土绿化行动，加快小土流失和荒漠化石漠化综合治理。①我们必须坚定不移地贯彻落实好习近平总书记指示精神，承担起国家生态安全屏障建设的历史重任，坚持"绿水青山就是金山银山"的绿色发展理念，为加快推进国家生态安全屏障综合实验区建设，加快推进西部大开发，切实筑牢生态安全屏障做出贡献。

在党的坚强领导下，全国人民通过长期不懈努力，取得了西部生态安全屏障建设的成功经验和巨大成就。例如，河北塞罕坝林场人用 38 年时间创造了荒原变林海的人间奇迹，成功培育出了 112 万亩人工林，是目前世界上面积最大的人工林。据测算，塞罕坝林场每年可为北京和天津提供 1.37 亿立方米清洁水，固定 74.7 万吨二氧化碳，并释放出 54.4 万吨氧气。根据中国林科院对塞罕坝森林生态价值的评估，其每年产生的生态服务价值已经超过 120 亿元。塞罕坝林场被联合国环境规划署授予"地球卫士奖"，这是联合国环保最高荣誉。又如，内蒙古库布其沙漠整体治理，绿化面积达 6000多平方公里，成为全球荒漠化治理的成功典范。甘肃省武威市古浪县八步沙林场"六老汉"38 年如一日，三代人坚持不懈累计治沙造林 21.7 万亩，管护封沙育林（草）37.6 万亩，用"愚公移山"精神生动书写了从"沙逼人

---

① 《习近平主持中共中央政治局第四十一次集体学习》，《人民日报》2017 年 5 月 28 日。

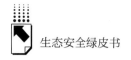
退"到"人进沙退"的绿色篇章,被中共中央宣传部授予"时代楷模"称号,为推动西部地区防风治沙、绿化国土,构建西部生态安全屏障建设做出了突出贡献,创造了人间奇迹,同时也为贫困地区扶贫开发与生态保护相协调,脱贫致富与可持续发展相促进积累了经验,使贫困人口从生态保护与修复中得到更多实惠,实现脱贫攻坚与生态文明建设"双赢"。

在过去的一年里,我国森林覆盖率达到22.96%,草原总面积达到392832.67千公顷,万元国内生产总值二氧化碳排放量下降4.0%,GDP综合能耗(吨标准煤/万元)比上年下降3.1%,空气质量持续好转。为了进一步加快西部生态安全屏障建设,我们提出,生态、人口、产业、水、信息、文化等综合要素必须向西进军,充分发挥生态、经济、社会、文化、安全等多重功能,重塑中国西部生态、经济、社会、文化、安全地理空间,深度释放西部大片国土资源空间,解放和发展生产力,促进区域协调发展,加快西部边疆地区、民族地区、干旱地区的生态、经济、社会、文化、安全建设,推动东西部协调发展的"生态西进工程"尽快落实,以推进西部大开发形成新格局。

关键词:生态安全 生态安全屏障 生态西进 协调发展

序 言

郭清祥

  党的十八大报告首次将生态文明建设提升到国家最高发展战略的高度，与经济、政治、文化、社会四大建设并列成为"五位一体"的国家发展战略，明确提出生态文明建设是全面建成小康社会、全面建设社会主义现代化国家的重要组成部分，是实现中国梦的基础保证。增加生态文明建设意味着中国现代化发展进入一个新的历史时期。

  我国最大的生态问题是西部的生态问题。西部干旱少雨，生态脆弱，导致我国地区发展严重不平衡，严重制约了我国的可持续发展。西部发展不充分，东西部发展不平衡问题依然突出，仍然是全面建成小康社会、实现社会主义现代化的短板和薄弱环节。维护民族团结和社会稳定，维护国家安全任务仍然繁重，必须加快推进西部大开发与"两屏三带"生态安全屏障建设。

  由于历史的、现实的、自然的和人为的原因，西部地区的自然环境状况十分恶劣，全国水土流失面积的80%在西部，每年新增的"荒漠化""石漠化"面积也大部分在西部，土地和草场不断退化，荒漠化现象日益严重，沙尘暴连年发生。青藏高原被称为中国乃至东南亚的水塔，其生态环境关系着亚洲的气候变化。青藏高原总面积约占我国大陆面积的1/4，包括西藏、青海、四川西部、云南西北部与新疆南部等广大地区，是世界上海拔最高、最年轻的高原，被称为世界"第三极"，也是亚洲许多大江大河，如长江、黄河、澜沧江、怒江、雅鲁藏布江的发源地。经有关科学考察和遥感技术等研究探索，近30年来青藏高原冰川雪线退缩，年均减少131.4平方公里，湿地萎缩，仅占原有面积的10%，青藏高原蓄水总量正在下降。西部生态环境建设事关国家安全和社会的可持续发展，西部地区是我国重要的生态屏

障和安全屏障，具有土壤保持、水源涵养、生物多样性保育等功能，在我国科学研究与经济发展中具有重要的生态战略地位。

为了推进国家经济社会生态协调发展、高质量发展，《中共中央、国务院关于新时代推进西部大开发形成新格局的指导意见》（以下简称《意见》）经中央全面深化改革委员会第七次会议审议通过，是指导新时代西部大开发的纲领性意见。《意见》进一步明确，推进西部大开发形成新格局，要强化举措抓重点、补短板、强弱项，形成大保护、大开发、高质量发展的新格局。同时更要把生态环境保护放到重要位置，坚持走生态优先、绿色发展的新路子。要加快建设内外通道和区域性枢纽，完善基础设施网络，加快对外开放，提高外向型经济发展水平。为了加快推进西部大开发形成新格局，释放西部大片国土资源空间，推动协调发展，不忘初心，牢记使命，完成新时代的新使命，我们认为，必须加快西部生态安全屏障建设，推动生态、人口、产业、水、信息、文化等综合要素向西进军，充分发挥生态、经济、社会、文化、安全等多重功能，重塑中国西部生态、经济、社会、文化、安全地理空间，深度释放西部大片国土资源空间，解放和发展生产力，促进区域协调发展，加强西部边疆地区、民族地区、干旱地区的生态、经济、社会、文化、安全建设，努力推进东西部协调发展的"生态西进工程"的重大建议设想，以促使西部大开发形成新格局，促进区域协调发展。

为了深入研究、全面修复和建设遭遇人为破坏的祁连山自然生态保护区、秦岭北麓西安段圈地建别墅区、新疆卡山自然保护区违规"瘦身"区域、腾格里沙漠污染区域、青海木里矿区被破坏性开采区域等生态环境严重破坏的区域，《西部国家生态安全屏障建设发展报告（2019）》在《甘肃国家生态安全屏障建设发展报告（2018）》的基础上，提出科学建设西部国家生态安全屏障的合理化建议，以西部地区生态安全屏障建设区为研究对象，采用比较分析、系统分析、定性与定量相结合的方法，制定了科学的考核评价标准、指标体系，建立了考核评价动态模型，分别对生态安全屏障建设、资源环境承载力、生态安全屏障建设区地质灾害风险评估和生态保护补偿标准等重大问题进行研究评估。对西部国家生态安全屏障安全等级指数进行评价，力图使生态安全状态保持在有利于人类生存发展的有益区间内；对资源环境承载力进行评价，力图把各类开发活动严格限制在资源环境承载能力之内；对生态安全屏障建设区地质灾害风险进行评估，力图使生态安全风险保持在可控范围之内；对近年来西部地区生态安全屏障建设的实践与问题进行了分析，给出具体建议；跟踪研究西部国家生态安全屏障建设进展及重大生态保护修复工程成效，探索建立多元化生态补偿机制。

我们对西部国家生态安全屏障建设做了总体评价研究，对西部地区生态安全屏障如何建设做了探索性分析并提出对策建议，对甘肃、青海、陕西、内蒙古等西部重要省区的生态建设状态及发展思路做了评价与总结，对国家生态安全屏障建设的补偿机制与西部特色生态城市建设的发展路径做了探讨和研究。本报告紧扣西部地区实际与发展需求，对西部地区生态安全屏障的建设进行了积极的思考。报告既有对西部地区生态发展现状和难点的深入剖析，也有对未来发展机遇与挑战的前瞻谋划；既有对西部生态环境发展宏观形势的梳理，也有对西部生态安全屏障建设的落地设计。报告对关心和参与西部地区生态环境建设的党政领导、专家学者和社会各界有重要的参考价值。

目　录

Ⅰ　总报告

Ⅱ　评价篇

Ⅲ 专题篇

Ⅳ 附 录

〔皮书数据库阅读**使用指南**〕

总　报　告

General Report

G.1

西部国家生态安全屏障建设发展报告（2019）

刘举科　喜文华　李开明*

摘　要： 西部国家生态安全屏障建设对国家生态环境安全具有十分重要的战略意义，主要涵盖黄土高原、青藏高原、内蒙古高原三大高原。本报告对甘肃的河西祁连山内陆河、甘南高原地区黄河上游、南部秦巴山地区长江上游、陇东陇中地区黄土高原、中部沿黄河地区，以及青海、陕西、内蒙古等西部重要省区的生态建设现状及发展思路做了梳理与总结，并根据

* 刘举科，男，甘肃省人民政府参事，兰州城市学院原副校长，教授，主要从事发展战略、人与环境健康研究；喜文华，男，联合国工业发展组织国际太阳能中心主任，中国绿色能源产业技术创新战略联盟理事长，研究员，主要从事发展战略、清洁能源方面的研究；李开明，男，兰州城市学院地理与环境工程学院院长，教授，博士，主要从事寒旱区水文水资源与区域经济方面的研究。

评价结果提出：要牢固树立尊重自然、顺应自然、保护自然的生态文明理念；抓好重点生态工程和重大生态项目建设；积极发展环境友好型产业；加大节能减排和环境保护力度；加快构建生态文明体制机制；全力构筑国家西部生态安全屏障等对策建议。

关键词： 西部地区　生态安全屏障　生态环境　生态安全

一　国家生态安全与西部生态安全屏障建设的战略意义

在人类文明进程中，工业文明为社会发展与进步创造了辉煌的物质文明和精神文明，也制造了难以承受的资源危机、生态灾难、环境危机。人类文明面临资源、生态、环境等不可持续发展的危机，人类的生存遇到了前所未有的挑战。生态文明是工业文明发展到一定阶段的产物，是超越工业文明的新型文明形态，是正在积极推动、逐步形成的一种社会形态，是人类社会文明的高级形态。积极推进生态文明建设，为人类创造幸福美好的生活，为经济社会可持续发展创造条件，实现全人类共同发展，是实现可持续发展的明智之举。

党的十七大报告把资源节约与环境保护提到了十分重要的战略位置。人类社会发展到一定阶段，不仅要强调精神文明建设、政治文明建设、物质文明建设，更要注重生态文明建设。党的十七大第一次提出了生态文明的理念，将建设生态文明作为实现全面建设小康社会奋斗目标新要求的重要内容，在经济社会发展中体现了生态安全观。

党的十八大报告提出，要大力推进生态文明建设。建设生态文明，是关系人民福祉、关乎民族未来的长远大计。生态文明建设已经上升到国家战略的高度，再次在党的十八大报告中被提出来。作为全球最大的发展中国家，我国在经济社会快速发展中，要更加重视生态环境保护，处理好生态环境与经济发展的关系，努力走向社会主义生态文明新时代。要把生态文明建设放在突出地位，融入经济建设、政治建设、文化建设、社会建设各方面和全过程。

党的十九大报告明确指出，建设生态文明是中华民族永续发展的千年大计。在具体论述生态文明建设的重要性时，提出了"像对待生命一样对待生态环境""实行最严格的生态环境保护制度"等论断，我们要牢固树立社会主义生态文明观，必须树立和践行"绿水青山就是金山银山"的理念，坚持节约资源和保护环境的基本国策，像对待生命一样对待生态环境。人与自然是生命共同体，人类必须尊重自然、顺应自然、保护自然。生态文明建设，需要大家共同行动，在国家、企业、个人等多个层面共同努力，共同行动，顺利推进生态文明建设，实现幸福美好生活的共同愿景。

西部国家生态安全屏障建设区域主要涵盖黄土高原、青藏高原、内蒙古高原三大高原，分属长江、黄河和内陆河三大流域，是国家"十二五"规划纲要确定的青藏高原生态屏障、黄土高原—川滇生态屏障、北方防沙带的重要组成部分。西部国家生态安全屏障建设，对于建设我国西部生态安全屏障具有十分重要的战略意义。

（1）维护国家生态安全的战略需要。中国西部地区地貌类型多样，生态资源丰富而复杂，生态环境保护重要且生态环境脆弱，既是黄河、长江及一些内陆河的重要水源补给地区，也是维护全国生态平衡的资源宝库，在水源涵养、水土保持、气候调节和生物多样性保护等方面具有非常重要的生态价值，需要国家对西部生态环境保护与生态屏障建设给予更多的关注，其战略地位极其重要，也受到政府与学术界的更多关注。习近平总书记在甘肃和河南考察后发表了对黄河流域生态保护和高质量发展的重要讲话，提出保护黄河是事关中华民族伟大复兴的千秋大计。

（2）实现资源环境协调可持续发展的战略举措。《全国主体功能区规划》将西部特别是西北的大部分土地面积纳入了限制开发区和禁止开发区。西部地区既是资源宝库，又是生物多样性的资源库，在资源环境协调发展中具有重要地位。因此，要实现区域协调发展，人与自然和谐发展，合理控制

开发强度，调整优化国土空间结构，发展生态经济和环境友好型产业，以利于在限制开发区和禁止开发区减轻资源环境承载压力，促进生产空间集约高效、生活空间宜居适度、生态空间山清水秀，给自然留下更多修复空间，给农业留下更多良田，给子孙后代留下更美好的家园。

（3）推进欠发达地区转型发展。中国西部地区基本属于欠发达地区，经济社会发展相对落后。当前，要认清西部地区经济发展落后、区域面积较大、生态环境脆弱的实际情况，牢固树立绿色发展理念，大力发展生态经济、循环经济，走出一条欠发达地区生产发展、生活富裕、生态良好的转型发展新路。

（4）维护社会稳定。甘肃地处丝绸之路的咽喉要道，是连接亚欧大陆桥的战略通道和沟通西南、西北的交通枢纽，历来是中西文化交流、经贸往来、边疆巩固、民族融合发展的重要地区，也是"一带一路"建设重要的节点，在区域发展战略中具有重要的地位。甘肃的地理位置、地貌特征、生态功能对周边地区乃至全国的生态环境具有重要影响。在经济发展相对滞后、生态环境脆弱、产业结构不合理、社会观念相对落后的背景下，探索适合区域生态特点的经济社会发展模式，对于区域经济协调发展，促进地区稳定，实现区域均衡发展等方面具有重要作用。

二 西部建设国家生态安全屏障的实践与探索

（一）甘肃国家生态安全屏障建设

甘肃地处黄土高原、青藏高原和内蒙古高原的交会处，是我国西北地区重要的生态安全屏障。按照"西北乃至全国的重要生态安全屏障"的国家战略定位，2012年甘肃省提出了将甘肃打造为国家生态安全屏障综合试验区的战略设想。2013年底，国务院通过了《甘肃省加快转型发展建设国家生态安全屏障综合试验区总体方案》，为甘肃省自然生态系统和环境保护创造了有利条件。甘肃省中东部是国家黄土高原丘陵沟壑水土保持生态功能区的重要组成部分；甘南高原和陇南山地是黄河重要的水源涵养地；河西走廊的祁连山冰川是石羊河、黑河和疏勒河三大水系 56 条内陆河流的发源地，对下游经济社会可持续发展具有重要作用，对阻止巴丹吉林、腾格里、库木塔格三大沙漠合拢和抵御风沙东扩具有不可替代的作用。祁连山是国家西部生态安全屏障的重要组成部分，黑河流域是实施祁连山山水林田湖草生态保护修复工程的核心区域，实施祁连山山水林田湖草生态保护修复工程，对改善河西走廊生态环境、建设我国西部生态安全屏障具有十分重要的意义。甘肃独特的地理位置，复杂的气候和地貌类型，对西北乃至全国生态环境有着重要影响。

甘肃有 42.59 万平方公里的土地面积，其中荒漠化面积占 45%、沙化面积占 28%，超过一半的区域位于自然灾害高发区。近些年，祁连山生态环境破坏等问题突出，使得甘肃生态环境极其脆弱。为加快建设国家生态安全屏障综合试验区，加大生态环境保护力度，建立生态保护长效机制，积极探索内陆欠发达地区转型发展的新途径，甘肃省出台了一系列生态环境保护政策：制定了《祁连山自然保护区生态环境问题整改落实方案》，祁连山保护区内 144 宗矿业权已关停 143 宗，剩余的天祝煤矿已进行整改；42 座水电站中，已关停拆除 2 座，在建的 9 座全部停建退出，其余的 31 座已建立最小下泄生态流量监督管理长效机制；筹集资金 47.3 亿元，探索区域内生态补偿机制建设；加快实施《祁连山生态环境保护与建设综合治理规划》，扎实开展祁连山地区山水林田湖草生态保护修复试点工作。在此基础上，加大与国家部委沟通衔接力度，协调青海省划定祁连山国家公园功能分区，编制实施方案、总体规划及各专项规划，全力推进祁连山国家公园体制改革试点。对金昌矿区、西成徽矿区重金属污染问题，实施大气、水、土壤污染防治行动计划，加强环境资源司法保护，构建政府、企业、公众共治的环境治理体系。严格控制污染物排放，建立覆盖所有固定污染源的企业排放许可制。加强企事业单位污染物排放总量控制，加快推进工业企业清洁生产和污染治理。加强城乡环境综合整治，实施清洁能源替代工程，淘汰分散燃煤小锅炉，推进垃圾分类处理、畜禽养殖废弃物资源化利用，强化重

点防控区域重金属治理，加快解决城市建成区污水直排环境问题，加大农村面源污染治理力度，确保人民群众喝上干净的水、呼吸清新的空气。

1. 河西祁连山内陆河生态安全屏障建设

甘肃省祁连山内陆河区域是由发源于祁连山的石羊河、黑河、疏勒河流域及哈尔腾苏干湖水系组成的内陆河地区，地处我国三大自然区（东部季风区、西北干旱区、青藏高原区）的交会处，地貌复杂、生物多样、水资源问题突出、生态环境脆弱，是国家生态安全屏障战略的重要组成部分。祁连山水源涵养区具有涵养水源、调节气候和径流、保持水土、保障流域生态安全和可持续发展等多种生态水文功能，是河西绿洲可持续发展的重要水资源发源地，是河西走廊的生命保障线。

河西祁连山内陆河区域生态安全屏障建设评价结果表明：2017 年河西祁连山内陆河区域生态安全综合指数为 0.6382，生态安全状态良好，处于较安全状态。其中，酒泉市和张掖市 2017 年生态安全综合指数较高，达到 0.7 以上，生态安全状态良好，这两个地区生态环境基本未遭到破坏，生态服务功能基本完善，生态问题不明显，基本无灾害；嘉峪关市、金昌市生态安全综合指数分别为 0.5994 和 0.5477，生态安全状态一般，生态系统服务功能已经退化，生态环境受到一定程度的破坏，生态恢复和重建有一定的困难，生态问题较多，该区域生态环境状况需引起重视。

河西祁连山内陆河区域资源环境承载力评价结果表明：2017 年河西祁连山内陆河区域资源可承载力综合指数为 6.55，资源环境承载力较高；各地市资源可承载力差异较大，嘉峪关最高，酒泉次之，金昌、张掖资源可承载力中等，武威市资源可承载力较低。从环境安全指数看，河西祁连山内陆河区域环境安全综合指数为 4.33，其中，张掖、嘉峪关、武威三市处于黄色较安全状态，酒泉和金昌环境安全处于脆弱状态，需要随时保持警惕，提高环境安全意识。

生态安全屏障建设侧重度、难度和综合度计算结果有利于生态建设的动态引导。结果如下：

（1）建设侧重度。21 个指标中，酒泉市建设侧重度排位靠前的是人均绿地面积、R&D研究和实验发展费占GDP比重、森林覆盖率、空气质量二级以上天数占比、城市建成区面积、一般工业固体废物综合利用率、信息化基础设施；嘉峪关市建设侧重度排位靠前的有湿地面积、耕地保有量、河流湖泊面积、城市建成区面积、未利用土地、人均水资源、空气质量二级以上天数占比；张掖市建设侧重度排位靠前的是城市污水处理率、人均GDP、单位GDP废水排放量、信息化基础设施、R&D研究和实验发展费占GDP比重；金昌市建设侧重度排位靠前的是森林覆盖率、单位GDP废水排放量、单位GDP二氧化硫排放量、一般工业固体废物综合利用率、第三产业占比、普通高等学校在校学生数、城市燃气普及率；武威市建设侧重度排位靠前的有建成区绿化覆盖率、人均GDP、城市人口密度、信息化基础设施。

（2）建设难度。21个指标中，酒泉市建设难度排位靠前的是人均绿地面积、单位GDP废水排放量、R&D研究和实验发展费占GDP比重；嘉峪关市建设难度排位靠前的有未利用土地、河流湖泊面积、湿地面积、耕地保有量、人均水资源；张掖市建设难度排位靠前的是城市人口密度、单位GDP废水排放量、单位GDP二氧化硫排放量、城市建成区面积；金昌市建设难度排位靠前的是普通高等学校在校学生数、森林覆盖率、一般工业固体废物综合利用率、第三产业占比、城市燃气普及率；武威市建设难度排位靠前的有建成区绿化覆盖率、人均GDP、城市建成区面积、信息化基础设施、R&D研究和实验发展费占GDP比重。

（3）建设综合度。21个指标中，酒泉市建设综合度排位靠前的是人均绿地面积、R&D研究和实验发展费占GDP比重、森林覆盖率、城市建成区面积、一般工业固体废物综合利用率；嘉峪关市建设综合度排位靠前的有河流湖泊面积、未利用土地、湿地面积、耕地保有量、人均水资源；张掖市建设综合度排位靠前的是人均GDP、城市污水处理率、单位GDP废水排放量、R&D研究和实验发展费占GDP比重、信息化基础设施；金昌市建设综合度排位靠前的是森林覆盖率、一般工业固体废物综合利用率、第三产业占比、普通高等学校在校学生数、城市燃气普及率；武威市建设综合度排位靠前的有建成区绿化覆盖率、人均GDP、信息化基础设施、人均水资源、R&D研

究和实验发展费占 GDP 比重。

从河西祁连山内陆河 5 个地区生态安全屏障建设的侧重度、难度、综合度可以看出，河西生态安全屏障建设已经进入深入期与攻坚期，应在河流保护、污水治理、第三产业发展、科技创新、人才培养等方面继续加大投入力度，突破重点，攻坚克难，进一步推进河西祁连山内陆河生态安全屏障建设。

2. 甘南高原黄河上游生态安全屏障建设

甘南高原黄河上游生态功能区是世界上较高的海拔区域中生物多样性相对丰富的地方，同样也是对生态变化敏感的区域，具有举足轻重的生态地位，该地区的生态环境直接关系到长江、黄河流域的生态安全以及经济社会的可持续发展。

甘南高原黄河上游生态功能区生态安全屏障建设评价结果表明：2017 年甘南高原黄河上游地区中，临夏市、临夏县、康乐县和广河县的生态安全综合指数高，分别达到 0.8070、0.7236、0.6962、0.6561，生态安全状态理想或良好，生态安全度为安全或较安全，表明区域的生态环境保护好，生态环境基本未受到干扰，生态系统服务功能基本完善，系统恢复再生能力强，生态问题不明显，生态灾害少；夏河县、玛曲县、碌曲县、卓尼县、合作市、和政县以及积石山县的生态安全综合指数分别达到 0.3303、0.3644、0.4754、0.3657、0.5195、05585、0.5514，生态安全度为危险或预警，说明这些地区的生态安全屏障建设尽管存在一些问题，但总体来说，生态环境受破坏小，生态服务功能较完善。

甘南高原黄河上游资源环境承载力评价结果表明：2016 年和 2017 年甘南高原黄河上游临夏州和甘南州的资源环境承载力差异较小。从环境安全指数来看，甘南州 2016 年和 2017 年的环境安全指数较临夏州低，表现为黄色较安全状态，临夏州表现为安全状态。

生态安全屏障建设侧重度、难度和综合度计算结果有利于对生态建设进行动态引导。评价结果如下。

（1）建设侧重度。25 个指标中，临夏市中药材面积的侧重度排位靠前；

临夏县建设侧重度排位靠前的指标有中药材面积和人均生产总值；康乐县果园面积的建设侧重度排位靠前；广河县中药材面积、果园面积的侧重度排位靠前；和政县社会消费品零售总额的侧重度排位靠前；积石山县第三产业总产值、中药材面积的侧重度排位靠前；合作市果园面积的侧重度排位靠前；临潭县园林水果产量、医疗保健的侧重度排位靠前；卓尼县建筑业总产值的侧重度排位靠前；玛曲县有效灌溉面积、农作物播种面积、中药材面积、粮食面积、园林水果产量、粮食总产量的侧重度排位靠前；碌曲县有效灌溉面积、果园面积、园林水果产量、粮食总产量的侧重度排位靠前；夏河县建筑业总产值的侧重度排位靠前。

（2）建设难度。25 个指标中，临夏市建设难度排位靠前的指标有中药材面积；临夏县建设难度排位靠前的指标有中药材面积；康乐县建设难度排位靠前的指标有果园面积；广河县建设难度排位靠前的指标有中药材面积；和政县建设难度排位靠前的指标有社会消费品零售总额；积石山县建设难度排位靠前的指标有建筑业总产值；合作市建设难度排位靠前的指标有果园面积、园林水果产量；临潭县建设难度排位靠前的指标有园林水果产量；卓尼县建设难度排位靠前的指标有建筑业总产值；玛曲县建设难度排位靠前的指标有有效灌溉面积、农作物播种面积、中药材面积、粮食面积、果园面积、园林水果产量、粮食总产量；碌曲县建设难度排位靠前的指标有有效灌溉面积、果园面积、园林水果产量；夏河县建设难度排位靠前的指标有建筑业总产值。

（3）建设综合度。25 个指标中，临夏市建设综合度排位靠前的指标有中药材面积；临夏县建设综合度排位靠前的指标有中药材面积；康乐县建设综合度排位靠前的指标有工业总产值；广河县建设综合度排位靠前的指标有中药材面积；和政县建设综合度排位靠前的指标有人均生产总值；积石山县建设综合度排位靠前的指标有人均生产总值；合作市建设综合度排位靠前的指标有果园面积、园林水果产量；临潭县建设综合度排位靠前的指标有医疗保健；卓尼县建设综合度排位靠前的指标有交通通信；玛曲县建设综合度排位靠前的指标有农作物播种面积、中药材面积、粮食面积、粮食总产量；碌

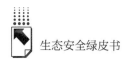

曲县建设综合度排位靠前的指标有城乡居民储蓄存款；夏河县建设综合度排位靠前的指标有建筑业总产值。

从甘南高原黄河上游生态功能区安全屏障建设的侧重度、难度、综合度可以看出，甘南高原黄河上游生态功能区安全屏障建设已进入攻坚期，应在环境、经济、社会等方面继续加大投入力度，突破重点，攻克难点，推进甘南高原黄河上游生态功能区安全屏障建设。

3. 甘肃南部秦巴山地区长江上游生态安全屏障建设

甘肃南部秦巴山地区位于甘肃省东南部，东邻陕西省，南连四川省，西接甘南州和定西市，北靠临夏州，是连接西北与西南的重要通道。特殊的自然地理条件，造就了秦巴山地区长江上游独特的自然景观。该区域既有巨大的潜在开发优势，也是生态环境很脆弱的地区之一。

甘肃南部秦巴山地区长江上游生态安全屏障建设评价结果表明：甘肃南部秦巴山地区长江上游生态安全综合指数为0.7808，生态安全状态良好，处于较安全状态。这说明甘肃南部秦巴山地区长江上游生态安全屏障建设尽管存在各种问题，但总体来说，生态环境受破坏较小，生态系统服务功能较完善。其中，天水市的生态安全综合指数最高，达到0.9032，生态安全状态理想；其次是甘南州，生态安全综合指数是0.7461，处于较安全状态；陇南市生态安全综合指数为0.6931，生态安全状态良好。这说明该生态屏障区域内各市州差别不大，生态环境状况总体良好，但需要继续保持。

甘肃南部秦巴山地区长江上游生态安全屏障资源环境承载力评价结果表明：甘肃南部秦巴山地区长江上游资源可承载力综合指数为2.5462，资源可承载能力高，环境安全综合指数为4.6850，生态环境处于较安全状态。这说明甘肃南部秦巴山地区长江上游生态环境比较好、资源可承载力较高，表明近几年来该区域生态安全屏障建设初见成效。尽管仍然存在各种生态环境问题，但总体来说，该地区在新型城镇化建设发展过程中，注重生态环境保护，能够正确处理开发建设与生态保护的关系，生态环境受破坏较小，生态系统服务功能比较完善。其中，天水市资源环境可承载力综合指数为0.2635，资源可承载能力较低，环境安全状态处于基本安全；陇南市资源环境可承载力综合指数为 0.9301，资源可承载能力较低，环境安全状态为基本安全；甘南州资源环境可承载力综合指数为 6.4451，资源可承载能力最高，环境安全状态为基本安全。这说明该区域内各市州差别较大，但生态环境状况总体需要随时保持警惕，应注重提高安全意识、红线意识和防范意识，牢固树立"绿水青山就是金山银山"的理念。

生态安全屏障建设侧重度、难度和综合度计算结果有利于对生态建设进行动态引导。评价结果如下。

（1）建设侧重度。2017 年天水市建设侧重度排在前面的是人均城市道路面积、空气质量优良天数、第三产业占比、医疗保险参保率；陇南市 21 个指标建设侧重度排在前面的是人均公园绿地面积、人均日生活用水量、城镇化率、人均 GDP、单位 GDP 二氧化硫排放量、一般工业固体废物综合利用率、单位 GDP 废水排放量、信息化基础设施、城市人口密度、普通高校在校学生数；甘南州 21 个指标建设侧重度排在前面的是森林覆盖率、建成区绿化率、生活垃圾日无害处理能力、农田有效灌溉面积、城市燃气普及率、R&D 研究和试验发展费占 GDP 比重。

（2）建设难度。2017 年天水市建设难度排在前面的是城市人口密度、河流湖泊面积、人均水资源；陇南市建设难度排在前面的是一般工业固体废物综合利用率、城市污水处理厂日处理能力、普通高等学校在校学生数；甘南州 21 个指标建设难度排在前面的是 R&D 研究和试验发展费占 GDP 比重、城市污水处理厂日处理能力、人均水资源。

（3）建设综合度。天水市建设综合度排在前面的是河流湖泊面积、医疗保险参保率、第三产业占比、农田有效灌溉面积；陇南市建设综合度排在前面的是一般工业固体废物综合利用率、普通高等学校在校学生数、农田耕地保有量；甘南州建设综合度排在前面的是 R&D 研究和试验发展费占 GDP 比重、人均水资源、城市建成区绿地面积。

从甘肃南部秦巴山地区长江上游 3 个地区生态安全屏障建设的侧重度、难度、综合度可以看出，该区域生态安全屏障建设已经进入深水区、攻坚期，在人均城市道路面积、第三产业比重、城市绿化、污水处理、科技创新

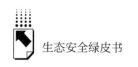
以及人才培养等方面，需要继续加大投入力度，突破重点，攻克难点，这样生态安全屏障建设有望最终完成建设目标。

4. 陇东陇中地区黄土高原生态安全屏障建设

陇东陇中地区黄土高原生态安全屏障建设是黄土高原－川滇生态屏障建设的一部分，陇东陇中地区黄土高原生态屏障建设对全国生态安全屏障建设、黄土高原地区的生态可持续发展、全面建成小康社会具有重大意义。

陇东陇中地区黄土高原生态安全屏障建设评价结果表明，陇东陇中地区黄土高原的生态安全综合指数为0.8166，其中庆阳生态安全综合指数最高，为0.9017，生态安全状态理想。这说明庆阳的生态环境状况良好，生态系统服务功能完善，生态恢复性能高，生态问题不明显。需要加强的是白银，生态问题明显较多，需要对本地的生态系统进一步改善，使其生态状况可持续和均衡发展。

生态安全屏障建设侧重度、难度和综合度计算结果有利于对生态建设进行动态引导。评价结果如下。

（1）建设侧重度。2017年，平凉市建设侧重度排在前面的指标是森林覆盖率、城市建成区绿化覆盖率和空气质量优良天数；庆阳市建设侧重度排在前面的指标是湿地面积、人均GDP、服务业增加值比重、一般工业固体废物综合利用率、城市燃气普及率、城市人口密度和普通高等学校在校学生数；定西市建设侧重度排在前面的指标是人均绿地面积、第三产业占比；白银市建设侧重度排在前面的指标是二氧化硫排放量。

（2）建设难度。2017年，平凉市建设难度排在前面的指标是普通高等学校在校学生数、服务业增加值比重、湿地面积和一般工业固体废物综合利用率；庆阳市建设难度排在前面的指标是城市人口密度、人均绿地面积、二氧化硫排放量和服务业增加值比重；定西市建设难度排在前面的是城市人口密度、普通高等学校在校学生数、森林覆盖率和人均GDP；白银市建设难度排在前面的是普通高等学校在校学生数、二氧化硫排放量、城市人口密度和森林覆盖率。

（3）建设综合度。2017年，平凉市建设综合度排在前面的指标是一般工业固体废物综合利用率、服务业增加值比重、湿地面积和人均 GDP；庆阳市建设综合度排在前面的指标是人均绿地面积、城市人口密度、第三产业占比和二氧化硫排放量；定西市建设综合度排在前面的是普通高等学校在校学生数、人均 GDP、城市人口密度和森林覆盖率；白银市建设综合度排在前面的是普通高等学校在校学生数、森林覆盖率、城市人口密度和服务业增加值比重。

从上述陇东陇中地区 4 个城市生态安全屏障建设的侧重度、难度、综合度分析可以看出，不同地区生态安全屏障建设的重点有所不同，应根据当地实际情况，结合各地区、各指标的建设侧重度、难度和综合度合理规划，有序高效推进该地区生态安全屏障建设。

5. 中部沿黄河地区生态走廊安全屏障建设

中部沿黄河地区生态走廊是国家"十二五"规划纲要中提出的国家"两屏三带"黄土高原－川滇生态屏障的重要组成部分，不仅是当地生态环境改善和经济社会可持续发展的保障，而且影响整个西北地区乃至全国的生态安全。

甘肃中部沿黄河地区生态安全屏障与资源环境承载力建设评价结果表明：中部沿黄河地区生态安全综合指数为 0.6722，其中，白银市的生态安全综合指数最高，达到 0.7702；其次是兰州市，生态安全综合指数为 0.7524；永靖县的生态安全综合指数最低，为 0.4938。中部沿黄河地区生态走廊生态安全状态良好，其中白银市和兰州市均处于较安全状态，永靖县生态安全状态一般，处于预警状态。这说明该生态屏障区域内各市县差别不大，生态环境水平一般，生态问题较多，生态灾害时有发生。

中部沿黄河地区生态安全屏障资源环境承载力评价结果表明：中部沿黄河地区内部资源可承载力差异较大，白银市、永靖县的资源可承载力都较低，分别为 4.0906 和 3.2256。兰州市最高，为 8.6332，表明资源对该地区经济社会的发展所提供的支撑能力较高。从环境安全指数看，兰州市处于基本安全水平，白银市和永靖县则处于黄色较安全水平。

生态安全屏障建设侧重度、难度和综合度计算结果有利于对生态建设进

行动态引导。评价结果如下：

（1）建设侧重度。兰州市建设侧重度排位前10的是人均绿地面积、人均GDP、城市燃气普及率、R&D研究和试验发展费占GDP比重、信息化基础设施、普通高等学校在校学生数、人均水资源、万元GDP工业烟粉尘排放量、万元GDP工业废水排放量、万元GDP化学需氧量排放量；白银市建设侧重度排位前10的是森林覆盖率、河流湖泊面积、农田耕地保有量、城市建成区绿地面积、未利用土地、PM2.5、单位GDP耗水量、一般工业固体废物综合利用率、城市人口密度、人均耕地面积；永靖县建设侧重度排位前10的有湿地面积、第三产业占比、万元GDP二氧化硫排放量、万元GDP固体废弃物产生量、PM2.5、未利用土地、人均粮食产量、人均耕地面积、万元GDP工业废水排放量、城市人口密度。

（2）建设难度。兰州市建设难度排位前10的是普通高等学校在校学生数、人均粮食产量、万元GDP化学需氧量排放量、人均耕地面积、万元GDP二氧化硫排放量、万元GDP工业烟粉尘排放量、河流湖泊面积、农田耕地保有量、万元GDP固体废弃物产生量、城市人口密度；白银市建设难度排位前10的为未利用土地、人均水资源、单位GDP耗水量、人均GDP、信息化基础设施、R&D研究和试验发展费占GDP比重、城镇化率、一般工业固体废物综合利用率、人均绿地面积、水旱灾成灾率；永靖县建设难度排位前10的为万元GDP固体废弃物产生量、R&D研究和试验发展费占GDP比重、农田耕地保有量、河流湖泊面积、人均水资源、未利用土地、人均GDP、城市建成区绿地面积、信息化基础设施、人均绿地面积。

（3）建设综合度。兰州市建设综合度排位前10的是人均绿地面积、人均GDP、城市燃气普及率、R&D研究和试验发展费占GDP比重、信息化基础设施、普通高等学校在校学生数、人均水资源、万元GDP工业烟粉尘排放量、万元GDP工业废水排放量、万元GDP化学需氧量排放量；白银市建设综合度排位前10的为森林覆盖率、河流湖泊面积、农田耕地保有量、城市建成区绿地面积、未利用土地、PM2.5、单位GDP耗水量、一般工业固体废物综合利用率、城市人口密度、人均耕地面积；永靖县建设综合度排位前 10 的是湿地面积、第三产业占比、万元 GDP 二氧化硫排放量、万元 GDP 固体废弃物产生量、PM2.5、未利用土地、人均粮食产量、人均耕地面积、万元 GDP 工业废水排放量、城市人口密度。

从甘肃中部沿黄河地区 3 个地区生态安全屏障建设的侧重度、难度、综合度可以看出，生态安全屏障建设已经进入深入期与攻坚期，应在河流保护、河流治理、第三产业发展、科技创新、人才培养等方面继续加大投入力度，突破重点，攻克难点，推进甘肃中部沿黄河地区生态安全屏障建设。

（二）青海国家生态安全屏障建设

青海的东部地区为青藏高原向黄土高原的过渡地带，西部为高原和盆地，地跨黄河、长江、澜沧江、黑河四大水系，是三江的发源地，被称为"中华水塔"。青海省在西部生态安全屏障建设和维护国家生态安全中具有不可替代的重要地位。习近平总书记对青海生态环境保护多次做出重要指示，指出青海最大的价值在生态、最大的责任在生态、最大的潜力也在生态，必须把生态文明建设放在突出位置来抓，扎扎实实推进生态环境保护，确保"一江清水向东流"。

青海省制定了《青海省生态文明制度建设总体方案》《青海省生态文明建设促进条例》《青海省创建全国生态文明先行区行动方案》等，从制度上保障青海省生态文明建设。编制实施《青海省主体功能区规划》，全省土地面积的 90% 列入限制开发区和禁止开发区，从规划上明确了生态环境保护。通过政府的多方举措与努力，逐步明确生态文明建设的重要性，为生态环境安全保驾护航。

青海国家生态安全屏障建设表明：

（1）生态安全建设的认识逐步深入。青海省把生态保护优先作为立省之要，牢牢把握人与自然和谐共生的科学自然观，认真践行绿水青山就是金山银山的发展理念，以及山水林田湖草是生命共同体的系统思想，把扎扎实实推进生态环境保护作为重大政治责任，逐步完善生态体系建设。到 2020

年，正式设立三江源国家公园；2035 年，建成现代化国家公园，成为我国国家公园的典范。

（2）生态环境质量总体保持稳定。2018 年，青海省空气质量优良天数比例为 94.6%，主要城市西宁、海东空气质量优良天数比例为 83.4%，环境状况整体改善；地表水水质达到或优于Ⅲ类，优良比例达 94.7%，劣Ⅴ类水质比例为 0；县级以上城镇集中式饮用水水源地水质全部达到或优于Ⅲ类，县级以上集中式饮用水水源地水质达标率达到 100%。生态环境质量总体保持稳定并有向好的方向发展的趋势。

（3）荒漠生态系统面积持续缩减。第五次荒漠化和沙化监测显示，我国荒漠化土地年均减少 15.3 万亩，沙化土地年均减少 17.1 万亩，重点沙区实现了沙退人进的良好局面。生物多样性显著增加，珍稀濒危物种种群数量逐年增加，青海湖鸟类种数由 20 世纪 90 年代的 189 种增加到 223 种。青海成为青藏高原生物多样性最丰富和最完整的生物基因库、最大的高原种质库。

（4）生态保育成效显著。2014 年以来，青海省草原植被覆盖度由 50.17% 提高到 56.8%，产草量从每亩 159 公斤提高到 195 公斤，草原生态系统功能逐步恢复。森林覆盖率由 2010 年的 5.23% 提高到 7.26%，森林蓄积量由 2010 年的 4589 万立方米提高到 5010 万立方米，森林生态系统功能不断提高。

（5）湿地生态系统面积明显增加。三江源地区湿地面积由 3.9 万平方公里增加到近 5 万平方公里，千湖竞流的壮美景观再现三江源头。2018 年青海湖面积达到 4563.88 平方公里，较 2004 年扩大了 319.38 平方公里。全省湿地面积达到 1.22 亿亩，位居全国第一。

（6）生态保护网络不断健全。青海建立健全以国家公园为主体、各类自然保护区为基础、各类自然公园为补充的自然保护地体系。在三江源、祁连山两个国家公园试点，设立了 11 个自然保护区，以及包括森林公园、沙漠公园、湿地公园、地质公园、世界自然遗产地等在内的各类自然保护地 217 处，总面积达 25 万平方公里，覆盖全省土地面积的 35%，不断完善生态保护建设时空格局，实现对重要自然生态系统的有效保护。

（三）内蒙古国家生态安全屏障建设

库布其沙漠曾经是京津冀的风沙源，一度被称为"悬在首都头上的一盆沙"。经过坚持不懈的努力，库布其沙漠治理取得了举世瞩目的成就。习近平总书记多次指出，库布其沙漠治理为国际社会治理生态环境提供了中国经验，库布其治沙是成功的实践，为构筑我国北方生态安全屏障做出了重要贡献。加强库布其沙漠的综合治理力度，改善沙区生态环境，有利于鄂尔多斯市的经济社会发展，对促进呼和浩特、包头、鄂尔多斯"金三角"甚至整个内蒙古自治区的经济社会发展具有重要的现实意义。

在充分考虑库布其沙漠地区的自然环境、经济社会发展状况、生态安全内涵以及数据可得性的前提下，本报告从自然生态安全、经济生态安全和社会生态安全三个方面出发，建立包含生态环境、生态经济和生态社会的生态安全屏障评价指标体系，以评价库布其沙漠地区生态安全屏障建设现状及发展趋势。评价结果表明：

（1）近年来随着库布其沙漠的持续深入治理，库布其沙漠地区的生态安全综合指数较高，生态安全状况良好，整体处于较安全状态。这说明库布其沙漠地区的生态安全屏障建设取得了巨大的进展。就各区县来说，杭锦旗由于地处库布其沙漠地区西段荒漠化最严重的区域，所以其生态安全状况差于其他两个旗县，下一步，应将生态安全屏障建设重点放在该区域。

（2）库布其沙漠地区资源环境承载力和环境安全评价表明，杭锦旗资源可承载力状态最高，达拉特旗次之，准格尔旗较低；杭锦旗、达拉特旗和准格尔旗环境安全状态均处于安全水平。

（3）鄂尔多斯市造林总场生态系统全面朝进展演替方向发展，农牧民生产生活条件得到明显改善，极大地促进了地方经济社会的可持续发展，探索了一条生态效益、经济效益、社会效益共同发展的有效路径。

（4）库布其沙漠地区生态安全屏障建设的对策建议：一是以恢复原生生态环境为主，优先保护原生植被；二是设计规划要因地制宜；三是加大力度发展生态产业，治沙与精准扶贫相结合。

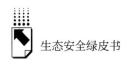

（四）陕西国家生态安全屏障建设

秦岭生态功能区涉及宝鸡市、西安市、渭南市和汉中市、安康市、商洛市的大部分市县，共6市38区县。该生态功能区是我国中线调水的重要水源补给区，是中国南北地质、气候、生物、水系、土壤五大自然地理要素的天然分界线和交会带，生物种类非常丰富，被称为世界罕见的"生物基因库"，是中国首批十二个国家级生态功能保护区之一。秦岭生态功能区不仅是中国南北气候的分界线，是南北结合部，而且是国家南水北调中线工程的重要水源地，具有非常重要的生态地位。

为反映秦岭生态功能区生态安全屏障建设的现状和进程，结合国家生态安全屏障试验区建设主要指标，我们从自然生态安全、经济生态安全和社会生态安全三个方面出发建立包含生态环境、生态经济和生态社会的生态安全屏障评价指标体系，选取宁强县、略阳县、留坝县、佛坪县、宁陕县、商州区、洛南县、丹凤县、商南县、山阳县和柞水县对秦岭生态功能区生态安全屏障分别进行评价，同时选取汉滨区、汉阴县、石泉县和宁陕县，对秦岭安康生态功能区生态安全屏障的现状、问题及成因进行分析，最后提出建设生态安全屏障的对策建议，并在充分了解灾害特征的基础上，通过对地形地貌、地层岩性、地质构造、降雨、地震、人类活动、气温变化、降水变化及超载和过牧等地质灾害诱发因子、影响水源涵养功能等因素分析，结合层次分析法和ArcGIS软件，对研究区进行风险评价研究，分别提出了对不同等级风险区的防治对策，为地方防灾减灾工作提供借鉴和参考。

评价结果表明：

（1）从整个评价结果来看，各区域的生态安全综合指数最低为0.6443，生态安全状况良好，生态安全度为较安全；综合指数最高为0.9290，生态安全状况理想，生态安全度为安全。整个秦岭生态功能区生态安全屏障处于良好和理想状态，部分地区生态安全屏障尽管存在一些生态环境问题，但总体来说，生态环境受破坏小，生态服务功能较完善；部分区域的生态环境保护好，生态环境基本未受到干扰，生态系统服务功能基本完善，没有明显生态问题。

（2）秦岭安康生态功能区生态安全状态良好，生态安全度为较安全，处于预警状态的区县生态安全综合指数也接近0.6，尽管存在一些生态环境问题，但总体来说，生态环境受破坏较小，生态服务功能较完善。

三 建设西部生态安全屏障的对策建议

近年来，国家将生态环境保护与建设摆在突出位置，有效提升了区域可持续发展能力。2019年习近平总书记在甘肃考察时，面对水草丰茂的山丹马场、郁郁葱葱的八步沙林场、美丽宜人的黄河之滨，他指出，甘肃是黄河流域重要的水源涵养区和补给区，要担负起生态修复、水土保持和污染防治的重任；要加强生态环境保护，正确处理开发和保护的关系，加快发展生态产业，构筑国家西部生态安全屏障。

河西内陆河地区，以水源涵养、湿地保护、荒漠化防治为重点，实施了一批生态保护与环境治理工程，黑河和石羊河下游干涸多年的东西居延海和青土湖，分别形成近40平方公里的水域和10平方公里以上的湿地；敦煌生态屏障西湖国家级自然保护区重新获得疏勒河补给，为阻止库木塔格沙漠东侵筑起了一道天然屏障。甘南高原地区，以草原治理、河湖和湿地保护为重点，恢复草原面积3万多公顷，增加了"中华水塔"和"黄河蓄水池"的水资源量，有效保护了西部水资源安全，促进了黄河上游和长江上游的生态安全屏障建设。南部秦巴山地区，以生物多样性和森林保护为重点，加强区域综合治理和生物多样性生态功能区建设，实现了森林面积、森林蓄积双增长，野生动植物种群数量进一步扩大。陇东陇中黄土高原地区，以水土保持和流域综合治理为重点，加强水资源保护，建设沿黄河生态走廊，兴修标准化梯田，治理水土流失。在兰州、白银等重点城市，以大气环境综合治理为重点，建立联防联控机制，实行网格化管理，城市大气环境明显改善。加大库布其沙漠的综合治理力度，不仅为国际社会治理生态环境提供了中国经

验，也为继续改善沙区生态环境，促进经济社会发展带来新的"增长点"。陕西的中线调水工程、引汉济渭工程等，以及天然保护林、生态移民、退耕还林等生态措施，使得秦岭地区水土流失综合治理取得了较大成就，有效遏制了水土流失，生态状况明显好转。

西部地区在构建国家生态安全屏障方面做了大量工作，也取得了初步的成效。在习近平新时代中国特色社会主义思想的指导下，要将西部生态环境保护与生态安全屏障建设落到实处，真正成为国家生态安全的有力保障，发挥西部地区水源地、基因库等作用。

1. 要加强对"四屏一廊"国家生态安全屏障的科学研究，揭示生态安全屏障功能的变化规律，明确适合甘肃环境保护与生态建设的技术途径，制定科学的发展战略

第一，牢固树立尊重自然、顺应自然、保护自然的生态文明理念。一要坚持保护生态环境就是保护生产力的战略思想不动摇，坚持改善生态环境就是发展生产力的政策指导原则，坚持经济建设与环境保护并重，在发展中努力实现生态效益与经济效益共赢。二要坚决抵制以牺牲环境、破坏资源为代价的粗放型增长模式，从思想上把资源保护与有序开发相统一、保护生态环境与经济发展相统一，营造全社会关心支持参与的良好氛围，以思想和行动的高度自觉，推动绿色发展。三要牢固树立"绿水青山就是金山银山"的理念。保护生态环境就是保护生产力，改善生态环境就是发展生产力。始终坚持生态第一，环保优先，从根本上转变发展观念。

第二，以重点生态工程和重大生态项目为引领。重大项目工程是生态安全屏障建设的重要支撑，要以重大生态项目为载体，实现生态环境保护。重大项目包括天然林保护、三北防护林建设、退耕还林、退牧还草等重点生态工程，以及石羊河流域重点治理、甘南黄河重要水源补给生态功能区保护与建设、敦煌水资源合理利用与生态保护等重大生态项目，要尽快形成国家生态安全屏障建设的项目支撑体系。

第三，积极发展环境友好型产业。绿色产业发展是生态文明建设的重要基础。要以实施主体功能区规划为引领，调整产业结构，优化产业布局。一

是大力发展生态农业和有机农业，保护和壮大林草生态系统，推广旱作节水农业技术，加快转变农牧业生产方式，夯实绿色农业发展基础。二是着力培育新能源、新材料、生物医药、新一代信息技术和高端装备制造等战略性新兴产业，提高资源节约型和环境友好型产业比重。三是大力培育现代物流、金融服务、技术服务、信息服务以及生态文化旅游等现代服务业，使产业发展与区域资源环境承载能力相适应。

第四，加快构建生态文明体制机制。党的十九大报告强调，要建立以国家公园为主体的自然保护地体系，对西部生态安全屏障建设和生态环境安全治理均有很强的针对性和指导性。一是建立健全制度机制，将生态文明建设纳入法治化、制度化轨道。二是实行资源有偿使用和生态补偿机制，严格落实环境保护制度，用制度保障西部生态安全屏障建设。三是实行环境保护与治理试点制度，优先在基础较好的祁连山地区黑河、石羊河流域开展试点工作，形成有效的治理模式，并逐步向西部地区推广。

2. 内蒙古库布其沙漠地区以恢复原生生态环境为主，优先保护原生植被

库布其沙漠地区生态功能区生态安全屏障建设应着力恢复原生生态环境，以再造性种植为辅，重点保护现有植被不被破坏，减少景观碎片化程度，有利于对沙漠区生态环境的保持和维护，有利于生物种群的恢复和繁衍，有利于提升沙漠区的生态抵抗能力。应改变单一化种植的模式，在立体空间上多维度种植共生性植物与原生植物，尽可能模拟自然状态。

3. 秦岭地区生态安全屏障建设，应重视灾害防范

应在以下几个方面开展工作：一是禁止乱砍乱挖、过度放牧，合理利用土地，植树造林，提高植被覆盖率，防止水土流失，完善水体流动系统；二是构建合理的地质灾害防治指标体系，加大灾害监管力度，如加大对灾害汛期的巡查，制定法律法规，实行破坏管理机制；三是组织成立地质灾害防治领导小组，切实加强灾害预警机制；四是提高公众的地质灾害预防意识，增强抗灾防灾能力；五是运用先进的科学技术，加强灾害预警体系建设。

评价篇

Evaluation Reports

G.2

西部国家生态安全屏障建设健康指数评价报告

赵廷刚　温大伟　谢建民　刘　涛*

摘　要：　西部国家生态安全屏障主要包括甘肃河西祁连山内陆河生态
　　　　安全屏障、南部秦巴山地区长江上游生态安全屏障、甘南高
　　　　原地区黄河上游生态安全屏障、陇东陇中地区黄土高原生态
　　　　安全屏障和中部沿黄河地区生态走廊以及青海、内蒙古、陕
　　　　西等区域。西部地区的生态问题类型多样，随着工业化、城
　　　　镇化、农业现代化进程的加快，资源环境的瓶颈制约进一步
　　　　加剧，加快发展与环境保护的矛盾日益突出，生态治理难度

* 赵廷刚，男，应用数学博士后，兰州城市学院教授，主要从事计算数学与应用数学的教学与
研究；温大伟，男，硕士，兰州城市学院讲师，主要从事微分方程的研究；谢建民，男，硕
士，兰州城市学院副教授，主要从事图论的研究；刘涛，男，兰州城市学院副教授，主要从
事信息与通信工程的研究。

加大。本报告从生态环境、生态经济以及生态社会三个方面对甘肃"四屏一廊"、内蒙古库布其沙漠地区以及陕西秦岭等区域生态功能区生态安全屏障分别进行评价，并对其生态区域的资源可承载力以及环境安全做了评价，最后对生态安全屏障建设提出了建议与对策。

关键词： 西部生态安全屏障 生态安全 资源环境承载力 环境安全

一 生态安全屏障数学评价模型与生态城市健康数学评价模型

本报告的相关概念和理论请参阅《甘肃国家生态安全屏障建设发展报告（2017）》。

（一）生态安全屏障健康指数与数学评价模型

1. 归一化方法

我们通常采集到的原始数据具有不同的量纲和量级，无法直接进行数据的比较和计算，为了解决数据之间的差异性，我们对数据做了无量纲化或归一化处理。

采用方法如下：

正向指标的表示：$X = X_i/X_{ref}$；

负向指标的表示：$X = X_{ref}/X_i$；

半正向指标的表示：$X = \begin{cases} X_i/X_{ref}, & \text{当 } X_i \text{ 小于 } X_{ref} \text{ 时；} \\ X_{ref}/X_i, & \text{当 } X_i \text{ 大于 } X_{ref} \text{ 时。} \end{cases}$

其中 X 表示数据指标的标准化赋值，X_i 表示数据指标采集到的原始数据，X_{ref} 是数据指标的参考标准值。参考标准值可以通过《中国生态城市建

设发展报告（2015）》[1] 提出的生态城市建设指标的量化标准方法来计算得出，方法在下节中给出。

为了便于计算，参考标准值 X_{ref} 的选取可采用以下三种方式：

（1）$X_{\text{ref}} = \lambda \max_i X_i$ ；

（2）$X_{\text{ref}} = \lambda \min_i X_i$ ；

（3）$X_{\text{ref}} = \lambda \operatorname{ave}_i X_i$ 。

其中 $\lambda = 1$ 。

2. 熵值法

熵值法是根据各项指标观测值提供的信息量的大小来确定指标权重的方法。该方法的主要依据是利用指标观测值的差异程度来决定指标权重（观测值差异越大，权重就越大；反之，权重就越小）。计算步骤：

步骤1：

正向指标的表示：$X'_i = (X_i - X_{\min})/(X_{\max} - X_{\min}) + 1$ ；

负向指标的表示：$X'_i = (X_{\max} - X_i)/(X_{\max} - X_{\min}) + 1$ ；

步骤2：计算单个指标的比重

$$P_i = X'_i \Big/ \sum_i X'_i$$

步骤3：计算单个指标的熵值

$$e = -k \sum_i P_i \log(P_i)$$

其中 $k = 1/\ln m$ ，m 为样本容量。

步骤4：计算单个指标的差异系数

$$g = 1 - e ;$$

步骤5：计算权重

$$W = g \Big/ \sum g 。$$

通过上述 5 个步骤就可以确定某项指标的权重。与熵值法相对的赋权方

① 刘举科、孙伟平、胡文臻主编《中国生态城市建设发展报告（2015）》，社会科学文献出版社，2015。

法之一是专家赋权法。这种方法主观因素太多，但通常能够得到较为合理的预期结果。

3. 动态评价模型

假设生态安全屏障可以用若干个指标 $j = 1, 2, \cdots, m$ 来描述，而采集的样本数据用 $i = 1, 2, \cdots, n$ 来表示，对于 t_k 时刻，这些数据被无量纲化后用 $C_{ij}(t_k)$ 来表示。

（1）梯度的概念

梯度概念表示该指标关于时间的变化强度，用下式计算

$$\Delta_{ij}(t_k) = \frac{C_{ij}(t_{k-1}) - C_{ij}(t_k)}{t_{k-1} - t_k}$$

当梯度大于 0 时，说明该指标是增长的，反之，该指标是下降的。

（2）变化率的概念

变化率概念同样也考虑了发展基础的因素，计算公式为：

$$R_{ij}(t_k) = \Delta_{ij}(t_k) / C_{ij}(t_k)$$

变化率概念的困境是当数据 $C_{ij}(t_k)$ 非常小时，结果会不稳定，这意味着描述失真。可持续发展也可以用变化率来描述，这与梯度相类似。

（3）不稳定度的概念

不稳定度概念用来描述该指标在时间段 t_1 到 t_k 中变化的不稳定性程度，由下式给出：

$$D_{ij}[t_1, t_k] = \frac{1}{k-1} \sum_k | \Delta_{ij}(t_k) |$$

不稳定度数值越大，表明该指标变化越剧烈。

随着时间的演化，良好的生态系统将会非常稳定地演化，故而其不稳定度会越来越小，因此，我们希望生态安全屏障能够有效保护生态环境不再恶化，其满足的动态条件是：

$$\lim_{k \to \infty} D_{ij}[t_1, t_k] = 0$$

上述条件是理想状态下的。

（4）生态安全屏障良性演化的概念及指数

若生态安全屏障的所有观测数据满足条件：

$$①C_{ij}(t_k) \leq C_{ij}(t_{k+1}) \leq C_{ij}(t_{k+2})$$

$$②D_{ij}[t_1,t_k] \geq D_{ij}[t_1,t_{k+1}] \geq D_{ij}[t_1,t_{k+2}]$$

则称该生态安全屏障从时刻 t_k 到 t_{k+2} 是绝对良性演化的；否则，称为非稳态演化。

定义生态安全演化指数如下：

$$I_i = \sum_{j \in S} W_j$$

其中集合 S 是满足条件①和②的所有指标，W_j 是第 j 个指标的权重。

（二）生态城市健康的数学评价模型

1. 生态城市建设指标的量化标准

生态城市建设指标的量化标准是一个动态概念。下面以某指标为例，来说明如何确定 2014 年该指标的量化标准。比较合理的办法如下：

（1）统计中国每个城市在上年年底（即 2013 年年底）该指标的数值；

（2）计算出上述统计值中的最大值和最小值；

（3）利用下面算式计算该指标的达标标准：

$$bzl = \lambda \max + (1 - \lambda) \min$$

其中 $0 \leq \lambda \leq 1$。

上式意味着 2014 年底该指标的达标标准是介于最小值和最大值之间的。尽管最小值是 2014 年底中国每个城市该指标的达标标准，但若在现阶段把最小值作为达标标准，那么到 2014 年底极可能绝大多数城市的该指标都无法达标，所以 2014 年底该指标的达标标准介于最小值和最大值之间更为合理。

接下来的关键是如何确立 λ。先确定一个水平 δ（$0 < \delta < 1$），如 $\delta = \frac{1}{3}$，接下来选取 λ 使得 2013 年底的该指标小于 bzl 的城市数不低于总城市数的 δ，也就是说所确立的建设标准能够保证有 1/3 以上的城市能够达标。

（4）最后用下面公式来计算 2014 年底该指标的达标标准指标：

$$bz = \frac{\dfrac{1}{bzl} - \dfrac{1}{\max} + 1}{\dfrac{1}{\min} - \dfrac{1}{\max} + 1}$$

由上述四个步骤构造的生态城市建设量化标准是一个动态变化的量，它是依据上一年的建设效果和建设标准，来确定本年的建设标准。

把由中国所有城市组成的集合记为 X。对于任意给定的时刻 t 和城市 $C \in X$，C 在时刻 t 的生态城市建设指标数值构成一个 $m \times n$ 阶矩阵，即

$$C(t) = (c_{ij}(t))_{m \times n} = \begin{pmatrix} c_{11}(t) & c_{12}(t) & \cdots & c_{1n}(t) \\ c_{21}(t) & c_{22}(t) & \cdots & c_{2n}(t) \\ \vdots & \vdots & \vdots & \vdots \\ c_{m1}(t) & c_{m2}(t) & \cdots & c_{mn}(t) \end{pmatrix}$$

其中的每个元素满足（即数值经过了适当的归一化）

$$0 \leq c_{ij}(t)0 \leq 1$$

子集 $X \subseteq X$ 表示 X 中某种类型的城市组成的集合，记为

$$x_{ij}(t)_1 = \min\{c_{ij}(t) \mid C \in X\} \quad i = 1, 2, \cdots, m; \quad j = 1, 2 \cdots, n$$
$$x_{ij}(t)_2 = \max\{c_{ij}(t) \mid C \in X\} \quad i = 1, 2, \cdots, m; \quad j = 1, 2 \cdots, n$$

于是，

$$X(t)_1 = (x_{ij}(t)_1)_{m \times n} = \begin{pmatrix} x_{11}(t)_1 & x_{12}(t)_1 & \cdots & x_{1n}(t)_1 \\ x_{21}(t)_1 & x_{22}(t)_1 & \cdots & x_{2n}(t)_1 \\ \vdots & \vdots & \vdots & \vdots \\ x_{m1}(t)_1 & x_{m2}(t)_1 & \cdots & x_{mn}(t)_1 \end{pmatrix}$$

这是 X 在时刻 t 的最低发展现状；相应的 X 在时刻 t 的最高发展现状为

$$X(t)_2 = (x_{ij}(t)_2)_{m \times n} = \begin{pmatrix} x_{11}(t)_2 & x_{12}(t)_2 & \cdots & x_{1n}(t)_2 \\ x_{21}(t)_2 & x_{22}(t)_2 & \cdots & x_{2n}(t)_2 \\ \vdots & \vdots & \vdots & \vdots \\ x_{m1}(t)_2 & x_{m2}(t)_2 & \cdots & x_{mn}(t)_2 \end{pmatrix}$$

特别是当 $X = \mathrm{X}$ 时，

$$X(t)_1, X(t)_2$$

分别为中国生态城市（中国所有城市）建设在时刻 t 的最低发展现状和最高发展现状。

沿用前面的记号，且记 $B(t+1)$ 为 X 在时刻 $t+1$ 的建设标准，则它必须满足

$$B(t+1) = \lambda_1(t)X_1(t) + \lambda_2(t)X_2(t)$$

其中参数满足

$$\lambda_1(t) + \lambda_2(t) = 1$$
$$0 \leqslant \lambda_1(t) \leqslant 1$$
$$0 \leqslant \lambda_2(t) \leqslant 1$$

上面关系表达的含义是：中国生态城市建设评价标准介于中国生态城市建设在时刻 t 的最低发展现状和最高发展现状之间。

最后的问题是如何选择 $\lambda_1(t), \lambda_2(t)$，它是一个最优化问题的解。

考虑下面两个条件：

P_1：$b_{ij}(t) \leqslant b_{ij}(t+1)$ $i = 1,2,\cdots,m; j = 1,2,\cdots,n$；

P_2：集合 $\{C \in X | c_{ij}(t) \geqslant b_{ij}(t+1), i = 1,2,\cdots,m; j = 1,2,\cdots,n\}$ 的元素个数不低于集合 X 的元素个数的 δ；

满足条件 P_1），P_2）后，求解下面最优化问题：

$$
\begin{cases}
\min \| \lambda_1(t) \sum_{C \in X} (C(t) - X(t)_1) + \lambda_2(t) \sum_{C \in X} (X(t)_2 - C(t)) \| \\
s.t \quad \lambda_1(t) + \lambda_2(t) = 1 \\
\qquad 0 \leqslant \lambda_1(t) \leqslant 1 \\
\qquad 0 \leqslant \lambda_2(t) \leqslant 1
\end{cases}
$$

就可以确定 $\lambda_1(t)$, $\lambda_2(t)$ 的值。

二 甘肃国家生态安全屏障评价的指标体系与结果

甘肃省位于我国西部地区,地处黄河中上游,大部分地区位于中国地势二级阶梯上,东接陕西,南邻四川,西连青海、新疆,北靠内蒙古、宁夏,并与蒙古人民共和国接壤,东西蜿蜒1600多公里,面积达42.59万平方公里,地域辽阔,资源匮乏。甘肃是全国自然生态类型最为复杂和脆弱的地区之一,生态系统承载能力弱,生态的脆弱性、复杂性在全国都比较典型。甘肃省有37个县(市、区)属于国家重点生态功能区,限制开发区域和禁止开发区域面积约占全省土地面积的90%。在甘肃省,大面积的水土流失、土地沙化、草原退化、工业污染、沙尘天气等生态问题类型多样,生产性破坏、地质性破坏、气候性破坏等生态因素相互叠加,加之省内大部分地区资源型缺水或工程型缺水现象突出,全省经济结构以石油化工、有色冶金等能源资源型产业为主,随着甘肃省工农业现代化、城镇化进程的加快,资源环境的瓶颈制约进一步加剧,加快发展与环境保护的矛盾日益突出,生态治理难度加大。同时,生态问题和贫困问题相互交织,环境保护与群众生存之间的矛盾日益凸显,甘肃省面临着经济发展、脱贫攻坚和生态建设的多重压力。"十二五"期间,甘肃省先后实施了天然林保护、"三北"防护林建设、退牧还草、退耕还林还草、水土流失治理等重点生态建设工程,荒漠化土地面积逐年递减,沙化土地面积逐年递减,陇中陇东黄土高原地区水土流失治理力度逐步加大,庆阳市国家级节水型社会建设试点通过国家验收,武威市被认定

为全国节水型社会示范区，张掖市、陇南市、敦煌市被列为全国生态文明城市建设试点。

（一）甘肃国家生态安全屏障评价的原则

分类与差异性原则。由于甘肃国家生态安全屏障的功能定位以及地域特征不同，因此必须采用分类评价的原则。不同的生态安全屏障使用不同的指标体系，这是差异性原则。

局部方法一致性原则，即在每一类型的生态安全屏障评价中使用相同的评价方法。

（二）甘肃国家生态安全屏障评价指标体系

甘肃国家生态安全屏障分为：河西祁连山内陆河生态安全屏障、甘肃南部秦巴山地区长江上游生态安全屏障、甘南高原地区黄河上游生态安全屏障、陇东陇中地区黄土高原生态安全屏障和中部沿黄河地区生态走廊，简称"四屏一廊"。2017～2018年甘肃国家生态安全屏障指标体系由四级指标体系构成，其中二级指标有三个：生态环境、生态经济和生态社会（见表1），这与生态城市建设健康评价指标体系相同。2018年评价指标体系中，三级指标由53个具体的指标构成，四级指标由一些特色指标构成，详见表2。

表1 甘肃国家生态安全屏障评价指标体系（2017）

核心指标						特色指标
一级指标	二级指标	指标权重	序号	三级指标	指标权重	四级指标
甘肃国家生态安全屏障	生态环境	0.4	1	森林覆盖率(%)（森林面积/国土面积）		退耕还林(还草)工程
			2	湿地面积(万公顷)		
			3	河流湖泊面积(公顷)		
			4	农田耕地保有量(万亩)		
			5	城市建成区绿地面积（平方公里）		

续表

核心指标						特色指标
一级指标	二级指标	指标权重	序号	三级指标	指标权重	四级指标
甘肃国家生态安全屏障	生态环境	0.4	6	建成区绿化覆盖率(%)		退耕还林(还草)工程
			7	未利用土地(万公顷)		
			8	人均水资源(立方米)		
			9	空气质量二级以上天数占比(%)		
			10	人均绿地面积(平方米)		
			11	人均公园绿地面积(平方米)		
			12	PM2.5(空气质量优良天数)(天)		
			13	城市建设用地面积(平方米)		
			14	人均道路面积(平方米)		
			15	人均耕地水资源占有率(%)		
			16	农田有效灌溉面积(万亩)		
	生态经济	0.35	17	人均GDP(元)		"两江一水"工程引洮工程
			18	单位GDP废水排放量(吨/万元)		
			19	单位GDP二氧化硫(SO_2)排放量(千克/万元)		
			20	一般工业固体废物综合利用率(%)		
			21	城市污水处理率(%)		
			22	第三产业占比(%)		
			23	城镇化率(%)		
			24	集中式饮用水达标率(%)		
			25	建成区供水管道密度(千米/平方千米)		
			26	建成区排水管道密度(千米/平方千米)		
			27	生活垃圾无害化处理率(%)		
			28	单位GDP耗水量(吨/万元)		
	生态社会	0.25	29	城市人口密度(人/平方千米)		固沟保塬工程进展
			30	普通高等学校在校学生数(人)		

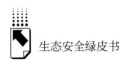

续表

核心指标						特色指标
一级指标	二级指标	指标权重	序号	三级指标	指标权重	四级指标
甘肃国家生态安全屏障	生态社会	0.25	31	信息化基础设施(互联网宽带接入用户数/年末总人口)(户/百人)		固沟保塬工程进展
			32	城市燃气普及率(%)		
			33	R&D研究和试验发展费占GDP比重(%)		
			34	用水普及率(%)		
			35	供热面积(万平方千米)		
			36	医疗保险参保率(%)		

表2 甘肃国家生态安全屏障评价指标体系（2018）

核心指标						特色指标
一级指标	二级指标	指标权重	序号	三级指标	指标权重	四级指标
甘肃国家生态安全屏障	生态环境	0.4	1	森林覆盖率(%)		退耕还林(还草)工程
			2	湿地面积(万公顷)		
			3	河流湖泊面积(公顷)		
			4	耕地保有量(万亩)		
			5	城市建成区面积(平方公里)		
			6	人均日生活用水量(升)		
			7	未利用土地(万公顷)		
			8	人均水资源(立方米)		
			9	农田有效灌溉面积(千公顷)		
			10	人均绿地面积(平方米)		
			11	年末常住人口(万人)		
			12	农作物播种面积(千公顷)		
			13	中药材面积(万亩)		
			14	粮食面积(万亩)		
			15	果园面积(千公顷)		
			16	城市建成区绿地面积(%)		
			17	PM2.5(空气质量优良天数)(天)		
			18	人均城市道路面积(平方米)		
			19	生活垃圾无害处理能力(吨/日)		

续表

核心指标						特色指标
一级指标	二级指标	指标权重	序号	三级指标	指标权重	四级指标
甘肃国家生态安全屏障	生态经济	0.35	20	人均 GDP（元）		"两江一水"工程引洮工程
			21	单位 GDP 废水排放量（吨/万元）		
			22	单位 GDP 二氧化硫（SO_2）排放量（千克/万元）		
			23	一般工业固体废物综合利用率（%）		
			24	城市污水处理率（%）		
			25	第三产业占比（%）		
			26	单位 GDP 耗水量（水/万元）		
			27	服务业增加值比重（%）		
			28	城市污水处理厂日处理能力（万立方米）		
			29	城镇化率（%）		
			30	地区生产总值（万元）		
			31	工业总产值（万元）		
			32	建筑业总产值（万元）		
			33	第三产业总产值（万元）		
			34	交通运输、仓储和邮政业（万元）		
			35	集中式饮用水源水质达标率（%）		
			36	城市水功能区水质达标率（%）		
			37	农林牧渔业总产值（万元）		
			38	园林水果产量（吨）		
			39	粮食总产量（吨）		
	生态社会	0.25	40	城乡居民储蓄存款（万元）		固沟保塬工程进展
			41	消费支出（元）		
			42	交通通信（元）		
			43	教育文化娱乐（元）		
			44	医疗保健（元）		
			45	社会消费品零售总额（万元）		
			46	普通中学在校学生数（人）		
			47	普通小学在校学生数（人）		
			48	城市人口密度（人/平方公里）		
			49	普通高等学校在校学生数（人）		

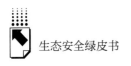

核心指标						特色指标
一级指标	二级指标	指标权重	序号	三级指标	指标权重	四级指标
甘肃国家生态安全屏障	生态社会	0.25	50	信息化基础设施（互联网宽带接入户数/年末总人口）（户/百人）		固沟保塬工程进展
			51	城市燃气普及率（%）		
			52	R&D 研究和试验发展费占 GDP 比重（%）		
			53	医疗保险参保率（%）		

表3　甘肃国家生态安全屏障评价指标体系结构（2017）

单位：个，%

甘肃国家生态安全屏障系统		生态环境指标	生态经济指标	生态社会指标	生态安全屏障评价指标
河西祁连山内陆河生态安全屏障	指标数量	10	6	5	21
	占比	62.5	50	62.5	58.3
甘南高原地区黄河上游生态安全屏障	指标数量	7	7	6	20
	占比	43.8	58.3	75	55.6
甘肃南部秦巴山地区长江上游生态安全屏障	指标数量	11	6	5	22
	占比	68.8	50	62.5	61.1
陇东陇中地区黄土高原生态安全屏障	指标数量	6	6	4	16
	占比	37.5	50	50	44.4
中部沿黄河地区生态走廊	指标数量	8	5	5	18
	占比	50	41.7	62.5	50

表4　甘肃国家生态安全屏障评价指标体系结构（2018）

单位：个，%

甘肃国家生态安全屏障系统		生态环境指标	生态经济指标	生态社会指标	生态安全屏障评价指标
河西祁连山内陆河生态安全屏障	指标数量	10	6	5	21
	占比	52.6	30	33.3	38.9
甘南高原地区黄河上游生态安全屏障	指标数量	6	11	8	25
	占比	61.6	55	53.3	46.3

甘肃国家生态安全屏障系统		生态环境指标	生态经济指标	生态社会指标	生态安全屏障评价指标
甘肃南部秦巴山地区长江上游生态安全屏障	指标数量	8	7	6	21
	占比	42.1	35	40	38.9
陇东陇中地区黄土高原生态安全屏障	指标数量	5	5	3	13
	占比	26.3	25	20	24.1
中部沿黄河地区生态走廊	指标数量	8	5	5	18
	占比	42.1	25	33.3	33.3

表5 生态安全等级划分标准

综合指数	状态	生态安全度	指标特征
0~0.2	恶劣	严重危险	生态环境被严重破坏,生态服务功能严重退化,恢复与重建困难,灾害多
0.2~0.4	较差	危险	生态环境破坏较大,生态服务功能退化比较严重,恢复与重建比较困难,灾害较多
0.4~0.6	一般	预警	生态环境遭到一定破坏,生态服务功能出现退化,恢复与重建有一定困难,灾害时有发生
0.6~0.8	良好	较安全	生态环境受破坏较小,生态服务功能较完善,生态恢复容易,灾害不常出现
0.8~1	理想	安全	生态环境基本未遭到破坏,生态服务功能基本完善,生态问题不明显,基本无灾害

资料来源:张淑莉、张爱国著《临汾市土地生态安全度的县域差异研究》,《山西师范大学学报(自然科学版)》2012年第2期。

(三)甘肃国家生态安全屏障评价结果

在对甘肃国家生态安全屏障进行评价时,对河西祁连山内陆河生态安全屏障、甘肃南部秦巴山地区长江上游生态安全屏障、陇东陇中黄土高原生态安全屏障以及中部沿黄河地区生态走廊的评价是利用熵值法来计算的,2017年甘肃国家生态安全屏障的评价结果见表6所示,具体计算的数据以及原始数据可参见表7~表26。

表6　2017 年甘肃国家生态安全屏障评价结果

类别	地区	综合指数	生态安全状态	生态安全度
河西祁连山内陆河生态安全屏障	河西祁连山内陆河	0.6382	较好	较安全
	酒泉	0.7143	较好	较安全
	嘉峪关	0.5994	一般	预警
	张掖	0.7014	较好	较安全
	武威	0.6284	较好	较安全
	金昌	0.5477	一般	预警
甘肃南部秦巴山地区长江上游生态安全屏障	甘肃南部秦巴山地区	0.7808	良好	较安全
	天水	0.9032	理想	安全
	陇南	0.6931	良好	较安全
	甘南	0.7461	良好	较安全
中部沿黄河地区生态走廊	中部沿黄河地区	0.6722	良好	较安全
	兰州	0.7524	良好	较安全
	白银	0.7702	良好	较安全
	永靖	0.4938	一般	预警
陇东陇中黄土高原生态安全屏障	陇东陇中黄土高原	0.8166	理想	安全
	庆阳	0.9017	理想	安全
	平凉	0.8044	理想	安全
	定西	0.7977	良好	较安全
	白银	0.7629	良好	较安全

表7　2017 年甘南高原黄河上游生态功能区生态安全屏障评价结果

地　区	综合指数	生态安全状态	生态安全度
临夏市	0.8070	理想	安全
临夏县	0.7236	良好	较安全
康乐	0.6962	良好	较安全
广河	0.6561	良好	较安全
和政	0.5585	一般	预警
积石山	0.5514	一般	预警

续表

地　区	综合指数	生态安全状态	生态安全度
合作	0.5195	一般	预警
临潭	0.4295	一般	预警
卓尼	0.3657	较差	危险
玛曲	0.3644	较差	危险
碌曲	0.4754	一般	预警
夏河	0.3303	较差	危险

表8　2017年河西祁连山内陆河生态安全综合指数

地区	评价指标			综合指数
	生态环境	生态经济	生态社会	
酒泉	0.2952	0.2968	0.1222	0.7143
嘉峪关	0.1814	0.2719	0.1460	0.5994
张掖	0.2604	0.2968	0.1442	0.7014
金昌	0.1889	0.2478	0.1110	0.5477
武威	0.2211	0.2996	0.1078	0.6284

表9　2017年河西祁连山内陆河生态安全屏障评价结果

地区	综合指数	生态安全状态	生态安全度
酒泉	0.7143	较好	较安全
嘉峪关	0.5994	一般	预警
张掖	0.7014	较好	较安全
金昌	0.5477	一般	预警
武威	0.6284	较好	较安全
河西祁连山内陆河	0.6382	较好	较安全

表 10　2017 年甘肃南部秦巴山地区长江上游生态安全屏障评价结果

地区	综合指数	生态安全状态	生态安全度
天水	0.9032	理想	安全
陇南	0.6931	良好	较安全
甘南	0.7461	良好	较安全
甘肃南部秦巴山地区长江上游	0.7808	良好	较安全

表 11　2017 年陇东陇中黄土高原生态安全评价结果

地区	综合指数	生态安全状态	生态安全度
平凉	0.8044	理想	安全
庆阳	0.9017	理想	安全
定西	0.7977	良好	较安全
白银	0.7629	良好	较安全
陇东陇中黄土高原	0.8166	理想	安全

表 12　2017 年中部沿黄河地区生态走廊安全评价指数值

地区	兰州市	白银市	永靖县	中部沿黄河地区
综合指数	0.7524	0.7702	0.4938	0.6722

表 13　2017 年河西祁连山内陆河资源可承载力和环境安全评价结果

地区	资源可承载力	资源可承载力状态	环境安全	环境安全状态
酒泉	7.48	较高	3.30	脆弱
嘉峪关	11.05	高	4.81	较安全
张掖	5.21	中等	5.74	较安全
金昌	5.73	中等	3.66	脆弱
武威	3.27	较低	4.13	较安全
河西祁连山内陆河	6.55	较高	4.33	较安全

表 14   2016~2017 年甘南高原黄河上游资源可承载力及环境安全指标

指标	2016 年		2017 年	
	临夏州	甘南州	临夏州	甘南州
资源可承载力	8.2527	7.0253	8.7429	8.1012
环境安全	8.4825	6.1302	8.5524	6.6625

表 15   2017 年甘肃南部秦巴山地区长江上游资源可承载力和环境安全评价结果

地区	资源可承载力	环境安全	资源可承载力状态	环境安全状态
天水	0.2635	4.6025	资源可承载能力较低	基本安全
陇南	0.9301	4.7860	资源可承载能力较低	基本安全
甘南	6.4451	4.6666	资源可承载能力较高	基本安全
甘肃南部秦巴山地区长江上游	2.5462	4.6850	资源可承载能力高	基本安全

表 16   2017 年陇东陇中地区资源可承载力和环境安全评价结果

地区	综合指数	资源可承载力	环境安全状态
庆阳	0.6722	较高	基本安全
平凉	0.6570	较高	基本安全
定西	0.7830	较高	基本安全
会宁	0.5098	中等水平	较安全
陇东陇中地区	0.6555	较高	基本安全

表 17   2017 年中部沿黄河地区资源可承载力和环境安全指标

指标	兰州	白银	永靖
资源可承载力	8.6332	4.0906	3.2256
环境安全	7.8397	5.4915	5.4030

表18 2017年河西祁连山内陆河生态安全全屏障建设指标的建设侧重度

城市	森林覆盖率(%)		湿地面积(万公顷)		河流湖泊面积(公顷)		耕地保有量(万亩)		城市建成区面积(平方公里)		建成区绿化覆盖率(%)		未利用土地(万公顷)		人均水资源(立方米)		空气质量二级以上天数占比(%)		人均绿地面积(平方米)	
	数值	排名	数值	排名	数值	排名	数值	排名	数值	排名	数值	排名	数值	排名	数值	排名	数值	排名	数值	排名
酒泉	0.0714	3	0.0179	16	0.0179	16	0.0536	8	0.0714	3	0.0536	8	0.0179	16	0.0179	16	0.0714	3	0.0893	1
嘉峪关	0.0282	15	0.0704	1	0.0704	1	0.0704	1	0.0704	1	0.0282	15	0.0704	1	0.0704	1	0.0704	1	0.0282	15
张掖	0.0238	14	0.0476	6	0.0476	6	0.0476	6	0.0476	6	0.0238	14	0.0476	6	0.0476	6	0.0476	6	0.0238	14
金昌	0.0641	1	0.0513	8	0.0513	8	0.0513	8	0.0385	14	0.0513	8	0.0513	8	0.0385	14	0.0128	21	0.0385	14
武威	0.0462	9	0.0462	9	0.0462	9	0.0154	18	0.0154	18	0.0769	1	0.0462	9	0.0615	5	0.0462	9	0.0615	5

城市	人均GDP(元)		单位GDP废水排放量(吨/万元)		单位GDP二氧化硫(SO₂)排放量(千克/万元)		一般工业固体废物综合利用率(%)		城市污水处理率(%)		第三产业占比(%)		城市人口密度(人/平方公里)		普通高等学校在校学生数(人)		信息化基础设施(互联网宽带接入户数/年末总人口)(户/百人)		城市燃气普及率(%)		R&D研究和实验发展费占GDP比重(%)	
	数值	排名	数值	排名	数值	排名	数值	排名	数值	排名	数值	排名	数值	排名	数值	排名	数值	排名	数值	排名
酒泉	0.0357	12	0.0179	16	0.0357	12	0.0714	3	0.0536	8	0.0357	12	0.0357	12	0.0536	8	0.0714	3	0.0179	16	0.0893	1
嘉峪关	0.0141	18	0.0563	8	0.0563	8	0.0423	13	0.0563	8	0.0563	8	0.0423	13	0.0563	8	0.0141	18	0.0141	18	0.0141	18
张掖	0.0952	2	0.0714	3	0.0238	14	0.0476	6	0.119	1	0.0238	14	0.0238	14	0.0238	14	0.0714	3	0.0238	14	0.0714	3
金昌	0.0385	14	0.0641	1	0.0641	1	0.0641	1	0.0256	18	0.0641	1	0.0513	8	0.0641	1	0.0256	18	0.0641	1	0.0256	18
武威	0.0769	1	0.0308	16	0.0462	9	0.0154	18	0.0154	18	0.0462	9	0.0769	1	0.0308	16	0.0769	1	0.0615	5	0.0615	5

表19 2017年河西祁连山内陆河生态安全屏障建设指标的建设难度

城市	森林覆盖率(%)		湿地面积(万公顷)		河流湖泊面积(公顷)		耕地保有量(万亩)		城市建成区面积(平方公里)		建成区绿化覆盖率(%)		未利用土地(万公顷)		人均水资源(立方米)		空气质量二级以上天数占比(%)		人均绿地面积(平方米)	
	数值	排名	数值	排名	数值	排名	数值	排名	数值	排名	数值	排名	数值	排名	数值	排名	数值	排名	数值	排名
酒泉	0.061	6	0.038	17	0.038	17	0.04	13	0.0519	7	0.0425	11	0.038	17	0.038	17	0.0387	14	0.0654	1
嘉峪关	0.0389	14	0.0646	3	0.0646	1	0.0646	3	0.0375	17	0.04	11	0.0646	1	0.0646	3	0.0384	15	0.0391	13
张掖	0.0397	16	0.0423	10	0.0438	8	0.0414	11	0.0647	4	0.0397	16	0.0503	7	0.0408	12	0.0399	15	0.0397	16
金昌	0.0597	2	0.0563	8	0.0595	6	0.0475	11	0.0563	9	0.039	14	0.0571	4	0.0516	10	0.0346	19	0.0412	13
武威	0.0372	14	0.0473	11	0.05	9	0.0354	18	0.061	2	0.061	1	0.0485	10	0.056	8	0.036	17	0.0441	12

城市	人均GDP(元)		单位GDP废水排放量(吨/万元)		单位GDP二氧化硫(SO2)排放量(千克/万元)		一般工业固体废物综合利用率(%)		城市污水处理率(%)		第三产业占比(%)		城市人口密度(人/平方公里)		普通高等学校在校学生数(人)		信息化基础设施(互联网宽带接入户数/年末总人口)(户/百人)		城市燃气普及率(%)		R&D研究和实验发展费占GDP比重(%)	
	数值	排名	数值	排名	数值	排名	数值	排名	数值	排名	数值	排名	数值	排名	数值	排名	数值	排名	数值	排名	数值	排名
酒泉	0.0405	12	0.0654	1	0.0645	4	0.0478	8	0.0383	15	0.0383	16	0.0629	5	0.0444	9	0.043	10	0.038	17	0.0654	1
嘉峪关	0.0375	17	0.0441	9	0.0401	10	0.0395	12	0.0379	16	0.0457	8	0.0614	7	0.0645	6	0.0375	17	0.0375	17	0.0375	17
张掖	0.0578	5	0.0647	3	0.0685	1	0.0404	14	0.0405	13	0.0397	16	0.0685	1	0.0397	16	0.0437	9	0.0397	16	0.0544	6
金昌	0.0371	16	0.0346	19	0.0346	19	0.0597	2	0.0348	18	0.0597	2	0.0448	12	0.0597	1	0.0378	15	0.0597	2	0.0348	17
武威	0.061	2	0.0602	6	0.0591	7	0.0354	18	0.0354	18	0.0425	13	0.0354	18	0.0363	16	0.061	2	0.0364	15	0.0608	5

表20 2017年河西祁连山内陆河生态安全屏障建设指标的建设合度

城市	森林覆盖率(%)		湿地面积(万公顷)		河流湖泊面积(公顷)		耕地保有量(万亩)		城市建成区面积(平方公里)		建成区绿化覆盖率(%)		未利用土地(万公顷)		人均水资源(立方米/人)		空气质量二级以上天数占比(%)		人均绿地面积(平方米/人)	
	数值	排名	数值	排名	数值	排名	数值	排名	数值	排名	数值	排名	数值	排名	数值	排名	数值	排名	数值	排名
酒泉	0.0876	3	0.0136	17	0.0136	17	0.043	12	0.0744	4	0.0458	10	0.0136	17	0.0136	17	0.0556	7	0.1174	1
嘉峪关	0.0216	17	0.0894	3	0.0894	1	0.0894	3	0.0519	8	0.0221	15	0.0894	1	0.0894	3	0.0531	7	0.0217	16
张掖	0.0196	16	0.0418	9	0.0433	8	0.0409	10	0.0639	6	0.0196	16	0.0497	7	0.0404	11	0.0394	13	0.0196	16
金昌	0.0772	1	0.0583	8	0.0616	6	0.0492	9	0.0437	13	0.0403	14	0.0591	7	0.0401	15	0.009	21	0.032	16
武威	0.0348	15	0.0443	12	0.0469	9	0.0111	19	0.0191	18	0.0953	1	0.0454	10	0.07	5	0.0337	16	0.055	8

城市	人均GDP(元)		单位GDP废水排放量(吨/万元)		单位GDP二氧化硫(SO₂)排放量(千克/万元)		一般工业固体废物综合利用率(%)		城市污水处理率(%)		第三产业占比(%)		城市人口密度(人/平方公里)		普通高等学校在校学生数(人)		信息化基础设施(互联网宽带接入户数/年末总人口)(户/百人)		城市燃气普及率(%)		R&D研究和实验发展费占GDP比重(%)	
	数值	排名	数值	排名	数值	排名	数值	排名	数值	排名	数值	排名	数值	排名	数值	排名	数值	排名	数值	排名
酒泉	0.029	14	0.0235	16	0.0463	9	0.0686	5	0.0413	13	0.0275	15	0.0451	11	0.0478	8	0.0617	6	0.0136	17	0.1174	1
嘉峪关	0.0104	18	0.0488	11	0.0444	12	0.0328	14	0.042	13	0.0506	10	0.051	9	0.0714	6	0.0104	18	0.0104	18	0.0104	18
张掖	0.1142	1	0.0959	3	0.0338	14	0.0399	12	0.1	2	0.0196	16	0.0338	14	0.0196	16	0.0647	5	0.0196	16	0.0806	4
金昌	0.0288	17	0.0448	11	0.0448	11	0.0772	1	0.018	20	0.0772	1	0.0464	10	0.0772	1	0.0196	18	0.0772	1	0.018	19
武威	0.0953	2	0.0376	14	0.0553	6	0.0111	19	0.0111	19	0.0398	13	0.0553	7	0.0226	17	0.0953	2	0.0454	11	0.0759	4

表 21 2017 年甘南高原地区黄河上游生态安全屏障建设指标的建设侧重度

城市	年末常住人口（万人）		农田有效灌溉面积（千公顷）		农作物播种面积（千公顷）		中药材面积（万亩）		粮食面积（吨）		果园面积（千公顷）		人均生产总值（元）		地区生产总值（万元）	
	数值	排名	数值	排名	数值	排名	数值	排名	数值	排名	数值	排名	数值	排名	数值	排名
临夏市	0.0342	11	0.0538	6	0.0583	2	0.0629	1	0.0573	3	0.0541	5	0.0403	9	0.0317	13
临夏县	0.0321	17	0.0321	17	0.0321	17	0.0631	1	0.0322	16	0.0341	15	0.0508	4	0.0416	10
康乐	0.0338	18	0.0377	14	0.0313	19	0.0447	9	0.029	23	0.0541	1	0.0481	5	0.0445	11
广河	0.0325	21	0.0359	18	0.0366	17	0.0554	1	0.0336	19	0.0509	2	0.0459	8	0.0423	11
和政县	0.0353	20	0.0443	10	0.0354	19	0.0475	3	0.0362	18	0.0278	23	0.0465	6	0.0452	7
积石山	0.0308	22	0.0361	17	0.0329	20	0.0501	3	0.0321	21	0.0494	4	0.0465	7	0.0438	10
合作	0.0414	12	0.0524	3	0.043	11	0.052	4	0.0432	8	0.053	1	0.0265	22	0.0336	20
临潭	0.0368	17	0.0465	6	0.0341	21	0.0261	23	0.0397	15	0.0445	9	0.0406	13	0.042	12
卓尼	0.0382	17	0.0467	5	0.0386	15	0.0268	23	0.0439	9	0.0478	3	0.0372	20	0.041	12
玛曲	0.0413	14	0.0483	1	0.0483	1	0.0483	1	0.0483	1	0.0483	1	0.0287	20	0.0389	17
碌曲	0.0427	13	0.0475	1	0.0446	8	0.047	4	0.0445	9	0.0475	1	0.0293	23	0.0415	17
夏河	0.0388	18	0.046	5	0.0399	15	0.0481	3	0.0407	12	0.0479	4	0.0343	21	0.0397	16

城市	工业总产值（万元）		建筑业总产值（万元）		第三产业总产值（万元）		交通运输、仓储和邮政业（万元）		集中式饮用水源水质达标率（%）		城市水功能区水质达标率（%）		农林牧渔业总产值（万元）		园林水果产量（吨）	
	数值	排名	数值	排名	数值	排名	数值	排名	数值	排名	数值	排名	数值	排名	数值	排名
临夏市	0.0369	10	0.0317	13	0.0317	13	0.0317	13	0.0317	13	0.0317	13	0.0486	8	0.0517	7
临夏县	0.0421	9	0.0415	11	0.0449	7	0.0411	12	0.0321	17	0.0321	17	0.0321	17	0.0321	17
康乐	0.0526	2	0.0448	8	0.0463	7	0.0412	13	0.029	23	0.029	23	0.0351	17	0.0519	3
广河	0.0326	20	0.046	7	0.045	9	0.0444	10	0.0279	24	0.0279	24	0.0381	15	0.0476	4
和政县	0.0475	4	0.0401	13	0.0475	2	0.0451	8	0.0278	23	0.0278	23	0.0392	14	0.0334	21
积石山	0.0466	6	0.0525	1	0.0445	9	0.0435	11	0.0265	24	0.0265	24	0.0362	16	0.0513	2

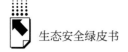

续表

城市	工业总产值（万元）		建筑业总产值（万元）		第三产业总产值（万元）		交通运输、仓储和邮政业（万元）		集中式饮用水源水质达标率（%）		城市水功能区水质达标率（%）		农林牧渔业总产值（万元）		园林水果产量（吨）	
	数值	排名	数值	排名	数值	排名	数值	排名	数值	排名	数值	排名	数值	排名	数值	排名
合作	0.0265	22	0.0433	7	0.0348	19	0.0362	18	0.0265	22	0.0265	22	0.041	14	0.053	1
临潭	0.0441	10	0.0482	3	0.0426	11	0.035	20	0.0261	23	0.0261	23	0.0366	19	0.0488	1
卓尼	0.0381	18	0.0495	1	0.0432	11	0.0435	10	0.0251	24	0.0251	24	0.0321	22	0.0495	2
玛曲	0.0354	19	0.0479	8	0.0429	12	0.0463	9	0.0242	24	0.0242	24	0.0273	23	0.0483	1
碌曲	0.042	15	0.0439	11	0.0439	12	0.0449	7	0.0237	24	0.0237	24	0.0317	20	0.0475	1
夏河	0.0405	14	0.0488	1	0.0421	11	0.0353	20	0.0245	24	0.0245	24	0.0303	23	0.0486	2

城市	粮食总产量（吨）		城乡居民储蓄存款（万元）		消费支出（元）		交通通信（元）		教育文化娱乐（元）		医疗保健（元）		社会消费品零售总额（万元）		普通中学在校学生数（人）		普通小学在校学生数（人）	
	数值	排名	数值	排名	数值	排名	数值	排名	数值	排名	数值	排名	数值	排名	数值	排名	数值	排名
临夏市	0.0562	4	0.0317	13	0.0317	13	0.0317	13	0.0317	13	0.0317	13	0.0317	13	0.0317	13	0.0337	12
临夏县	0.0321	17	0.0513	3	0.039	14	0.045	6	0.0478	5	0.0423	8	0.0544	2	0.0402	13	0.0321	17
康乐	0.0301	22	0.0477	6	0.036	15	0.0418	12	0.0445	10	0.0309	20	0.0507	4	0.0352	16	0.0301	21
广河	0.0312	22	0.0472	6	0.0367	16	0.0406	12	0.048	3	0.0392	13	0.0474	5	0.0383	14	0.0287	23
和政	0.039	16	0.0468	5	0.0366	17	0.0392	15	0.0451	9	0.0426	11	0.0511	1	0.0401	12	0.033	22
积石山	0.0342	19	0.046	8	0.0367	15	0.0427	12	0.0418	13	0.0392	14	0.0471	5	0.0346	18	0.0283	23
合作	0.0482	5	0.0431	9	0.0336	21	0.0382	15	0.0431	10	0.045	6	0.0377	16	0.0372	17	0.041	13
临潭	0.0461	7	0.0453	8	0.0318	22	0.0403	14	0.0478	4	0.0484	2	0.0476	5	0.0381	16	0.0368	18
卓尼	0.0472	4	0.0451	7	0.0341	21	0.0406	14	0.0408	13	0.0441	8	0.0456	6	0.0383	16	0.0379	19
玛曲	0.0483	1	0.0458	10	0.0285	22	0.0286	21	0.0358	18	0.039	16	0.0448	11	0.0421	13	0.0402	15
碌曲	0.0462	5	0.0458	6	0.0315	21	0.0321	19	0.0313	22	0.0389	18	0.0443	10	0.0419	16	0.0423	14
夏河	0.0447	7	0.0451	6	0.0319	22	0.0367	19	0.0437	9	0.0446	8	0.0432	10	0.0407	13	0.0393	17

表22 2017年甘南高原地区黄河上游生态安全屏障建设指标的建设难度

城市	年末常住人口（万人）		农田有效灌溉面积（千公顷）		农作物播种面积（千公顷）		中药材面积（万亩）		粮食面积（吨）		果园面积（千公顷）		人均生产总值（元）		地区生产总值（万元）	
	数值	排名	数值	排名	数值	排名	数值	排名	数值	排名	数值	排名	数值	排名	数值	排名
临夏市	0.0342	11	0.0538	6	0.0583	2	0.0629	1	0.0573	3	0.0541	5	0.0403	9	0.0317	13
临夏县	0.0321	17	0.0321	17	0.0321	17	0.0631	1	0.0322	16	0.0341	15	0.0508	4	0.0416	10
康乐	0.0338	18	0.0377	14	0.0313	19	0.0447	9	0.029	23	0.0541	1	0.0481	5	0.0445	11
广河	0.0325	21	0.0359	18	0.0366	17	0.0554	1	0.0336	19	0.0509	2	0.0459	8	0.0423	11
和政	0.0353	20	0.0443	10	0.0354	19	0.0475	3	0.0362	18	0.0278	23	0.0465	6	0.0452	7
积石山	0.0308	22	0.0361	17	0.0329	20	0.0501	3	0.0321	21	0.0494	4	0.0465	7	0.0438	10
合作	0.0414	12	0.0524	3	0.043	11	0.052	4	0.0432	8	0.053	1	0.0265	22	0.0336	20
临潭	0.0368	17	0.0465	6	0.0341	21	0.0261	23	0.0397	15	0.0445	9	0.0406	13	0.042	12
卓尼	0.0382	17	0.0467	5	0.0386	15	0.0268	23	0.0439	9	0.0478	3	0.0372	20	0.041	12
玛曲	0.0413	14	0.0483	1	0.0483	1	0.0483	1	0.0483	1	0.0483	1	0.0287	20	0.0389	17
碌曲	0.0427	13	0.0475	1	0.0446	8	0.047	4	0.0445	9	0.0475	1	0.0293	23	0.0415	17
夏河	0.0388	18	0.046	5	0.0399	15	0.0481	3	0.0445	12	0.0479	4	0.0343	21	0.0397	16

城市	工业总产值（万元）		建筑业总产值（万元）		第三产业总产值（万元）		交通运输、仓储和邮政业（万元）		集中式饮用水源水质达标率（%）		城市水功能区水质达标率（%）		农林牧渔业总产值（万元）		园林水果产量（吨）	
	数值	排名	数值	排名	数值	排名	数值	排名	数值	排名	数值	排名	数值	排名	数值	排名
临夏市	0.0369	10	0.0317	13	0.0317	13	0.0317	13	0.0317	13	0.0317	13	0.0486	8	0.0517	7
临夏县	0.0421	9	0.0415	11	0.0449	7	0.0411	12	0.0321	17	0.0321	17	0.0321	17	0.0321	17
康乐	0.0526	2	0.0448	8	0.0463	7	0.0412	13	0.029	23	0.029	23	0.0351	17	0.0519	3
广河	0.0326	20	0.046	7	0.045	9	0.0444	10	0.0279	24	0.0279	24	0.0381	15	0.0476	4
和政	0.0475	4	0.0401	13	0.0475	2	0.0451	8	0.0278	23	0.0278	23	0.0392	14	0.0334	21
积石山	0.0466	6	0.0525	1	0.0445	9	0.0435	11	0.0265	24	0.0265	24	0.0362	16	0.0513	2

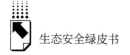
续表

城市	工业总产值（万元）		建筑业总产值（万元）		第三产业总产值（万元）		交通运输、仓储和邮政业（万元）		集中式饮用水源水质达标率（%）		城市水功能区水质达标率（%）		农林牧渔业总产值（万元）		园林水果产量（吨）	
	数值	排名	数值	排名	数值	排名	数值	排名	数值	排名	数值	排名	数值	排名	数值	排名
合作	0.0265	22	0.0433	7	0.0348	19	0.0362	18	0.0265	22	0.0265	22	0.041	14	0.053	1
临潭	0.0441	10	0.0482	3	0.0426	11	0.035	20	0.0261	23	0.0261	23	0.0366	19	0.0488	1
卓尼	0.0381	18	0.0495	1	0.0432	11	0.0435	10	0.0251	24	0.0251	24	0.0321	22	0.0495	2
玛曲	0.0354	19	0.0479	8	0.0429	12	0.0463	9	0.0242	24	0.0242	24	0.0273	23	0.0483	1
碌曲	0.042	15	0.0439	11	0.0439	12	0.0449	7	0.0237	24	0.0237	24	0.0317	20	0.0475	1
夏河	0.0405	14	0.0488	1	0.0421	11	0.0353	20	0.0245	24	0.0245	24	0.0303	23	0.0486	2

城市	粮食总产量（吨）		城乡居民储蓄存款（万元）		消费支出（元）		交通通信（元）		教育文化娱乐（元）		医疗保健（元）		社会消费品零售总额（万元）		普通中学在校学生数（人）		普通小学在校学生数（人）	
	数值	排名	数值	排名	数值	排名	数值	排名	数值	排名	数值	排名	数值	排名	数值	排名	数值	排名
临夏市	0.0562	4	0.0317	13	0.0317	13	0.0317	13	0.0317	13	0.0317	13	0.0317	13	0.0317	13	0.0337	12
临夏县	0.0321	17	0.0513	3	0.039	14	0.045	6	0.0478	5	0.0423	8	0.0544	2	0.0402	13	0.0321	17
康乐	0.0301	22	0.0477	6	0.036	15	0.0418	12	0.0445	10	0.0309	20	0.0507	4	0.0352	16	0.0301	21
广河	0.0312	22	0.0472	6	0.0367	16	0.0406	12	0.048	3	0.0392	13	0.0474	5	0.0383	14	0.0287	23
和政	0.039	16	0.0468	5	0.0366	17	0.0392	15	0.0451	9	0.0426	11	0.0511	1	0.0401	12	0.033	22
积石山	0.0342	19	0.046	8	0.0367	15	0.0427	12	0.0418	13	0.0392	14	0.0471	5	0.0346	18	0.0283	23
合作	0.0482	5	0.0431	9	0.0336	21	0.0382	15	0.0431	10	0.045	6	0.0377	16	0.0372	17	0.041	13
临潭	0.0461	7	0.0453	8	0.0318	22	0.0403	14	0.0478	4	0.0484	2	0.0476	5	0.0381	16	0.0368	18
卓尼	0.0472	4	0.0451	7	0.0341	21	0.0406	14	0.0408	13	0.0441	8	0.0456	6	0.0383	16	0.0379	19
玛曲	0.0483	1	0.0458	10	0.0285	22	0.0286	21	0.0358	18	0.039	16	0.0448	11	0.0421	13	0.0402	15
碌曲	0.0462	5	0.0458	6	0.0315	21	0.0321	19	0.0313	22	0.0389	18	0.0443	10	0.0419	16	0.0423	14
夏河	0.0447	7	0.0451	6	0.0319	22	0.0367	19	0.0437	9	0.0446	8	0.0432	10	0.0407	13	0.0393	17

表23 2017年甘南高原地区黄河上游生态安全屏障建设指标的建设综合度

城市	年末常住人口(万人)		农田有效灌溉面积(千公顷)		农作物播种面积(千公顷)		中药材面积(万亩)		粮食面积(吨)		果园面积(千公顷)		人均生产总值(元)		地区生产总值(万元)	
	数值	排名	数值	排名	数值	排名	数值	排名	数值	排名	数值	排名	数值	排名	数值	排名
临夏市	0.0163	12	0.0768	6	0.1386	2	0.1497	1	0.1364	3	0.0386	7	0.0384	8	0.0075	13
临夏县	0.011	17	0.011	17	0.011	17	0.1724	1	0.022	16	0.0233	15	0.1389	2	0.0426	9
康乐	0.0372	14	0.0249	16	0.0138	20	0.0296	15	0.0064	23	0.0714	3	0.106	2	0.049	8
广河	0.0241	18	0.0133	22	0.0406	12	0.1026	1	0.0187	19	0.0471	10	0.0764	3	0.0313	16
和政	0.0341	14	0.0357	13	0.0228	20	0.0306	18	0.0292	19	0.0045	23	0.0824	1	0.0655	4
积石山	0.0134	23	0.021	17	0.0144	22	0.0365	15	0.0187	21	0.0431	12	0.0812	1	0.0702	3
合作	0.0576	7	0.0811	3	0.0533	11	0.0563	9	0.0467	12	0.0819	1	0.0041	22	0.0104	21
临潭	0.0383	14	0.0483	9	0.0253	19	0.0039	23	0.0354	18	0.0199	20	0.0423	12	0.0374	17
卓尼	0.0376	17	0.046	13	0.0332	19	0.0066	23	0.0486	10	0.047	11	0.0275	21	0.0505	7
玛曲	0.0514	14	0.0602	6	0.0657	1	0.0657	1	0.0657	1	0.0547	10	0.0065	20	0.0309	17
碌曲	0.0543	5	0.0554	4	0.0521	11	0.0448	16	0.0519	12	0.0503	13	0.0093	22	0.0528	9
夏河	0.0473	11	0.0505	7	0.0438	13	0.0352	17	0.0397	15	0.0525	6	0.0209	22	0.0387	16

城市	工业总产值(万元)		建筑业总产值(万元)		第三产业总产值(万元)		交通运输、仓储和邮政业(万元)		集中式饮用水源水质达标率(%)		城市水功能区水质达标率(%)		农林牧渔业总产值(万元)		园林水果产量(吨)	
	数值	排名	数值	排名	数值	排名	数值	排名	数值	排名	数值	排名	数值	排名	数值	排名
临夏市	0.0176	11	0.0075	13	0.0075	13	0.0075	13	0.0075	13	0.0075	13	0.1272	4	0.0369	9
临夏县	0.0576	5	0.0284	13	0.046	7	0.0281	14	0.011	17	0.011	17	0.011	17	0.011	17
康乐	0.1391	1	0.0395	13	0.0408	11	0.0453	9	0.0064	23	0.0064	23	0.0232	17	0.0572	4
广河	0.0181	20	0.0511	8	0.0416	11	0.0574	5	0.0052	24	0.0052	24	0.0494	9	0.0353	14
和政	0.0688	3	0.0194	21	0.0612	6	0.0581	7	0.0045	23	0.0045	23	0.0631	5	0.0108	22
积石山	0.0679	5	0.0764	2	0.0453	11	0.057	7	0.0039	24	0.0039	24	0.0421	13	0.0522	8

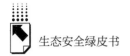

续表

城市	工业总产值（万元）		建筑业总产值（万元）		第三产业总产值（万元）		交通运输、仓储和邮政业（万元）		集中式饮用水源水质达标率（%）		城市水功能区水质达标率（%）		农林牧渔业总产值（万元）		园林水果产量（吨）	
	数值	排名	数值	排名	数值	排名	数值	排名	数值	排名	数值	排名	数值	排名	数值	排名
合作	0.0041	22	0.0335	15	0.0108	20	0.0224	17	0.0041	22	0.0041	22	0.0761	4	0.0819	1
临潭	0.0525	6	0.0502	7	0.038	16	0.0156	22	0.0039	23	0.0039	23	0.049	8	0.0435	11
卓尼	0.0281	20	0.0548	3	0.0532	6	0.0536	5	0.0031	24	0.0031	24	0.0198	22	0.0487	9
玛曲	0.0201	18	0.0597	7	0.0534	12	0.0629	5	0.0027	24	0.0027	24	0.0062	23	0.0547	10
碌曲	0.049	15	0.0373	17	0.0558	3	0.0524	10	0.0025	24	0.0025	24	0.0202	20	0.0503	13
夏河	0.0346	18	0.0714	1	0.0462	12	0.0258	21	0.003	24	0.003	24	0.0148	23	0.0534	5

城市	粮食总产量（吨）		城乡居民储蓄存款（万元）		消费支出（元）		交通通信（元）		教育文化娱乐（元）		医疗保健（元）		社会消费品零售总额（万元）		普通中学在校学生数（人）		普通小学在校学生数（人）	
	数值	排名	数值	排名	数值	排名	数值	排名	数值	排名	数值	排名	数值	排名	数值	排名	数值	排名
临夏市	0.0935	5	0.0075	13	0.0075	13	0.0075	13	0.0075	13	0.0075	13	0.0075	13	0.0075	13	0.0321	10
临夏县	0.011	17	0.0351	12	0.04	11	0.0616	4	0.0653	3	0.0433	8	0.0557	6	0.0412	10	0.011	17
康乐	0.0133	22	0.042	10	0.0396	12	0.0552	6	0.049	7	0.0136	21	0.0558	5	0.0155	19	0.0199	18
广河	0.0173	21	0.0523	7	0.0543	6	0.06	4	0.0888	2	0.029	17	0.0351	15	0.0354	13	0.0106	23
和政	0.0314	17	0.0376	12	0.0531	8	0.0315	16	0.0508	9	0.0411	11	0.0823	2	0.0452	10	0.0318	15
积石山	0.0199	20	0.0469	10	0.0641	6	0.0684	4	0.0365	14	0.0285	16	0.048	9	0.0201	19	0.0206	18
合作	0.0596	6	0.02	18	0.0312	16	0.0413	13	0.0533	10	0.0626	5	0.0117	19	0.0345	14	0.0571	8
临潭	0.0411	13	0.0539	5	0.0189	21	0.0599	4	0.0852	2	0.0863	1	0.0636	3	0.0453	10	0.0383	15
卓尼	0.0581	2	0.05	8	0.0462	12	0.0599	1	0.0452	14	0.0543	4	0.0449	15	0.0424	16	0.0373	18
玛曲	0.0657	1	0.057	8	0.0065	22	0.0065	21	0.0121	19	0.0309	16	0.0558	9	0.0524	13	0.0501	15
碌曲	0.0539	6	0.0583	1	0.0335	18	0.0102	21	0.0066	23	0.033	19	0.0563	2	0.0534	8	0.0538	7
夏河	0.0491	9	0.055	4	0.0272	20	0.0403	14	0.0586	3	0.0599	2	0.0316	19	0.0496	8	0.0479	10

表24 2017年甘肃南部秦巴山地区长江上游生态安全屏障建设指标的建设侧重度

地区	森林覆盖率(%)		建成区绿化率(%)		人均城市道路面积(平方米)		人均公园绿地面积(平方米)		生活垃圾日无害处理能力(吨)		人均日生活用水量(升)		农田有效灌溉面积(千公顷)		PM2.5(空气质量优良天数占比)(%)		城镇化率(%)		人均GDP(元)	
	数值	排名	数值	排名	数值	排名	数值	排名	数值	排名	数值	排名	数值	排名	数值	排名	数值	排名	数值	排名
天水	0.0588	5	0.0294	10	0.0882	1	0.0294	10	0.0294	10	0.0294	10	0.0588	5	0.0882	1	0.0294	10	0.0588	5
陇南	0.0208	18	0.0417	11	0.0417	11	0.0625	1	0.0417	11	0.0625	1	0.0208	18	0.0417	11	0.0625	1	0.0625	1
甘南	0.0698	1	0.0698	1	0.0233	17	0.0465	7	0.0698	1	0.0465	7	0.0698	1	0.0233	17	0.0465	7	0.0233	17

地区	城市污水处理厂日处理能力(万立方米)		单位GDP二氧化硫(SO₂)排放量(吨/万元)		一般工业固体废物综合利用率(%)		第三产业占比(%)		单位GDP废水排放量(万吨/万元)		医疗保险参保率(%)		城市燃气普及率(%)		R&D研究和试验发展费占GDP比重(%)		信息化基础设施(互联网宽带接入用户数/年末总人口)(户/百人)		城市人口密度(人/平方公里)		普通高等学校在校学生数(人)	
	数值	排名	数值	排名	数值	排名	数值	排名	数值	排名	数值	排名	数值	排名	数值	排名	数值	排名	数值	排名
天水	0.0294	10	0.0294	10	0.0294	10	0.0882	1	0.0588	5	0.0588	5	0.0882	1	0.0294	10	0.0294	10	0.0294	10
陇南	0.0417	11	0.0625	1	0.0625	1	0.0208	18	0.0625	1	0.0208	18	0.0417	11	0.0417	11	0.0625	1	0.0625	1
甘南	0.0465	7	0.0465	7	0.0465	7	0.0465	7	0.0233	17	0.0698	1	0.0233	17	0.0698	1	0.0465	7	0.0465	7

表25 2017年甘肃南部秦巴山地区长江上游生态安全屏障建设指标的建设难度

地区	森林覆盖率(%)		建成区绿化率(%)		人均城市道路面积(平方米)		人均公园绿地面积(平方米)		生活垃圾日无害处理能力(吨)		人均日生活用水量(升)		农田有效灌溉面积(千公顷)		PM2.5(空气质量优良天数占比)(%)		城镇化率(%)		人均GDP(元)	
	数值	排名	数值	排名	数值	排名	数值	排名	数值	排名	数值	排名	数值	排名	数值	排名	数值	排名	数值	排名
天水	0.0466	8	0.0443	12	0.0617	2	0.0443	12	0.0443	12	0.0443	12	0.0559	3	0.0471	7	0.0443	12	0.0456	9
陇南	0.0381	15	0.0557	6	0.051	7	0.0475	8	0.0561	5	0.0437	10	0.0381	15	0.0388	14	0.0421	11	0.0451	9
甘南	0.0462	9	0.0589	6	0.0365	18	0.0391	12	0.0629	5	0.039	13	0.0665	3	0.0365	18	0.0396	11	0.0365	18

地区	城市污水处理厂日处理能力(万立方米)		单位GDP二氧化硫(SO₂)排放量(吨/万元)		一般工业固体废物综合利用率(%)		第三产业占比(%)		单位GDP废水排放量(万吨/万元)		医疗保险参保率(%)		城市燃气普及率(%)		R&D研究和试验发展经费占GDP比重(%)		信息化基础设施(互联网宽带接入用户数/年末总人口)(户/百人)		城市人口密度(人/平方公里)		普通高等学校学生数(人)	
	数值	排名	数值	排名	数值	排名	数值	排名	数值	排名	数值	排名	数值	排名	数值	排名	数值	排名	数值	排名
天水	0.0443	12	0.0494	4	0.0443	12	0.0472	6	0.0449	10	0.0447	11	0.0486	5	0.0443	12	0.0443	12	0.0652	1	0.0443	12
陇南	0.0703	2	0.0381	15	0.0742	1	0.0381	15	0.0381	15	0.0381	15	0.0406	13	0.0616	4	0.0418	12	0.0381	15	0.065	3
甘南	0.0675	2	0.0383	14	0.0425	10	0.0373	16	0.065	4	0.0485	8	0.0365	18	0.0707	1	0.0372	17	0.0375	15	0.0571	7

表26 2017年甘肃南部秦巴山地区长江上游生态安全屏障建设指标的建设综合度

地区	森林覆盖率(%)		建成区绿化率(%)		人均城市道路面积(平方米)		人均公园绿地面积(平方米)		生活垃圾日无害处理能力(吨)		人均日生活用水量(升)		农田有效灌溉面积(千公顷)		PM2.5(空气质量优良天数占比)(%)		城镇化率(%)		人均GDP(元)	
	数值	排名	数值	排名	数值	排名	数值	排名	数值	排名	数值	排名	数值	排名	数值	排名	数值	排名	数值	排名
天水	0.0566	6	0.0269	12	0.1124	1	0.0269	12	0.0269	12	0.0269	12	0.0679	5	0.0858	4	0.0269	12	0.0554	7
陇南	0.0164	18	0.048	14	0.0439	15	0.0614	3	0.0483	13	0.0565	6	0.0164	18	0.0334	17	0.0544	7	0.0583	5
甘南	0.0648	6	0.0825	4	0.0171	18	0.0365	11	0.088	3	0.0364	12	0.0932	2	0.0171	18	0.0369	10	0.0171	18

地区	城市污水处理厂日处理能力(万立方米)		单位GDP二氧化硫(SO₂)排放量(吨/万元)		一般工业固体废物综合利用率(%)		第三产业占比(%)		单位GDP废水排放量(万吨/万元)		医疗保险参保率(%)		城市燃气普及率(%)		R&D研究和试验发展费占GDP比重(%)		信息化基础设施(互联网宽带接入用户数/年末总人口)(户/百人)		城市人口密度(人/平方公里)		普通高等学校在校学生数(人)	
	数值	排名	数值	排名	数值	排名	数值	排名	数值	排名	数值	排名	数值	排名	数值	排名	数值	排名	数值	排名	数值	排名
天水	0.0269	12	0.03	11	0.0269	12	0.086	3	0.0545	8	0.0543	9	0.0885	2	0.0269	12	0.0269	12	0.0396	10	0.0269	12
陇南	0.0606	4	0.0492	10	0.0959	1	0.0164	18	0.0492	10	0.0164	18	0.035	16	0.053	9	0.054	8	0.0492	10	0.084	2
甘南	0.063	7	0.0357	13	0.0397	9	0.0348	15	0.0303	17	0.0679	5	0.0171	18	0.099	1	0.0347	16	0.035	14	0.0533	8

三 内蒙古库布其沙漠地区生态安全屏障建设评价报告

（一）库布其沙漠地区生态安全屏障建设评价结果

表 27　2015 年库布其沙漠地区生态安全屏障评价结果

所在地区	综合指数	生态安全状态	生态安全度
杭锦旗	0.7518	良好	较安全
达拉特旗	0.8707	理想	安全
准格尔旗	0.8532	理想	安全

表 28　2016 年库布其沙漠地区生态安全屏障评价结果

所在地区	综合指数	生态安全状态	生态安全度
杭锦旗	0.8158	理想	安全
达拉特旗	0.8965	理想	安全
准格尔旗	0.8675	理想	安全

表 29　2017 年库布其沙漠地区生态安全屏障评价结果

所在地区	综合指数	生态安全状态	生态安全度
杭锦旗	0.6531	良好	较安全
达拉特旗	0.7354	良好	较安全
准格尔旗	0.8115	理想	安全

表 27、表 28、表 29 的研究结果显示，近年来随着库布其沙漠的持续深入治理，库布其沙漠地区的生态安全综合指数较高，生态安全状况良好，整体处于较安全状态，说明库布其沙漠地区的生态安全屏障建设取得了巨大的成就。就各旗县来说，杭锦旗由于地处库布其沙漠地区西段荒漠化最严重的区域，所以其生态安全综合指数低于其他两个旗，下一步，应该将生态安全屏障建设重点放在该区域。

（二）库布其沙漠地区生态安全屏障建设资源环境承载力评价

根据资源可承载力和环境安全分级标准，2015～2017年库布其沙漠地区资源可承载力和环境安全评价结果如表30、表31、表32所示。

表30　2015年库布其沙漠地区资源可承载力和环境安全评价结果

地区	资源可承载力	环境安全	资源可承载力状态	环境安全状态
杭锦旗	10.9955	7.4959	最高	安全
达拉特旗	6.1906	9.6070	高	安全
准格尔旗	3.9202	9.0182	较低	安全

表31　2016年库布其沙漠地区资源可承载力和环境安全评价结果

地区	资源可承载力	环境安全	资源可承载力状态	环境安全状态
杭锦旗	10.0347	7.1366	最高	安全
达拉特旗	5.6721	7.1760	中等	安全
准格尔旗	3.6063	9.2823	较低	安全

表32　2017年库布其沙漠地区资源可承载力和环境安全评价结果

地区	资源可承载力	环境安全	资源可承载力状态	环境安全状态
杭锦旗	10.0259	7.6069	最高	安全
达拉特旗	5.6715	7.6253	中等	安全
准格尔旗	3.6009	9.7066	较低	安全

四　秦岭生态安全屏障建设评价报告

（一）秦岭生态功能区生态安全屏障评价结果

从整个评价结果来看，2015年秦岭生态功能区各区域生态安全综合指数最低为0.6443，生态安全状况良好，生态安全度为较安全；生态安全综

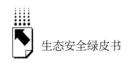

合指数最高为 0.9211，生态安全状况理想，生态安全度为安全（见表 33）。整个秦岭生态功能区生态安全屏障处于良好或理想状态，部分地区的生态安全屏障尽管存在一些问题，但总体来说，生态环境受破坏程度低，生态服务功能较完善；部分地区的生态环境保护好，生态环境基本未受到破坏，生态系统服务功能基本完善，没有明显生态问题。

表 33　2015～2017 年秦岭生态功能区生态安全屏障评价结果

地区	2015 年			2016 年			2017 年		
	综合指数	状态	生态安全度	综合指数	状态	生态安全度	综合指数	状态	生态安全度
宁强	0.8296	理想	安全	0.8316	理想	安全	0.8410	理想	安全
略阳	0.7496	良好	较安全	0.7502	良好	较安全	0.7650	良好	较安全
留坝	0.6611	良好	较安全	0.6635	良好	较安全	0.6704	良好	较安全
佛坪	0.6443	良好	较安全	0.6481	良好	较安全	0.6535	良好	较安全
宁陕	0.6793	良好	较安全	0.6779	良好	较安全	0.6900	良好	较安全
商州	0.9151	理想	安全	0.9082	理想	安全	0.9008	理想	安全
洛南	0.9211	理想	安全	0.9232	理想	安全	0.9290	理想	安全
丹凤	0.8141	理想	安全	0.8071	理想	安全	0.8066	理想	安全
商南	0.8028	理想	安全	0.7998	良好	较安全	0.8076	理想	安全
山阳	0.9058	理想	安全	0.9100	理想	安全	0.9050	理想	安全
柞水	0.7815	良好	较安全	0.7747	良好	较安全	0.7603	良好	较安全

表 34　2015～2017 年秦岭安康生态功能区生态安全评价结果

地区	2015 年			2016 年			2017 年		
	综合指数	状态	生态安全度	综合指数	状态	生态安全度	综合指数	状态	生态安全度
汉滨区	0.6609	良好	较安全	0.7468	良好	较安全	0.6062	良好	较安全
汉阴县	0.5770	一般	预警	0.6476	良好	较安全	0.5349	一般	预警
石泉县	0.5671	一般	预警	0.6531	良好	较安全	0.5386	一般	预警
宁陕县	0.8166	理想	安全	0.7658	良好	较安全	0.8169	理想	安全

2015 年，秦岭安康生态功能区中，宁陕县的生态安全综合指数最高，达到 0.8166（见表 34），生态安全状态理想，生态安全度为安全，说明这个区域的生态环境保护好，生态环境基本未受到干扰，生态系统服务功能基本完善，生态问题不明显；汉滨区生态安全综合指数为 0.6609，生态安全度为较安全，说明该地区生态安全屏障尽管存在一些问题，但总体来说，生态环境受破坏小，生态服务功能较完善。汉阴县和石泉县的生态安全综合指数分别为 0.5770、0.5671，生态安全度为一般。

2016 年秦岭安康生态功能区中，宁陕县的生态安全综合指数有所下降，综合指数为 0.7658，生态安全状态良好，生态安全度为较安全；汉滨区、汉阴县和石泉县的生态安全综合指数分别为 0.7468、0.6476、0.6531，生态安全度为较安全。

2017 年秦岭安康生态功能区中，宁陕县的生态安全综合指数为 0.8169，生态安全状态理想，生态安全度为安全，说明这个区域的生态环境保护好，生态环境基本未受到干扰，生态系统服务功能基本完善，生态问题不明显；汉滨区生态安全综合指数为 0.6062，生态安全度为较安全，说明这个地区的生态安全屏障尽管存在一些问题，但总体来说，生态环境受破坏小，生态服务功能较完善。汉阴县和石泉县的生态安全综合指数分别为 0.5349、0.5386，生态安全状态一般。

总体来说，大部分代表区域生态安全状态良好，生态安全度为安全或较安全，处于预警状态的地区其生态安全综合指数也接近 0.6，尽管存在一些生态环境问题，但总体来说，生态环境受破坏较小，生态服务功能较完善。

（二）秦岭生态功能区地质灾害评价

秦岭生态功能区地质灾害类型主要为滑坡、崩塌、泥石流等。该区内山体陡峭，南坡降水丰富，再加上外在因素的影响，使得其成为地质灾害的多发区。略阳、留坝、柞水的各类灾害统计情况见表 35、表 36、表 37 所示。

表35 略阳、留坝、柞水滑坡灾害统计

地质灾害类型		略阳		留坝		柞水	
		数量（处）	占灾害点总数比例（%）	数量（处）	占灾害点总数比例（%）	数量（处）	占灾害点总数比例（%）
物质组成	黄土滑坡	35	18.8	—	—	—	—
	堆积层滑坡	148	79.6	70	75.3	85	100.0
	岩质滑坡	3	1.6	23	24.7	0	0.0
滑体规模（10^4立方米）	小型（<10）	90	48.4	67	72.0	76	89.4
	中型（10~100）	79	42.5	24	25.8	9	10.6
	大型（100~1000）	17	9.1	2	2.2	0	0.0

表36 略阳、柞水崩塌灾害统计

地质灾害类型		柞水		略阳		
		数量（处）	占灾害点总数比例（%）	地质灾害类型	数量（处）	占灾害点总数比例（%）
崩塌	土质崩塌	4	44.4	岩质崩塌	23	88.5
	岩质崩塌	5	55.6	堆积层崩塌	3	11.5
规模（10^4立方米）	小型（<10）	7	77.8	小型（<10）	17	65.4
	中型（10~100）	2	22.2	中型（10~100）	9	34.6

表37 略阳、留坝、柞水县泥石流灾害统计

地质灾害类型		柞水		略阳		留坝	
		数量（处）	占比（%）	数量（处）	占比（%）	数量（处）	占比（%）
泥石流		0	0	11	91.7	2	50
水石流		10	100	1	8.3	2	50
堆积体规模（10^4立方米）	巨型（>50）	0	0	—	—	0	0
	大型（20~50）	1	10	—	—	0	0
	中型（2~20）	3	30	—	—	4	100
	小型（<2）	6	60	—	—	0	0

五　结论与建议

根据生态安全屏障的动态评价模型，从甘肃省的五个生态安全区域 27 个市（县、区）生态安全屏障综合指数评价结果中可以看出，有 16 个市（县、区）的生态安全处于良好及以上状态，占比 59.26%，生态安全度为较安全及以上；有 3 个市（县、区）的生态安全处于较差及以下状态，占比 11.11%；生态安全度为危险的，主要是甘南高原黄河上游生态功能区的卓尼县、玛曲县、夏河县，应引起有关部门的高度重视。根据资源可承载力和环境安全评价方法，从五个生态安全区域 17 个市（县、区）资源承载力综合指数评价结果中可知，承载力较高及以上的有 9 个市（县、区），占总数的 52.94%，说明甘肃省生态安全区域的生态环境承载力较低，五个区域相差不多，应多加关注。五个区域内各市（县、区）的生态安全度达到基本安全以上的占 76.47%，情况相对较好，但是也要随时保持警惕，注重提高安全意识、红线意识和防范意识，牢固树立"绿水青山就是金山银山"的理念。

从河西祁连山内陆河生态安全屏障、甘肃南部秦巴山地区长江上游生态安全屏障、甘南高原地区黄河上游生态安全屏障、陇东陇中地区黄土高原生态安全屏障和中部沿黄河地区生态走廊五个生态安全区域的 27 个市（县、区）生态安全屏障的建设侧重度、建设难度、建设综合度可以看出，各区域生态安全屏障建设已经进入深水区、攻坚期，在农业现代化、第三产业比重、绿化、生活垃圾治理以及科技创新等各方面，都需要加大投入力度，攻克难点，突破重点，定期对生态安全、环境安全以及资源可承载力开展全面、科学的调查评估，加强对苗头性、倾向性、潜在性生态问题的预研预判，加强对甘肃"四屏一廊"国家生态安全屏障的科学研究，揭示生态安全屏障功能的变化规律，明确适合甘肃环境保护与生态建设的技术途径，制定科学的发展战略。首先，我们要禁止滥砍滥伐、过度放牧，提高植被覆盖率，并且要防治水土流失，改善水体流动系统；其次，要构建合理的防治体

系，加强监管力度，制定法律法规；再次，要运用先进的科学技术，改善我们的生态系统；最后，我们要有创新意识，要大胆创新，为甘肃省以及全国的可持续发展做出贡献。

内蒙古库布其沙漠地区应以恢复原生生态环境为主，优先保护原生植被，以再造性种植为辅，重点保护现有植被不被破坏，减少景观碎片化程度，这有利于保持和维护沙漠区的生态现状，有利于生物种群的恢复和繁衍，有利于提升沙漠区的生态抵抗能力。

内蒙古库布其沙漠地区设计规划要因地制宜。沙漠化防治是全社会共同关心的生态环境问题，由于受地域、自然条件、经济发展、社会人文等多种因素的影响，不可能找到一劳永逸的方法大批量复制。沙漠治理要可持续化、可再生化。库布其沙漠分块化明显，应充分考虑各种因素，实施分类治理，尤其是针对不同自然地理条件，应在充分调查研究的基础上进行合理设计，坚持以灌木为主，宜乔则乔，宜灌则灌，宜草则草，宜荒则荒。除此之外，应尽快改变单一化种植的模式，在立体空间上多维度种植共生性植物与原有植物，尽可能模拟自然状态。

虽然对陕西秦岭地质灾害风险评价研究还没有形成统一的理论体系，但是面对灾害的频频发生，加快秦岭生态功能区生态安全屏障建设工作已刻不容缓，可从以下几个方面采取措施：禁止滥砍乱挖、过度放牧，合理利用土地，植树造林，提高植被覆盖率，防止水土流失，完善水体流动系统；构建合理的地质灾害防治指标体系，加大灾害监管力度，如加强对灾害汛期的巡查，制定法律法规，实行破坏管理机制；组织成立地质灾害防治的领导小组，大到各市县，小到各乡镇，以人为本，切实建立和完善灾害预警机制；提高公众的地质灾害预防意识，各部门应进行定期培训，学校应对学生进行定期灾害防治演练，以便能提高学生的安全意识；运用先进的科学技术，力求形成灾前能够及时预警，灾后能够高效运行、及时处理的系统，做到生态、经济、社会协调一致，实现可持续发展。

G . 3
河西祁连山内陆河生态安全屏障建设
评价报告

袁春霞　钱国权 *

摘　要： 本报告选取生态环境、生态经济和生态社会三个方面共 21 个
指标构建了河西祁连山内陆河生态安全屏障建设评价指标体
系，对酒泉、嘉峪关、张掖、金昌、武威五市的生态安全屏
障建设进行了综合评价，结果表明：酒泉、张掖和武威 2017
年生态安全综合指数较高，均达到 0.6 以上；嘉峪关、金昌
生态安全状态一般。资源环境承载力评价结果表明：2017 年
河西祁连山内陆河区域资源环境承载力综合指数为 6.55，资
源可承载力较高，但各地市差异较大。2017 年河西祁连山内
陆河区域环境安全综合指数为 4.33，其中，酒泉和金昌环境
安全处于脆弱状态。河西祁连山内陆河区域生态安全屏障建
设已经进入深入期和攻坚期，可在湿地、河流保护、污水治
理、科技创新等方面加大投入力度，突破重点，攻坚克难，
进一步推进河西祁连山内陆河区域生态安全屏障建设。

关键词： 河西祁连山内陆河　生态安全屏障　生态安全　资源环境
承载力

---

* 袁春霞，博士，兰州城市学院讲师，主要从事干旱半干旱区生态环境演变研究；钱国权，博
士，兰州城市学院地理与环境工程学院党委书记，教授，主要从事人文地理学的教学与研究。

河西祁连山内陆河区域地处我国三大自然区（东部季风区、西北干旱区、青藏高原区）的交会处，由发源自祁连山脉的石羊河、黑河、疏勒河三大流域及哈尔腾苏干湖水系组成，行政上包括武威、金昌、张掖（含中牧山丹军马场）、酒泉、嘉峪关五市，地域跨度大，生态类型多样，有森林、草原、荒漠、湿地、农田、城市 6 大生态系统类型，并且在空间上呈现交错嵌合的形态，形成了多样化的生态服务功能，如祁连山山地森林的水源涵养功能、河西绿洲的防风固沙功能等，不仅是我国西部生态安全的重要屏障，更对西北地区乃至全国生态环境有着重大影响。

一　河西祁连山内陆河生态安全屏障的作用

（一）河西祁连山内陆河生态功能区自然地理特征

1. 地形地貌特征

河西祁连山内陆河区域处于我国三大自然区的交会处，东起乌鞘岭，西与新疆交界，南部有祁连山与青海省相接，北有北山山系与内蒙古相邻，地域广阔，地势南高北低，起伏巨大，整体地势向北倾斜，祁连山大部分山地海拔在 3000 米以上，河西走廊西段海拔却不足 1000 米，地势按照地形地貌特点可分为祁连山地、河西走廊、北山山地 3 个区域。

祁连山脉分东西两段，由一系列的西北—东南走向的平行山脉和宽谷盆地组成，谷地较宽，两侧有洪水冲积平原或台地发育。从地貌构造上讲，分为平行高山、山间谷地、前山区和山麓丘陵区。祁连山地大部分山体海拔高度在 3000 米以上，5000 米以上的高海拔地区发育有现代冰川，年平均冰川融水量约 10 亿立方米。

河西走廊地区是祁连山脉与阿拉善高原之间形成的一条走廊形山前坳陷、不对称的倾斜平原，平均海拔 1000～1700 米。由南向北，可分为三大地带：山麓丘陵区、扇形砾石带和淤积平原带，包括三大平原（武威、永昌平原；张掖、酒泉平原；玉门、敦煌平原）和三大盆地（敦煌—安西—

玉门盆地；酒泉－张掖盆地；武威－民勤盆地），是以风蚀为主的荒漠—绿洲—戈壁区，风沙地貌居多，沙漠、戈壁、雅丹地貌、干燥剥蚀残山等广泛分布。

河西走廊北山山地北临内蒙古西部阿拉善右旗、额尔纳旗的荒漠地带，从东向西依次由龙首山、合黎山、马鬃山等一系列断断续续的低矮山系构成。北山山地最高峰是龙首山西北端的东大山，海拔3670米，最低处为黑河谷地，海拔1200米左右。山地岩石与山麓砾石裸露，呈岩漠和砾漠景观。

2. 气候特征

河西祁连山内陆河区域地居内陆，远离海洋，地形较封闭，是西风带、青藏高原季风、东南季风三个大气环流系统的耦合区。祁连山属高寒半干旱区，其余各地均属典型的干旱半干旱地区，以干旱半干旱为主要气候特征。气候垂直差异的特征十分显著。河西祁连山内陆河区域多山地高原，且海拔相差悬殊，山地地区形成了复杂多样的垂直气候带。河西走廊至祁连山顶可分为温暖极干旱、温和极干旱、温和干旱、温凉干旱、温寒干旱、温寒半干旱、寒冷半湿润和高寒湿润八种气候水热组合类型以及相应的八个垂直气候带。[①] 祁连山地为寒温带，河西走廊的东、中段为中温带，西段为暖温带，温带大陆性气候特征显著，如降水稀少，气候干燥，气温年、日温差大，无霜期短等。

由于受大陆性气候和封闭地形的影响，河西祁连山内陆河区域的水热分布很不均匀。一方面，年均气温、日照等气象指标呈现从南到北、从东向西增加的趋势，海拔1500米以下的区域年平均气温在8.0℃以上，海拔2500米以上的区域年平均气温低于4.0℃；另一方面，降水量、年均相对湿度等从南到北、从东向西减少。中、东部降水量及其年内分配主要受东南季风和西南季风影响，西部因受到祁连山的阻挡，为西风气流控制，基本不受东南季风的影响。[②] 该区域年平均降水量为37～200毫米，雨热同季，主要集中

---

① 李永华：《甘肃省主体功能区划中的生态系统重要性评价》，兰州大学硕士学位论文，2009。

② 贾文雄：《近50年来祁连山及河西走廊降水的时空变化》，《地理学报》2012年第5期。

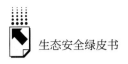
在 7～9 月。东部石羊河流域以及祁连山区的年降水量可达 550 毫米，且东段多于中段，中段又多于西段，东段、中段的南坡多于北坡，而西段的北坡多于南坡；西部疏勒河流域的年降水量为 50～150 毫米（敦煌甚至不足 40 毫米）；河西走廊北山山地属内陆荒漠气候，极度干旱，年降水量仅为 50～200 毫米。大部分地区年蒸发量为 2000～3000 毫米。可见，该地区降水稀少却蒸发强烈，是气候变化的极度敏感区和生态脆弱带。近几十年来，河西祁连山内陆河流域气候变化的两个基本要素气温和降水都发生了显著变化，升温趋势显著，降水也有少量增加。

河西走廊是北方冷空气南下的通道，加上地形狭长，部分地区多风及大风，风力强，风日多，风沙危害较严重。年平均风速为每秒 2.1～4.5 米，最大风速达每秒 15～28 米，局部地区平均大风日数达到 30～70 天。在周边沙源丰富的地区，大风常造成沙尘暴天气，同时，土地风蚀及沙化现象均比较严重。

河西祁连山内陆河区域有多种气候灾害，频繁而严重。其中，干旱最为频繁，影响程度也最严重。此外还有霜冻、低温冷害、冰雹、大暴雨、大风、沙尘暴等气候灾害。

3. 水文特征

河西祁连山内陆河区域受复杂气候、地形条件的影响，水文特征独特。

祁连山区共有 2859 条冰川，是河西走廊地区石羊河、黑河、疏勒河、哈尔腾河四大水系以及 57 条大小河流的主要发源地及径流形成区，被誉为河西走廊的"生命线"，年径流量约为 72.6×10^8 立方米，为逾 7×10^5 公顷良田和 480 多万人口、700 多万头牲畜提供生活、生产用水，维系着整个河西绿洲与沙漠的生态平衡。[①]

河西石羊河、黑河和疏勒河三大内陆河均发源于祁连山，以雨水和冰雪融水补给为主，冬季普遍结冰，属于典型的资源性缺水区域。高山冰雪融水是河西地区的重要补给水源，补给比重大致由东向西增加。

---

① 高真贞、宋军生：《水的呼唤，甘肃水资源短缺警钟长鸣》，《甘肃农业》2015 年第 19 期。

4. 土壤特征

河西祁连山内陆河区域多样的气候条件以及植被类型，形成了多样的土壤类型，并与植被分布相适应。在纬度地带性规律的作用下，河西祁连山内陆河区域土壤类型的地域分异特征十分明显：从南到北，有暖温带森林和森林草原土壤，如棕壤、褐土；有温带草原土壤，如黑沪土、灰钙土、栗钙土等；有温带荒漠土壤，如灰漠土、棕漠土、灰棕漠土等。另外，在干湿分带性规律的作用下，从东向西也出现了由黑沪土、灰钙土、棕钙土向荒漠土壤类型的递变。因地域跨度大，海拔悬殊，该区域土壤的垂直分异特征同样明显。

河西内陆河流域，尤其是北山区域，在干旱条件下，风是动力，沉沙是物质基础，从而形成了风沙土。在河西地区表现为风力侵蚀以及风力与水力混合侵蚀，荒漠化、沙化极其严重，面积大，类型多，是甘肃省也是我国沙漠化的主要分布区之一，不仅对生态环境造成持续性的威胁，对经济社会各方面的可持续发展也造成了负面影响。根据第五次荒漠化沙化监测结果，河西沙区为Ⅰ级沙区，占甘肃省沙区总面积的95.1%；黑河中段沙区和河西走廊西部沙区都是Ⅱ级沙区，也是甘肃省沙漠化重灾区。近50年以来，河西走廊西段沙区沙漠化面积每年的增长率为1.47%，黑河中段沙区的沙漠化面积增长率则为1.03%，沙漠化趋势较为严重；河西地区绿洲均有从下游向上游萎缩的趋势，各内陆河流域下游的生态环境明显恶化。

5. 植被特征

河西祁连山内陆河的植被区系成分较复杂，类型繁多。一级植被类型包括森林、灌丛、草甸、草原、荒漠、垫状植被、高山岩屑坡稀疏植被、沼泽和水生植被8类，二、三级植被类型尤为齐全，温带针叶林、阔叶林、灌丛、草原、小乔木、灌木、半灌木、小半灌木荒漠等一应俱全。

祁连山地植被由低到高可分为山地荒漠草原植被带（代表性植被有珍珠、红砂等）、山地干草原植被带（代表植被：针茅、芨芨草、雀麦草等）、山地草甸草原植被带（代表植被：蒿草、苔草、高山唐松草等）、高山草甸植被带（主要植被有苔草、狼毒等）、山地旱生亮针叶林植被带（主要乔木树种为油

松、青海云杉、山杨）、山地半旱生暗针叶林植被带（阴坡树种为青海云杉，阳坡树种为祁连圆柏）、山地小叶阔叶林植被带（主要乔木树种为红桦、山杨）、高山草甸灌丛植被带（蒿草为主）、高寒荒漠植被带（植被种群有垫状蚤缀凤毛菊、毛枝山居柳、高山龙胆等）。

河西走廊平原荒漠植被分布较为广泛，类型繁多，有荒漠植被（珍珠）、盐生植被（柽柳）、草甸植被（苔草）、沼泽植被（蒲草）、甜菜等耐盐能力强的作物、胡杨等体内藏盐植物、碱蓬等枝叶多浆性植物。

河西走廊北山山地植被类型单一，具有典型的荒漠植被特征。该区主要有低山残丘植被（红砂、狭叶锦鸡儿等）、洪积滩植被（霸王、中麻黄等）、干河床植被（细叶亚菊等）、泉水露头植被（芦苇、冰草等）、砾质戈壁滩植被（无叶假木贼等）、沙生植被（毛条等）。

6. 人与生态环境的关系

虽然生态屏障建设的直接目标是恢复重建生态系统的服务功能，但其也强调了人与生态环境的关系。在生态安全屏障建设实践中，应充分认识人与生态环境的关系。

实质上，人类社会发展的过程就是人们对其所依赖的资源和环境不断认识、适应、利用与改造的过程。从古至今，河西祁连山内陆河区域都是多民族的活动区域，至今，该区内有汉族、藏族、裕固族、回族、哈萨克族等40多个民族杂居共处，截至 2017 年底，该区共有人口约 500 万人，少数民族占比 10% 左右，多民族的集聚形成了多元的文化形态、各异的风俗习惯、多样的宗教信仰等区域特征。河西祁连山内陆河区域独特的地理位置及复杂的地貌类型，使其具有水源涵养、气候调节、生物多样性保护等多重生态功能，但在经济上又是相对落后的欠发达地区，目前，土地荒漠化等生态问题突出。

该区域生态问题产生的自然基础是其严酷的自然环境，社会原因是人地矛盾及贫困，但最主要的原因是对水资源缺乏科学合理的利用。据统计，该区域人口密度已达到 16 人/平方千米，远高于干旱区国际标准；河西走廊绿洲的承载人口密度已达到 240 人/平方千米，其中，武威最高，达到 365 人/平方千米，是全国平均水平的 2.5 倍，突出的人地矛盾给该区域的生态环境带来巨大压力。与此同时，经济落后也制约了当地教育事业的发展以及居民环境保护意识的提高，生产资料匮乏，人口又急剧增长，这种情况下，人为了生存向自然资源开始了掠夺式开发和粗放经营，给该区域的生态环境造成了极大压力，滥砍滥伐、过度开垦和过度放牧等不合理的耕作方式，使本来十分脆弱的生态环境雪上加霜，形成了过度开垦→土地生产力低下→生态环境破坏的恶性循环。

人类对水资源的不合理利用是河西祁连山内陆河区域生态问题的根源。据资料显示，石羊河、黑河、疏勒河三大内陆河流域的水资源利用程度分别为 172%、95%、73.6%，而水资源开发利用率不会对生态系统造成压迫的世界现行标准为不超过 40%，我国一般采取的标准为 70%。[①] 可见，河西祁连山内陆河区域水资源利用过度且效率低下。20 世纪 90 年代后，甘肃省在"兴西济中"发展战略影响下，灌溉面积不断扩大，农业灌溉挤占生态用水，再加上一系列人工建成的水库和钻机井，导致出现了地下水超采、河流断流、尾闾湖泊干涸等水资源短缺现象，严重的后果就是植被退化、绿洲萎缩、荒漠化和土壤沙化等问题加剧。

（二）河西祁连山内陆河生态功能区屏障作用

1. 祁连山水源涵养区脊梁性生态屏障作用

河西祁连山区属大陆性高寒半干旱气候，独特的地理位置和自然环境形成了冰川雪山、高寒灌丛、沼泽化草甸、河流、湖泊等高山湿地，与森林、草原一起共同构成了巨大的天然复合生态系统，奠定了祁连山冰川与水源涵养区的生态基础。

祁连山冰川雪山与湿地、森林和草地等生态系统共同造就了其生物多样性的基础，奠定了其在国家生态安全格局中的重要生态地位。

（1）雪山冰川与湿地生态系统。祁连山海拔 5000 米以上的地区终年积

---

① 钱国权：《河西走廊生态环境恶化的历史反思》，《开发研究》2007 年第 3 期。

雪，并发育着现代冰川，共有大小冰川 2859 条，总面积约 2000 平方千米，蓄水量 800 多亿立方米，被誉为"冰源水库"，是山地储水、供水中心。湿地面积广阔，主要分布在海拔 3000 米以上地区，包括高山苔原、高山灌丛草甸（季节性沼泽化）、高寒草甸等。

（2）森林生态系统。祁连山森林早在 1980 年就被确定为国家重点水源涵养林，其主要树种是青海云杉和祁连圆柏。

（3）草地生态系统。面积约 120 多万公顷，主要分布在天祝、肃南和山丹马场，草地生态的保护可极大促进森林和整个生态系统的恢复。冰川、雪山、湿地、森林、草原等生态系统构成巨大的天然水库，使山区降水、地下水及冰雪融水汇成径流，出山径流年均约 72 亿立方米，源源不断地灌溉着河西地区及下游的农田和绿洲，滋润着广阔的荒漠与戈壁，是河西绿洲的依托和屏障，养育着我国整个西北干旱区，确保了"丝绸之路"经济带的畅通。

祁连山水源涵养区显著的地理优势和稳定的生态环境使其不仅具有涵养水源、调节气候和径流、保持水土、保障流域生态安全和可持续发展等多种生态水文功能，而且阻挡了来自新疆和内蒙古的沙尘暴，发挥着巨大的生态功能，成为河西走廊的生命保障线。

2. 河西走廊内陆河流域滋养性、阻隔性生态屏障作用

河西走廊为古"丝绸之路"要冲，地处西北内陆地区，位于三大沙漠的前缘地带，区域内有石羊河、黑河、疏勒河等发源于祁连山地的内陆河水系，经过千百年的自然演替，形成了典型的山地—绿洲—荒漠复合生态系统，不仅因祁连山冰雪融水灌溉而成为干旱区绿洲农业最发达的区域，而且有效分隔和阻挡了北部阿拉善、腾格里沙漠的前移，在保障国家乃至亚洲东部地区的生态安全方面发挥着极其重要的作用。

河西走廊中部平原绿洲的主要功能是维护中游绿洲的稳定，承担工农业集中发展的任务。处于流域下游的绿洲与荒漠的过渡带及三大内陆河河水通过渗入地下或直接流经沙漠形成的湿地资源，共同构成了天然生态屏障，有效阻挡腾格里、巴丹吉林、库木塔格三大沙漠的东进势头，是风沙南侵西进的重要屏障，维护着中游绿洲的稳定发展。

河西走廊是我国西部地区重要的经济、文化和生态战略长廊，维系着甘肃乃至西北、华北和亚洲东部地区的生态安全。

二　河西祁连山内陆河生态安全屏障建设与资源环境承载力评价

（一）河西祁连山内陆河生态安全屏障评价

1. 生态安全屏障评价指标体系构建

根据全面性、可比性、独立性及可靠性等原则，依据《甘肃省生态保护与建设规划（2014～2020年)》《甘肃省建设国家生态安全屏障综合试验区"十三五"实施意见》《甘肃省加快转型发展建设国家生态安全屏障综合试验区总体方案》《甘肃省主体功能区规划》等，通过对国家生态安全屏障、生态文明建设、可持续发展等指标评价体系的借鉴，本报告在考虑河西祁连山内陆河区域特殊性的基础上，从生态环境、生态经济和生态社会3个二级指标出发，选取了"森林覆盖率""人均GDP""城市人口密度"等21个三级指标，建立了河西祁连山内陆河生态安全屏障评价的指标体系，详见表1。

表1　2017年河西祁连山内陆河生态安全屏障评价指标体系

一级指标	二级指标	序号	三级指标
河西祁连山内陆河生态安全屏障	生态环境	1	森林覆盖率(%)
		2	湿地面积(万公顷)
		3	河流湖泊面积(公顷)
		4	耕地保有量(万亩)
		5	城市建成区面积(平方公里)
		6	建成区绿化覆盖率(%)
		7	未利用土地(万公顷)
		8	人均水资源(立方米)
		9	空气质量二级以上天数占比(%)
		10	人均绿地面积(平方米)

续表

一级指标	二级指标	序号	三级指标
河西祁连山内陆河生态安全屏障	生态经济	11	人均GDP(元)
		12	单位GDP废水排放量(吨/万元)
		13	单位GDP二氧化硫(SO_2)排放量(千克/万元)
		14	一般工业固体废物综合利用率(%)
		15	城市污水处理率(%)
		16	第三产业占比(%)
	生态社会	17	城市人口密度(人/平方公里)
		18	普通高等学校在校学生数(人)
		19	信息化基础设施(互联网宽带接入户数/年末总人口)(户/百人)
		20	城市燃气普及率(%)
		21	R&D研究和实验发展费占GDP比重(%)

2. 生态安全屏障建设评价数据

本报告中涉及的基础数据主要来自各地市统计年鉴及各地市《2018年国民经济和社会发展统计公报》等，另外，本报告搜集了甘肃省土地利用现状资料以及甘肃省林业厅、农业厅、各地市网站的相关数据资料，经分析和整理，获得各评价指标的原始数据（见表2）。

表2　2017年河西祁连山内陆河生态安全屏障评价各指标原始数据

三级指标	酒泉市	嘉峪关市	张掖市	金昌市	武威市
森林覆盖率(%)	5.29	12.38	15.66	4.67	11.57
湿地面积(万公顷)	67.73	0.53	25.13	2.56	10.42
河流湖泊面积(公顷)	38999.04	59.52	9755.33	104.33	3838.18
耕地保有量(万亩)	373.5	7.22	412.56	131.72	598.2
城市建成区面积(平方公里)	53.40	70.40	43.50	43.70	33.46
建成区绿化覆盖率(%)	37.21	39.41	53.71	37.08	26.08
未利用土地(万公顷)	1479.73	9.37	231.66	37.56	168.46
人均水资源(立方米)	2118	765	1766	896	840
空气质量二级以上天数占比(%)	92.00	91.40	94.90	95.80	92.80
人均绿地面积(平方米)	11.63	37.49	51.66	24.98	23.06
人均GDP(元)	49200	84677	30729	47177	23617

三级指标	酒泉市	嘉峪关市	张掖市	金昌市	武威市
单位GDP废水排放量(吨/万元)	6.23	13.64	8.28	17.40	6.67
单位GDP二氧化硫(SO_2)排放量(千克/万元)	3.24	13.87	2.97	18.33	3.65
一般工业固体废物综合利用率(%)	39.63	62.86	77.84	14.64	85.57
城市污水处理率(%)	94.00	93.60	92.40	95.18	95.97
第三产业占比(%)	53.71	46.16	54.75	41.58	46.40
城市人口密度(人/平方公里)	1654	1819	1235	3614	10197
普通高等学校在校学生数(人)	8327	3013	19183	2994	15854
信息化基础设施(互联网宽带接入户数/年末总人口)(户/百人)	30.44	49.12	31.43	31.65	19.16
城市燃气普及率(%)	100	100	100	80.50	94.80
R&D研究和实验发展费占GDP比重(%)	0.52	5.00	1.34	4.79	0.54

3. 生态安全屏障建设评价方法

(1) 数据的归一化处理

为消除不同评价指标之间的量纲影响,本报告采用极差法对指标数据进行归一化处理,即对原始数据进行线性变换,使之处于同一数量级。指标包括正向指标和负向指标,其中负向指标包括城市建成区面积、单位GDP废水排放量、单位GDP二氧化硫(SO_2)排放量、城市人口密度,采用逆向计算方法将其转换为正向指标,以保持与生态安全屏障建设评价方向的一致性。计算公式如下:

正向指标:$X = X_i / X_{max}$;

负项指标:$X = X_{min} / X_i$;

其中,X 为指标的标准化赋值;X_i 为指标的实测值;X_{max} 为指标实测最大值;X_{min} 为指标实测最小值。数据标准化结果使所有因子由有量纲表达变为无量纲表达,数据映射到 (0,1] 范围内(见表3)。

表3　2017年河西祁连山内陆河生态安全屏障建设评价各指标归一化处理数据

三级指标	酒泉市	嘉峪关市	张掖市	金昌市	武威市
森林覆盖率	0.3378	0.7905	1.0000	0.2982	0.7388
湿地面积	1.0000	0.0078	0.3710	0.0378	0.1538
河流湖泊面积	1.0000	0.0015	0.2501	0.0027	0.0984
耕地保有量	0.6244	0.0121	0.6897	0.2202	1.0000
城市建成区面积	0.6266	0.4753	0.7692	0.7657	1.0000
建成区绿化覆盖率	0.6928	0.7338	1.0000	0.6904	0.4856
未利用土地	1.0000	0.0063	0.1566	0.0254	0.1138
人均水资源	1.0000	0.3610	0.8337	0.4230	0.3965
空气质量二级以上天数占比	0.9603	0.9541	0.9906	1.0000	0.9687
人均绿地面积	0.2251	0.7257	1.0000	0.4835	0.4464
人均GDP	0.5810	1.0000	0.3629	0.5571	0.2789
单位GDP废水排放量	1.0000	0.4566	0.7519	0.3578	0.9338
单位GDP二氧化硫（SO$_2$）排放量	0.9158	0.2143	1.0000	0.1621	0.8145
一般工业固体废物综合利用率	0.4631	0.7346	0.9096	0.1711	1.0000
城市污水处理率	0.9795	0.9753	0.9628	0.9918	1.0000
第三产业占比	0.9810	0.8431	1.0000	0.7595	0.8475
城市人口密度	0.7467	0.6789	1.0000	0.3417	0.1211
普通高等学校在校学生数	0.4341	0.1571	1.0000	0.1561	0.8265
信息化基础设施（互联网宽带接入户数/年末总人口）	0.6197	1.0000	0.6399	0.6443	0.3901
城市燃气普及率	1.0000	1.0000	1.0000	0.8050	0.9480
R&D研究和实验发展费占GDP比重	0.1044	1.0000	0.2670	0.9583	0.1074

（2）指标权重的确定

指标权重即确定每个指标对于整个指标评价体系的重要程度。熵值法是根据各指标实测值的变异程度来确定其权重，属于客观赋权法。本报告采用熵值法来计算各指标的权重，为多指标综合评价提供依据。具体计算过程分为如下三步：

①计算各指标的熵值：$U_j = -\sum_{i=1}^{m} X_{ij} \ln X_{ij}$，其中 m 为样本数；

②熵值逆向化：$S_j = \dfrac{\max U_j}{U_j}$；

③确定权重：$W_j = S_j / \sum_{j=1}^{n} S_j$，$(j = 1, 2, \cdots, n)$。

通过以上公式计算得到各指标的权重值（见表4）。

表4　2017年河西祁连山内陆河生态安全屏障评价各指标权重

三级指标	权重
森林覆盖率	0.0204
湿地面积	0.0284
河流湖泊面积	0.0386
耕地保有量	0.0248
城市建成区面积	0.0220
建成区绿化覆盖率	0.0213
未利用土地	0.0350
人均水资源	0.0185
空气质量二级以上天数占比	0.1872
人均绿地面积	0.0181
人均GDP	0.0170
单位GDP废水排放量	0.0231
单位GDP二氧化硫（SO_2）排放量	0.0266
一般工业固体废物综合利用率	0.0239
城市污水处理率	0.2594
第三产业占比	0.0453
城市人口密度	0.0210
普通高等学校在校学生数	0.0211
信息化基础设施（互联网宽带接入户数/年末总人口）	0.0188
城市燃气普及率	0.1030
R&D研究和实验发展费占GDP比重	0.0267

（3）综合指数的计算

整个区域的生态安全屏障建设指数，可通过综合各指标来计算。根据其他学者的研究成果，本报告采用 *EQ*（区域生态安全度的综合指数）来表示，其计算公式如下：

$$EQ(t) = \sum_{i=1}^{n} W_i(t) \times X_i(t), (i = 1, 2, \cdots, n)$$

其中，W_i 为评价指标 i 的权重；X_i 表示评价指标的标准化值；n 为指标

总数。

根据生态安全综合指数公式，计算得到 2017 年河西祁连山内陆河生态安全评价综合指数（见表 5）。

表5　2017 年河西祁连山内陆河生态安全综合指数

城市	评价指标			综合指数
	生态环境	生态经济	生态社会	
酒泉市	0.2952	0.2968	0.1222	0.7143
嘉峪关市	0.1814	0.2719	0.1460	0.5994
张掖市	0.2604	0.2968	0.1442	0.7014
金昌市	0.1889	0.2478	0.1110	0.5477
武威市	0.2211	0.2996	0.1078	0.6284

4. 河西祁连山内陆河生态安全屏障建设评价与分析

生态安全评价综合指数可以反映区域生态安全度和生态状态。本报告参考张淑莉等人的研究结果，采用五个级别划分生态安全综合指数，如表 6 所示。生态安全综合指数值越大，表示其生态安全度越高，生态状况越好。

表6　生态安全等级划分标准

综合指数	状态	生态安全度	指标特征
0～0.2	恶劣	严重危险	生态环境破坏严重,生态服务功能退化严重,生态环境恢复与重建困难,自然灾害多
0.2～0.4	较差	危险	生态环境破坏较大,生态服务功能退化比较严重,生态环境恢复与重建比较困难,自然灾害较多
0.4～0.6	一般	预警	生态环境遭到一定程度的破坏,生态服务功能出现退化,生态环境恢复与重建有一定困难,自然灾害时有发生
0.6～0.8	较好	较安全	生态环境受破坏较小,生态服务功能较完善,生态恢复较容易,自然灾害偶尔出现
0.8～1	良好	安全	生态环境基本未遭受破坏,生态服务功能基本完善,生态问题不明显,基本无灾害

资料来源：张淑莉、张爱国著《临汾市土地生态安全度的县域差异研究》，《山西师范大学学报（自然科学版）》2012 年第 2 期。

根据表6中的生态安全分级标准，2017年河西祁连山内陆河区域生态安全综合指数和生态安全状态评价结果如表7所示。

表7　2017年河西祁连山内陆河生态安全屏障评价结果

城市	综合指数	生态安全状态	生态安全度
酒泉市	0.7143	较好	较安全
嘉峪关市	0.5994	一般	预警
张掖市	0.7014	较好	较安全
金昌市	0.5477	一般	预警
武威市	0.6284	较好	较安全
河西祁连山内陆河	0.6382	较好	较安全

由表7可知，2017年河西祁连山内陆河区域生态安全综合指数为0.6382，处于较安全状态，这说明尽管河西祁连山内陆河部分地区存在生态环境问题，但总体来说，生态系统服务功能比较完善，受到的破坏较小。其中，酒泉市和张掖市2017年生态安全综合指数较高，达到0.7以上，生态安全状态较好，说明这两个地区生态服务功能基本完善；嘉峪关市和金昌市生态安全综合指数分别为0.5994和0.5477，生态安全状态一般，生态系统服务功能已经退化，生态环境已经受到一定程度的破坏，生态恢复和重建存在一定的困难。

（二）河西祁连山内陆河区域资源环境承载力评价

资源环境承载力包括资源承载力和环境安全两部分。资源环境承载力是衡量人类社会一切经济活动对自然资源的利用程度及对生态环境干扰力度的重要指标，也是探索区域可持续发展道路的重要依据。本报告以河西祁连山内陆河区域为研究对象，以经济社会统计数据为基础，采用指标体系法对河西祁连山内陆河的资源环境承载力进行综合评价。

1.指标体系构建

根据科学性、全面性、简明性和可操作性的原则，综合考虑河西祁连山内陆河区域的资源、环境、社会经济发展现状，从资源环境承载力概念和内

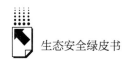

涵出发，本报告遴选出 13 项针对性强、内涵丰富又便于度量的指标，构建了资源环境承载力综合评价指标体系。

资源环境承载力综合评价指标体系分为四层：目标层、准则层、系数层和指标层。目标层指河西祁连山内陆河生态功能区资源环境承载力；准则层包括两部分：资源可承载指标、环境安全指标，其中，资源可承载指标由土地资源、粮食资源、水资源、能源资源和生物资源系数构成，环境安全指标系数层由大气环境安全、水环境安全和土地环境安全系数构成；指标层共有13 项。

评价指标体系中指标层分为正向指标和负向指标两类，其中，正向指标表示该项指标与总目标呈正相关关系，负向指标则表示该项指标与总目标呈负相关关系。此 13 项指标中，有 6 项是正向指标，7 项是负向指标，各指标详细信息如表 8 所示。

表 8　河西祁连山内陆河资源环境承载力评价指标体系

目标层（A）	准则层（B）	系数层	指标层	指标方向
资源环境承载力	资源可承载指标	土地资源系数	人均耕地面积（公顷）	+
		粮食资源系数	人均粮食产量（吨）	+
		水资源系数	人均水资源（立方米）	+
		能源资源系数	人均能源消耗（吨标准煤）	－
		生物资源系数	自然保护区覆盖率（%）	+
	环境安全指标	大气环境安全系数	万元 GDP 二氧化硫排放量（吨）	－
			万元 GDP 工业粉烟尘排放量（吨）	－
		水环境安全系数	万元 GDP 工业废水排放量（吨）	－
			万元 GDP 化学需氧量排放量（吨）	－
			水旱灾成灾率（%）	－
		土地环境安全系数	万元 GDP 固体废弃物产生量（吨）	－
			人均公园绿地面积（平方米）	+
			城镇化率（%）	+

2. 资源环境承载力评价数据

本报告中涉及的基础数据主要来源于《2018 甘肃发展年鉴》以及各地市网站相关数据资料。本报告利用从统计年鉴、网站等途径获取的具体数据，通过计算来评价研究对象资源环境承载力的大小。各评价指标值的结果见表9。

表9 2017年河西祁连山内陆河资源环境承载力评价各指标值

指标	酒泉市	嘉峪关市	张掖市	金昌市	武威市
人均耕地面积(公顷)	0.1582	0.0145	0.2100	0.1545	0.1331
人均粮食产量(吨)	0.4245	0.0745	1.1453	0.8900	0.5592
人均水资源(立方米)	2118.19	764.61	1766.05	896.00	839.86
人均能源消耗(吨标准煤)	5.3701	32.6545	3.0721	7.5199	2.5613
自然保护区覆盖率(%)	25.58	6.42	50.74	4.21	18.64
万元GDP二氧化硫排放量(吨)	0.0032	0.0139	0.0030	0.0183	0.0036
万元GDP工业粉烟尘排放量(吨)	0.0008	0.0203	0.0007	0.0038	0.0029
万元GDP工业废水排放量(吨)	0.6673	7.4126	1.1019	6.9994	0.4859
万元GDP化学需氧量排放量(吨)	0.0017	0.0007	0.0004	0.0013	0.0022
水旱灾成灾率(%)	35.68	25.85	80.47	15.94	67.28
万元GDP固体废弃物产生量(吨)	0.5503	4.4199	1.9796	5.1960	0.1331
人均公园绿地面积(平方米)	11.63	37.49	51.66	24.98	23.06
城镇化率(%)	60.27	93.45	45.76	70.09	39.72

3. 资源环境承载力评价方法

（1）指标数据归一化

为消除指标数据间量纲和量级的影响，本文采用极差法对13个指标数据进行归一化处理，所有因子由有量纲表达变为无量纲表达，具体计算公式如下：

正向指标：$X = X_i / X_{max}$；

负向指标：$X = X_{min} / X_i$；

其中：X 为指标的标准化赋值；X_i 为指标的实测值；X_{max} 为指标实测最大值；X_{min} 为指标实测最小值。其标准化值映射到（0，1]范围内，各指标归一化处理后结果见表10。

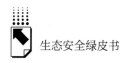

生态安全绿皮书

表 10　2017 年河西祁连山内陆河资源环境承载力评价各指标归一化后数据

指标	酒泉市	嘉峪关市	张掖市	金昌市	武威市
人均耕地面积	0.7533	0.0690	1.0000	0.7357	0.6338
人均粮食产量	0.3707	0.0650	1.0000	0.7771	0.4883
人均水资源	1.0000	0.3610	0.8338	0.4230	0.3965
人均能源消耗	0.4770	0.0784	0.8337	0.3406	1.0000
自然保护区覆盖率	0.5041	0.1265	1.0000	0.0830	0.3674
万元 GDP 二氧化硫排放量	0.9161	0.2143	1.0000	0.1621	0.8148
万元 GDP 工业粉烟尘排放量	0.8510	0.0327	1.0000	0.1728	0.2321
万元 GDP 工业废水排放量	0.7281	0.0655	0.4410	0.0694	1.0000
万元 GDP 化学需氧量排放量	0.2204	0.5568	1.0000	0.2837	0.1701
水旱灾成灾率	0.4467	0.6166	0.1981	1.0000	0.2369
万元 GDP 固体废弃物产生量	0.2419	0.0301	0.0672	0.0256	1.0000
人均公园绿地面积	0.2251	0.7257	1.0000	0.4835	0.4464
城镇化率	0.6449	1.0000	0.4897	0.7500	0.4250

（2）指标权重的确定

实践中常用主观赋权和客观赋权两种方法来确定指标数据权重，反映各个指标对于整个指标评价体系的重要程度。本报告采用熵值法来计算各指标的权重，计算得到资源可承载力和环境安全各指标的权重值（见表11）。

表 11　2017 年河西祁连山内陆河资源可承载力和环境安全评价各指标权重

准则层	指标层	权重
资源可承载力	人均耕地面积	0.0883
	人均粮食产量	0.0738
	人均水资源	0.0645
	人均能源消耗	0.0752
	自然保护区覆盖率	0.0682
环境安全	万元 GDP 二氧化硫排放量	0.0924
	万元 GDP 工业烟粉尘排放量	0.0904
	万元 GDP 工业废水排放量	0.0843
	万元 GDP 化学需氧量排放量	0.0611
	水旱灾成灾率	0.0610
	万元 GDP 固体废弃物产生量	0.1113
	人均公园绿地面积	0.0630
	城镇化率	0.0665

（3）资源可承载力及环境安全综合指数的计算

本报告中，河西祁连山内陆河资源可承载力和环境安全指数计算采用综合评价法。

资源可承载力：$HI = \sqrt{P \times N}$；

其中 P 为积极指标组指数，N 为消极指标组指数。

$$P = \sum_{i=1}^{n} W_i \times C_i;$$
$$N = \sum_{i=1}^{n} W_i \times C_i;$$

其中，W_i 为指标权重，C_i 对应各指标的指标值，n 为指标总项数。

4. 河西祁连山内陆河资源环境承载力评价与分析

根据上述计算方法，河西祁连山内陆河各城市的资源可承载力和环境安全指数计算结果如表 12 所示。

表 12　2017 年河西祁连山内陆河资源可承载力及环境安全综合指数

指标	酒泉市	嘉峪关市	张掖市	金昌市	武威市
资源可承载力	7.48	11.05	5.21	5.73	3.27
环境安全	3.30	4.81	5.74	3.66	4.13

根据资源环境承载力的评价指标体系，综合考虑各个指标及其相对应的评价标准，本报告采用分级评价方法，对河西祁连山内陆河各城市资源可承载力和环境安全进行评价。

资源可承载力主要反映资源对该区域经济社会发展所能提供的支撑能力，HI 数值越大，表示资源可承载力越高；HI 数值越小，则表示资源可承载力越低，对经济社会发展提供的支撑能力越小。

二级评价为环境安全评价。环境安全是一个综合体，表示环境对人类社会、经济、生态的协调或胁迫程度，HI 数值越大，则表示环境安全度越高。本报告设定的环境安全评价标准为五级划分标准，分别为：0 ~ 2（红，不安全）、2 ~ 4（橙，脆弱）、4 ~ 6（黄，较安全）、6 ~ 8（蓝，基本安全）、8 ~ 10（绿，安全）。

根据上述资源可承载力和环境安全分级标准，2017 年河西祁连山内陆河区域资源可承载力和环境安全评价结果如表 13 所示。

由表 13 可以看出，2017 年河西祁连山内陆河区域资源可承载力综合指数为 6.55，资源可承载力较高；各城市资源可承载力差异较大，嘉峪关最高，酒泉次之，金昌、张掖的资源可承载力为中等，武威资源可承载力较低。从环境安全综合指数看，河西祁连山内陆河区域环境安全综合指数为 4.33，处于较安全状态。其中，张掖、嘉峪关、武威三市处于黄色较安全水平，酒泉和金昌的环境安全处于脆弱状态，需要随时保持警惕，提高环境安全意识。

表 13　2017 年河西祁连山内陆河资源可承载力和环境安全评价结果

城市	资源可承载力	资源可承载力状态	环境安全综合指数	环境安全状态
酒泉市	7.48	较高	3.30	脆弱
嘉峪关市	11.05	高	4.81	较安全
张掖市	5.21	中等	5.74	较安全
金昌市	5.73	中等	3.66	脆弱
武威市	3.27	较低	4.13	较安全
河西祁连山内陆河	6.55	较高	4.33	较安全

（三）河西祁连山内陆河生态安全屏障建设评价指导

1. 建设的侧重度、难度、综合度

侧重度、难度、综合度三个指标是生态安全屏障建设的辅助决策参数，可用于对生态建设进行动态引导，因此，定量计算必须遵照客观、合理、科学性的原则。

（1）建设侧重度

设 $A_i(t)$ 是城市 A 在第 t 年关于第 i 个指标的排序名次，则城市 A 在第 $t+1$ 年第 i 个指标的建设侧重度计算公式如下：

$$\lambda A_i(t+1) = \frac{A_i(t)}{\sum_{j=1}^{n} A_i(t)}, (i = 1, 2, \cdots, N)$$

其中，N 为城市个数，n 为指标个数。

若 $\lambda A_i\,(t+1)$ 越大，则表示在第 $t+1$ 年越应该侧重该项指标的建设，即优先建设。这样可以缩小区域差距，使生态建设与区域发展同步进行。

（2）建设难度

设 $A_i\,(t)$ 是城市 A 在第 t 年关于第 i 个指标的排序名次。分别用 $\max_i\,(t)$、$\min_i\,(t)$ 表示第 t 年第 i 个指标的最大值和最小值，$\alpha A_i\,(t)$ 为关于 A 城市第 t 年第 i 个指标的值，令

$$\mu A_i(t) = \begin{cases} \dfrac{\max_i(t)+1}{\alpha A_i(t)+1} & \text{指标 } i \text{ 为正向} \\[3mm] \dfrac{\alpha A_i(t)+1}{\max_i(t)+1} & \text{指标 } i \text{ 为负向} \end{cases}$$

则 A 城市在第 $t+1$ 年第 i 个指标的建设难度计算公式如下：

$$\gamma A_i\,(t+1) = \frac{\mu A_i(t)}{\sum\limits_{j=1}^{n} \mu A_i(t)},\,(i=1,2,\cdots,N)$$

若 $\gamma A_i\,(t+1) > \gamma A_j\,(t+1)$，则意味着在第 $t+1$ 年，第 i 个指标建设难度比第 j 个指标大。

（3）建设综合度

城市 A 在第 $t+1$ 年第 i 个指标的建设综合度计算公式如下：

$$\nu A_i\,(t+1) = \frac{\lambda A_i(t)\mu A_i(t)}{\sum\limits_{j=1}^{n} \lambda A_j(t)\mu A_j(t)},\,(i=1,2,\cdots,N)$$

若 $\nu A_i\,(t+1) > \nu A_j\,(t+1)$，则表明在第 $t+1$ 年，第 i 个指标理论上应优先于第 j 个指标建设。

2. 河西祁连山内陆河生态安全屏障建设侧重度、难度、综合度的计算

根据前文生态安全屏障建设侧重度、难度和综合度定义及计算方法，计算得出 2017 年河西祁连山内陆河 5 个城市的 21 个生态安全屏障建设指标。

（1）建设侧重度

建设侧重度数值越大，排名越靠前，表示越应该优先考虑。河西祁连山内陆河 2017 年 5 个城市的生态安全屏障建设侧重度结果如表 14 所示。

表14 2017年河西祁连山内陆河生态安全屏障建设指标之建设侧重度

城市	森林覆盖率（%）		湿地面积（万公顷）		河流湖泊面积（公顷）		耕地保有量（万亩）		城市建成区面积（平方公里）		建成区绿化覆盖率（%）		未利用土地（万公顷）		人均水资源（立方米）		空气质量二级以上天数占比（%）		人均绿地面积（平方米）	
	数值	排名	数值	排名	数值	排名	数值	排名	数值	排名	数值	排名	数值	排名	数值	排名	数值	排名	数值	排名
酒泉	0.0714	3	0.0179	16	0.0179	16	0.0536	8	0.0714	3	0.0536	8	0.0179	16	0.0179	16	0.0714	3	0.0893	1
嘉峪关	0.0282	15	0.0704	1	0.0704	1	0.0704	1	0.0704	1	0.0282	15	0.0704	1	0.0704	1	0.0704	1	0.0282	15
张掖	0.0238	14	0.0476	6	0.0476	6	0.0476	6	0.0476	6	0.0238	14	0.0476	6	0.0476	6	0.0476	6	0.0238	14
金昌	0.0641	1	0.0513	8	0.0513	8	0.0513	8	0.0385	14	0.0513	8	0.0513	8	0.0385	14	0.0128	21	0.0385	14
武威	0.0462	9	0.0462	9	0.0462	9	0.0154	18	0.0154	18	0.0769	1	0.0462	9	0.0615	5	0.0462	9	0.0615	5

城市	人均GDP（元）		单位GDP废水排放量（吨/万元）		单位GDP二氧化硫（SO₂）排放量（千克/万元）		一般工业固体废物综合利用率（%）		城市污水处理率（%）		第三产业占比（%）		城市人口密度（人/平方公里）		普通高等学校在校学生数（人）		信息化基础设施（互联网宽带接入户数/年末总人口）（户/百人）		城市燃气普及率（%）		R&D研究和实验发展经费占GDP比重（%）	
	数值	排名	数值	排名	数值	排名	数值	排名	数值	排名	数值	排名	数值	排名	数值	排名	数值	排名	数值	排名	数值	排名
酒泉	0.0357	12	0.0179	16	0.0357	12	0.0714	12	0.0536	8	0.0357	12	0.0357	8	0.0536	8	0.0714	3	0.0179	16	0.0893	1
嘉峪关	0.0141	18	0.0563	8	0.0563	8	0.0423	13	0.0563	8	0.0563	8	0.0423	13	0.0563	8	0.0141	18	0.0141	18	0.0141	18
张掖	0.0952	2	0.0714	3	0.0238	14	0.0476	6	0.119	1	0.0238	14	0.0238	14	0.0238	14	0.0714	3	0.0238	14	0.0714	3
金昌	0.0385	14	0.0641	1	0.0641	1	0.0641	1	0.0256	18	0.0641	1	0.0513	8	0.0641	1	0.0256	18	0.0641	1	0.0256	18
武威	0.0769	1	0.0308	16	0.0462	9	0.0154	18	0.0154	18	0.0462	9	0.0769	1	0.0308	16	0.0769	1	0.0615	5	0.0615	5

从表 14 可以看出,在 21 个指标中,酒泉市建设侧重度排位靠前的是:人均绿地面积、R&D 研究和实验发展费占 GDP 比重、森林覆盖率、空气质量二级以上天数占比、城市建成区面积、一般工业固体废物综合利用率、信息化基础设施。

嘉峪关市建设侧重度排位靠前的是:湿地面积、耕地保有量、河流湖泊面积、城市建成区面积、未利用土地、人均水资源、空气质量二级以上天数占比。

张掖市建设侧重度排位靠前的是:城市污水处理率、人均 GDP、单位 GDP 废水排放量、信息化基础设施、R&D 研究和实验发展费占 GDP 比重。

金昌市建设侧重度排位靠前的是:森林覆盖率、单位 GDP 废水排放量、单位 GDP 二氧化硫排放量、一般工业固体废物综合利用率、第三产业占比、普通高等学校在校学生数、城市燃气普及率。

武威市建设侧重度排位靠前的是:建成区绿化覆盖率、人均 GDP、城市人口密度、信息化基础设施。

(2)建设难度

建设难度数值越大,排名越靠前,则意味着下一个年度该地区这项指标的建设难度越大,越难以取得建设成效。河西祁连山内陆河 2017 年 5 个地区的生态安全屏障建设难度结果如表 15 所示。

从表 15 可以看出,在 21 个指标中,酒泉市建设难度排位靠前的是:人均绿地面积、单位 GDP 废水排放量、R&D 研究和实验发展费占 GDP 比重。

嘉峪关市建设难度排位靠前的是:河流湖泊面积、未利用土地、湿地面积、耕地保有量、人均水资源。

张掖市建设难度排位靠前的是:单位 GDP 二氧化硫排放量、城市人口密度、单位 GDP 废水排放量、城市建成区面积。

金昌市建设难度排位靠前的是:普通高等学校在校学生数、森林覆盖率、一般工业固体废物综合利用率、第三产业占比、城市燃气普及率。

表15 2017年河西祁连山内陆河生态安全屏障建设指标之建设难度

城市	森林覆盖率（%）		湿地面积（万公顷）		河流湖泊面积（公顷）		耕地保有量（万亩）		城市建成区面积（平方公里）		建成区绿化覆盖率（%）		未利用土地（万公顷）		人均水资源（立方米）		空气质量二级以上天数占比（%）		人均绿地面积（平方米）	
	数值	排名	数值	排名	数值	排名	数值	排名	数值	排名	数值	排名	数值	排名	数值	排名	数值	排名	数值	排名
酒泉	0.061	6	0.038	17	0.038	17	0.04	13	0.0519	7	0.0425	11	0.038	17	0.038	17	0.0387	14	0.0654	1
嘉峪关	0.0389	14	0.0646	3	0.0646	1	0.0646	3	0.0375	17	0.04	11	0.0646	1	0.0646	3	0.0384	15	0.0391	13
张掖	0.0397	16	0.0423	10	0.0438	8	0.0414	11	0.0647	4	0.0397	16	0.0503	7	0.0408	12	0.0399	15	0.0397	16
金昌	0.0597	2	0.0563	8	0.0595	6	0.0475	11	0.0563	9	0.039	14	0.0571	7	0.0516	10	0.0346	19	0.0412	13
武威	0.0372	14	0.0473	11	0.05	9	0.0354	18	0.061	2	0.061	1	0.0485	10	0.056	8	0.036	17	0.0441	12

城市	人均GDP（元）		单位GDP废水排放量（吨/万元）		单位GDP二氧化硫（SO₂）排放量（千克/万元）		一般工业固体废物综合利用率（%）		城市污水处理率（%）		第三产业占比（%）		城市人口密度（人/平方公里）		普通高等学校在校学生数（人）		信息化基础设施（互联网宽带接入户数/年末总人口）（户/百人）		城市燃气普及率（%）		R&D研究和实验发展经费占GDP比重（%）	
	数值	排名	数值	排名	数值	排名	数值	排名	数值	排名	数值	排名	数值	排名	数值	排名	数值	排名	数值	排名
酒泉	0.0405	12	0.0654	1	0.0645	4	0.0478	8	0.0383	15	0.0383	16	0.0629	5	0.0444	9	0.043	10	0.038	17	0.0654	1
嘉峪关	0.0375	17	0.0441	9	0.0401	10	0.0395	12	0.0379	16	0.0457	8	0.0614	7	0.0645	6	0.0375	17	0.0375	17	0.0375	17
张掖	0.0578	5	0.0647	3	0.0685	1	0.0404	14	0.0405	13	0.0397	16	0.0685	1	0.0397	16	0.0437	9	0.0397	16	0.0544	6
金昌	0.0371	16	0.0346	19	0.0346	19	0.0597	2	0.0348	18	0.0597	18	0.0448	12	0.0597	1	0.0378	15	0.0597	2	0.0348	17
武威	0.061	2	0.0602	6	0.0591	7	0.0354	18	0.0354	18	0.0425	13	0.0354	18	0.0363	16	0.061	2	0.0364	15	0.0608	5

武威市建设难度排位靠前的是：建成区绿化覆盖率、人均 GDP、城市建成区面积、信息化基础设施。

（3）建设综合度

生态安全屏障建设综合度指标是基于某区域当年的建设项目现状分析结果，进而考察在下一年度中各建设项目的不同投入力度。因此，综合度越大，在下一年度的建设中则应加大投入力度，反之，则减少投入力度。建设综合度的值域范围为（0，1］，对于每个地区来说，各指标的侧重度的总和应等于1，表16是2017年河西祁连山内陆河各城市生态安全屏障建设指标的建设综合度。

21 个指标中，酒泉市建设综合度排位靠前的是：人均绿地面积、R&D 研究和实验发展费占 GDP 比重、森林覆盖率、城市建成区面积、一般工业固体废物综合利用率。

嘉峪关市建设综合度排位靠前的是：河流湖泊面积、未利用土地、湿地面积、耕地保有量、人均水资源。

张掖市建设综合度排位靠前的是：人均 GDP、城市污水处理率、单位 GDP 废水排放量、R&D 研究和实验发展费占 GDP 比重、信息化基础设施。

金昌市建设综合度排位靠前的是：森林覆盖率、一般工业固体废物综合利用率、第三产业占比、普通高等学校在校学生数、城市燃气普及率。

武威市建设综合度排位靠前的是：建成区绿化覆盖率、人均 GDP、信息化基础设施、R&D 研究和实验发展费占 GDP 比重。

从河西祁连山内陆河 5 个地区生态安全屏障建设的侧重度、难度、综合度可以看出，河西生态安全屏障建设已经进入深入期与攻坚期，应在湿地保护、河流保护、污水治理、第三产业发展、科技创新、人才培养等方面继续加大投入力度，突破重点，攻坚克难，进一步推进河西祁连山内陆河生态安全屏障建设。

表16 2017年河西祁连山内陆河生态安全屏障建设指标之建设综合度

城市	森林覆盖率（%）		湿地面积（万公顷）		河流湖泊面积（公顷）		耕地保有量（万亩）		城市建成区面积（平方公里）		建成区绿化覆盖率（%）		未利用土地（万公顷）		人均水资源（立方米）		空气质量一级以上天数占比（%）		人均绿地面积（平方米）	
	数值	排名	数值	排名	数值	排名	数值	排名	数值	排名	数值	排名	数值	排名	数值	排名	数值	排名	数值	排名
酒泉	0.0876	3	0.0136	17	0.0136	17	0.043	12	0.0744	4	0.0458	10	0.0136	17	0.0136	17	0.0556	7	0.1174	1
嘉峪关	0.0216	17	0.0894	3	0.0894	1	0.0894	3	0.0519	8	0.0221	15	0.0894	1	0.0894	3	0.0531	7	0.0217	16
张掖	0.0196	16	0.0418	9	0.0433	8	0.0409	10	0.0639	6	0.0196	16	0.0497	7	0.0404	11	0.0394	13	0.0196	16
金昌	0.0772	1	0.0583	8	0.0616	6	0.0492	9	0.0437	13	0.0403	14	0.0591	7	0.0401	15	0.009	21	0.032	16
武威	0.0348	15	0.0443	12	0.0469	9	0.0111	19	0.0191	18	0.0953	1	0.0454	10	0.07	5	0.0337	16	0.055	8

城市	人均GDP（元）		单位GDP废水排放量（吨/万元）		单位GDP二氧化硫（SO2）排放量（千克/万元）		一般工业固体废物综合利用率（%）		城市污水处理率（%）		第三产业占比（%）		城市人口密度（人/平方公里）		普通高等学校在校学生数（人）		信息化基础设施（互联网宽带接入户数/年末总人口）（户/百人）		城市燃气普及率（%）		R&D研究和实验发展经费占GDP比重（%）	
	数值	排名	数值	排名	数值	排名	数值	排名	数值	排名	数值	排名	数值	排名	数值	排名	数值	排名	数值	排名	数值	排名
酒泉	0.029	14	0.0235	16	0.0463	9	0.0686	5	0.0413	13	0.0275	15	0.0451	11	0.0478	8	0.0617	6	0.0136	17	0.1174	1
嘉峪关	0.0104	18	0.0488	11	0.0444	12	0.0328	14	0.042	13	0.0506	10	0.051	9	0.0714	6	0.0104	18	0.0104	18	0.0104	18
张掖	0.1142	1	0.0959	3	0.0338	14	0.0399	12	0.1	2	0.0196	16	0.0338	14	0.0196	16	0.0647	5	0.0196	16	0.0806	4
金昌	0.0288	17	0.0448	11	0.0448	11	0.0772	1	0.018	20	0.0772	1	0.0464	10	0.0772	1	0.0196	18	0.0772	1	0.018	19
武威	0.0953	2	0.0376	14	0.0553	6	0.0111	19	0.0111	19	0.0398	13	0.0553	7	0.0226	17	0.0953	2	0.0454	11	0.0759	4

G.4
甘南高原地区黄河上游生态安全屏障
建设评价报告

高天鹏　南笑宁　赵长明*

摘　要： 本报告从生态环境、生态经济及生态社会三个方面对甘南高原地区黄河上游生态功能区的生态安全屏障分别进行评价。研究表明，2017年甘南高原黄河上游地区中，临夏市的生态安全状态理想，生态安全度为安全；临夏县、康乐县以及广河县的生态安全状态良好，生态安全度为较安全；和政县、积石山县、合作市、临潭县以及碌曲县的生态安全状态一般，生态安全度为预警；卓尼县、玛曲县以及夏河县的生态安全状态较差，生态安全度为危险。因此，该区域应加强对生态区域的管理，构建合理的防灾体系，健全防灾机制，提高公众防灾意识，将先进的科学技术运用到防灾减灾的行动中，使生态、经济、社会协调一致，实现可持续发展。

关键词： 甘南高原地区　环境安全　生态安全屏障　资源环境承载力

　　甘南高原地区黄河上游生态功能区是世界上海拔相对较高且生物多样性丰富的区域，生态地位较重要，但其生态环境也相对敏感，其生态环境问题不仅直接关系到长江、黄河流域的生态安全以及经济社会的可持续发展，而且是研究

＊ 高天鹏，男，教授、博士、硕士生导师，主要从事环境生物技术及生态修复的教学与研究工作；南笑宁，西北师范大学硕士研究生，研究方向为植物生态学与环境生态学；赵长明，教授，兰州大学生命科学学院副院长、博士生导师，主要从事生态学的教学与研究工作。

的热点问题。甘南高原黄河上游生态功能区地形波状起伏，气候寒冷湿润，牧草丰茂，是甘肃省主要的畜牧业基地，因此它的生态地位特别重要。但是，近年来在自然因素和人为因素的综合影响下，该生态功能区出现了一系列严重的生态环境问题，如草场的"三化"、水资源的短缺、水土流失加剧等。

一 甘南高原地区黄河上游生态安全屏障建设评价

甘南高原地区黄河上游生态功能区是我国青藏高原东端黄河上游的重要水源补给区以及最大的高原湿地。甘南高原地区黄河上游生态功能区的气候类型为典型的高原大陆性气候，平均海拔在 3000 米左右，年平均气温为 1.7℃。1 月的平均气温为 –10℃，7 月的平均气温为 11.7℃，一年之中的无霜期短，日照时间时长，降水主要集中在 6 ~ 9 月，年平均降水量在 620 毫米左右。

（一）生态安全屏障评价指标体系的构成

本报告在综合考虑甘南高原黄河上游地区的经济社会发展状况、自然环境、生态安全内涵以及数据可得性的前提下，从自然生态安全、经济生态安全和社会生态安全三个方面出发，建立了包含生态环境、生态经济和生态社会 3 个二级指标的生态安全屏障评价指标体系，其中，表 1 为 2015 年该区域的生态安全屏障评价指标体系，表 2 为 2016 年该区域的生态安全屏障评价指标体系，表 3 为 2017 年该区域的生态安全屏障评价指标体系。

表 1 2015 年甘南高原黄河上游生态功能区生态安全屏障评价指标体系

一级指标	二级指标	序号	三级指标
甘南高原黄河上游生态功能区生态安全屏障	生态环境	1	森林覆盖率（%）
		2	人均公园绿地面积（平方米）
		3	PM2.5（空气质量优良天数）（天）
		4	城市建设用地面积（平方公里）
		5	建成区绿化覆盖率（%）
		6	人均道路面积（平方米）
		7	人均日常生活用水量（升）

续表

一级指标	二级指标	序号	三级指标
甘南高原黄河上游生态功能区生态安全屏障	生态经济	8	城镇化率(%)
		9	集中式饮用水质达标率(%)
		10	建成区供水管道密度(公里/平方公里)
		11	建成区排水管道密度(公里/平方公里)
		12	污水处理率(%)
		13	生活垃圾无害化处理率(%)
		14	第三产业占比(%)
	生态社会	15	燃气普及率(%)
		16	用水普及率(%)
		17	供热面积(万平方米)
		18	人口密度(人/平方公里)
		19	医疗保险参保率(%)
		20	普通中学在校学生数(人)

表2 2016年甘南高原黄河上游生态功能区生态安全屏障评价指标体系

一级指标	二级指标	序号	三级指标
甘南高原黄河上游生态功能区生态安全屏障	生态环境	1	年末常住人口(万人)
		2	耕地面积(公顷)
		3	有效灌溉面积(千公顷)
		4	农作物播种面积(千公顷)
		5	中药材面积(万亩)
		6	粮食面积(亩)
		7	果园面积(千公顷)
	生态经济	8	人均生产总值(元)
		9	地区生产总值(万元)
		10	工业总产值(万元)
		11	建筑业总产值(万元)
		12	第三产业总产值(万元)
		13	交通运输、仓储和邮政业(万元)
		14	集中式饮用水源水质达标率(%)
		15	城市水功能区水质达标率(%)
		16	农林牧渔业总产值(万元)
		17	园林水果产量(吨)
		18	粮食总产量(吨)

续表

一级指标	二级指标	序号	三级指标
甘南高原黄河上游生态功能区生态安全屏障	生态社会	19	城乡居民储蓄存款(万元)
		20	消费支出(元)
		21	交通通信(元)
		22	教育文化娱乐(元)
		23	医疗保健(元)
		24	社会消费品零售总额(万元)
		25	普通中学在校学生数(人)
		26	普通小学在校学生数(人)

表3 2017年甘南高原黄河上游生态功能区生态安全屏障评价指标体系

一级指标	二级指标	序号	三级指标
甘南高原黄河上游生态功能区生态安全屏障	生态环境	1	年末常住人口(万人)
		2	有效灌溉面积(千公顷)
		3	农作物播种面积(千公顷)
		4	中药材面积(万亩)
		5	粮食面积(万亩)
		6	果园面积(千公顷)
	生态经济	7	人均生产总值(元)
		8	地区生产总值(万元)
		9	工业总产值(万元)
		10	建筑业总产值(万元)
		11	第三产业总产值(万元)
		12	交通运输、仓储和邮政业(万元)
		13	集中式饮用水源水质达标率(%)
		14	城市水功能区水质达标率(%)
		15	农林牧渔业总产值(万元)
		16	园林水果产量(吨)
		17	粮食总产量(吨)
	生态社会	18	城乡居民储蓄存款(万元)
		19	消费支出(元)
		20	交通通信(元)
		21	教育文化娱乐(元)
		22	医疗保健(元)
		23	社会消费品零售总额(万元)
		24	普通中学在校学生数(人)
		25	普通小学在校学生数(人)

（二）数据的获取及处理

1. 数据的获取

本报告数据主要来自中国知网以及各年份《甘肃统计年鉴》《临夏市统计年鉴》《临夏县统计年鉴》《康乐县统计年鉴》《广河县统计年鉴》《和政县统计年鉴》《积石山县统计年鉴》《合作市统计年鉴》《临潭县统计年鉴》《卓尼县统计年鉴》《玛曲县统计年鉴》《碌曲县统计年鉴》《夏河县统计年鉴》等资料，表4、表5、表6分别为2015年、2016年、2017年甘南高原地区黄河上游生态安全屏障各评价指标的原始数据。

表4　2015年甘南高原地区黄河上游生态安全屏障评价各指标原始数据

三级指标	临夏市	临夏县	康乐县	广河县	和政县	积石山县
森林覆盖率（%）	17.02	14.75	24.26	16.55	36.56	18.72
人均公园绿地面积（平方米）	2.94	7.01	0.84	5.74	1.32	3.43
PM2.5（空气质量优良天数）（天）	307.00	318.00	328.00	349.00	305.00	309.00
城市建设用地面积（平方公里）	9.10	3.95	3.86	3.75	4.82	3.32
建成区绿化覆盖率（%）	14.80	10.13	8.27	13.61	9.77	6.81
人均道路面积（平方米）	7.41	34.85	9.03	14.32	18.05	7.03
人均日常生活用水量（升）	70.58	50.17	53.89	60.27	67.88	50.70
城镇化率（%）	88.28	16.26	17.73	27.00	24.54	18.22
集中式饮用水源水质达标率（%）	100.00	100.00	100.00	100.00	100.00	100.00
建成区供水管道密度（公里/平方公里）	8.45	2.66	7.59	5.57	7.36	5.36
建成区排水管道密度（公里/平方公里）	8.43	2.56	4.36	6.90	7.84	5.29
污水处理率（%）	80.15	54.84	76.39	67.69	62.67	74.55
生活垃圾无害化处理率（%）	84.56	91.75	83.92	80.62	80.14	91.46
第三产业占比（%）	80.60	62.73	63.31	60.97	53.18	67.08
燃气普及率（%）	46.03	23.86	17.41	17.60	20.00	12.25
用水普及率（%）	86.10	62.88	86.62	79.08	78.68	75.49
供热面积（万平方米）	49.00	11.00	39.00	26.00	66.00	31.00
人口密度（人/平方公里）	2822.00	4560.00	4922.00	6222.00	4946.00	8967.00
医疗保险参保率（%）	98.18	99.00	98.00	98.50	98.50	98.36
普通中学在校学生数（人）	21620.00	12881.00	13127.00	10394.00	8134.00	11369.00

续表

三级指标	合作市	临潭县	卓尼县	玛曲县	碌曲县	夏河县
森林覆盖率(%)	6.90	3.76	15.80	8.50	24.55	12.70
人均公园绿地面积(平方米)	6.45	0.25	4.86	1.54	11.93	0.18
PM2.5(空气质量优良天数)(天)	324.00	340.00	324.00	345.00	354.00	324.00
城市建设用地面积(平方公里)	10.95	2.51	2.04	4.06	1.80	3.37
建成区绿化覆盖率(%)	33.60	8.16	10.40	10.99	9.84	6.00
人均道路面积(平方米)	12.20	4.46	39.91	11.72	15.78	4.66
人均日常生活用水量(升)	75.13	54.30	59.52	61.94	101.37	74.58
城镇化率(%)	55.48	32.24	28.20	40.00	34.35	22.00
集中式饮用水质达标率(%)	100.00	100.00	100.00	100.00	100.00	100.00
建成区供水管道密度(公里/平方公里)	12.30	15.26	16.18	5.61	6.23	6.86
建成区排水管道密度(公里/平方公里)	9.86	5.24	4.87	7.01	9.16	10.86
污水处理率(%)	78.12	100.00	90.00	100.00	92.59	100.00
生活垃圾无害化处理率(%)	100.00	82.14	97.96	98.32	100.00	90.08
第三产业占比(%)	76.06	69.28	55.48	47.90	44.68	61.34
燃气普及率(%)	49.21	36.50	38.60	40.07	95.41	39.43
用水普及率(%)	75.00	52.76	58.95	42.28	64.22	64.52
供热面积(万平方米)	82.10	52.00	40.00	47.00	23.00	40.00
人口密度(人/平方公里)	3370.00	4466.00	4612.00	6538.00	3053.00	2876.00
医疗保险参保率(%)	98.04	99.30	99.50	99.20	99.10	98.12
普通中学在校学生数(人)	7861.00	6862.00	4877.00	2623.00	2804.00	4335.00

　　由表4可以看出，在2015年甘南高原黄河上游生态功能区的生态经济指标中，森林覆盖率由高到低依次为和政县、碌曲县、康乐县、积石山县、临夏市、广河县、卓尼县、临夏县、夏河县、玛曲县、合作市和临潭县，和政县最高，为36.56%，临潭县最低，为3.76%。碌曲县的人均公园绿地面积最大，为11.93平方米，夏河县的最低，为0.18平方米。区域内各县市空气质量优良天数均大于300天，碌曲县最高，达到354天。合作市的城市建设用地面积以及建成区绿化覆盖率均最大，分别为10.95平方公里、33.6%。卓尼县的人均道路面积最高，为39.91平方米，临潭县的人均道路面积最低，为4.46平方米。碌曲县的人均日常生活用水量最大，为101.37升，临夏县的最低，为50.17升。城镇化率由高到低依次为临夏市、合作

市、玛曲县、碌曲县、临潭县、卓尼县、广河县、和政县、夏河县、积石山县、康乐县和临夏县。卓尼县的建成区供水管道密度最大，为16.18公里/平方公里，临夏县最低，为2.66公里/平方公里。夏河县的建成区排水管道密度最高，为10.86公里/平方公里，临夏县最低，为2.56公里/平方公里。生活垃圾无害化处理率以及第三产业占比最大的县市分别为合作市100%、临夏市80.6%。各个县市的集中式饮用水源水质达标率均达到标准，为100%。夏河县、玛曲县、临潭县的污水处理率也均达到标准，均为100%。碌曲县的燃气普及率达到95.41%，康乐县的用水普及率为86.62%，均为各个市县的最高。合作市的供热面积最高，达82.10万平方米，临夏县的最低，为11万平方米。各个县市的人口密度由大到小依次排列为：积石山县、玛曲县、广河县、和政县、康乐县、卓尼县、临夏县、临潭县、合作市、碌曲县、夏河县和临夏市。卓尼县的医疗保险参保率最高，为99.5%，康乐县最低，为98%。临夏市的普通中学在校学生数达到21620人，为所有县市中最高的，玛曲县最低，为2623人。

表5 2016年甘南高原黄河上游生态功能区生态安全屏障评价各指标原始数据

三级指标	临夏市	临夏县	康乐县	广河县	和政县	积石山县
年末常住人口（万人）	28.34	33.90	24.25	24.02	19.23	24.41
耕地面积（公顷）	2298.57	24625.46	21769.17	12857.00	15694.10	18367.18
有效灌溉面积（千公顷）	2.30	12.89	6.94	7.13	3.28	6.01
农作物播种面积（千公顷）	3.28	34.12	22.99	15.46	18.87	24.54
中药材面积（万亩）	0.01	0.61	3.84	0.18	1.70	0.56
粮食面积（亩）	22568.64	174896.11	119209.40	110387.02	65644.05	102589.00
果园面积（千公顷）	0.30	0.49	0.05	0.22	1.60	0.73
人均生产总值（元）	23454.00	10655.00	8659.00	8878.00	8554.00	6218.00
地区生产总值（万元）	662802.00	359301.00	209343.00	212182.00	164057.00	151352.00
工业总产值（万元）	42177.00	26834.00	9818.00	38540.00	15743.00	11308.00
建筑业总产值（万元）	51233.00	30336.00	15376.00	11489.00	19430.00	510.00
第三产业总产值（万元）	534207.00	225397.00	132538.00	129368.00	87253.00	101527.00
交通运输、仓储和邮政业（万元）	10335.00	5792.00	4206.00	2679.00	2380.00	2251.00

续表

三级指标	临夏市	临夏县	康乐县	广河县	和政县	积石山县
集中式饮用水源水质达标率（%）	100.00	100.00	100.00	100.00	100.00	100.00
城市水功能区水质达标率（%）	100.00	100.00	100.00	100.00	100.00	100.00
农林牧渔业总产值（万元）	48995.96	121290.46	81146.29	56362.41	61332.93	73567.60
园林水果产量（吨）	15391.00	9259.40	1707.90	3676.48	16040.80	3194.00
粮食总产量（吨）	22568.64	174896.11	119209.40	110387.02	65644.05	102589.00
城乡居民储蓄存款（万元）	1447000.00	402427.00	315827.00	272665.00	269484.00	227884.00
消费支出（元）	9383.00	5928.35	5844.00	4701.73	4386.00	4198.03
交通通信（元）	1005.84	623.58	571.31	566.58	629.94	353.07
教育文化娱乐（元）	834.70	243.07	238.16	123.48	140.52	212.66
医疗保健（元）	1179.26	402.85	921.83	326.57	309.47	388.39
社会消费品零售总额（万元）	429822.00	77392.00	62203.00	76387.00	36943.00	53851.70
普通中学在校学生数（人）	21075.00	12488.00	12707.00	9955.00	7827.00	11024.00
普通小学在校学生数（人）	23968.00	27395.00	25055.00	25815.00	19096.00	25612.00

三级指标	合作市	临潭县	卓尼县	玛曲县	碌曲县	夏河县
年末常住人口（万人）	9.39	13.99	10.46	5.75	3.77	8.95
耕地面积（公顷）	9849.74	17677.19	10968.80	0.00	2771.13	11026.50
有效灌溉面积（千公顷）	0.13	1.64	0.95	0.00	0.00	0.85
农作物播种面积（千公顷）	8.27	17.68	10.68	0.00	2.69	8.77
中药材面积（万亩）	0.31	10.00	7.51	0.00	0.06	0.33
粮食面积（亩）	10680.50	13857.34	7296.45	0.00	3143.97	9829.35
果园面积（千公顷）	0.00	0.07	0.02	0.00	0.00	0.01
人均生产总值（元）	39220.00	13006.00	14442.00	25757.00	26162.00	17553.00
地区生产总值（万元）	367296.00	181303.00	150487.00	147459.00	97977.00	156657.00
工业总产值（万元）	56077.00	16952.00	23105.00	25529.00	19732.00	12367.00
建筑业总产值（万元）	11165.00	4265.00	680.00	475.00	4360.00	285.00
第三产业总产值（万元）	279367.00	125606.00	83491.00	70645.00	43780.00	96098.00
交通运输、仓储和邮政业（万元）	4970.00	5264.00	1626.00	481.00	623.00	4220.00
集中式饮用水源水质达标率（%）	100.00	100.00	100.00	100.00	100.00	100.00
城市水功能区水质达标率（%）	100.00	100.00	100.00	100.00	100.00	100.00
农林牧渔业总产值（万元）	25266.62	50566.01	58665.23	61105.62	37435.33	56449.95

续表

三级指标	合作市	临潭县	卓尼县	玛曲县	碌曲县	夏河县
园林水果产量(吨)	0.00	478.00	88.50	0.00	0.00	59.00
粮食总产量(吨)	10680.50	13857.34	7296.45	0.00	3143.97	9829.35
城乡居民储蓄存款(万元)	372235.00	231093.00	170758.00	91499.00	56729.00	135911.00
消费支出(元)	5388.81	6004.38	4532.33	7034.00	4716.15	5084.36
交通通信(元)	559.00	428.47	316.59	1062.30	654.00	466.12
教育文化娱乐(元)	182.93	75.44	181.06	285.55	413.72	91.91
医疗保健(元)	196.08	87.72	148.67	264.87	245.00	111.87
社会消费品零售总额(万元)	174938.00	42264.00	42679.00	35010.00	31212.00	59014.00
普通中学在校学生数(人)	8827.00	7452.00	6482.00	2838.00	2739.00	4207.00
普通小学在校学生数(人)	8346.00	12052.00	9097.00	5647.00	3558.00	7240.00

由表5得知,在2016年甘南高原黄河上游生态功能区的各项指标中,碌曲县的年末常住人口数最低,为3.77万人,临夏县最高,为33.90万人。临夏县、康乐县、积石山县、临潭县、和政县、广河县、夏河县、卓尼县、合作市、碌曲县、临夏市的耕地面积分别为24625.46公顷、21769.17公顷、18367.18公顷、17677.19公顷、15694.10公顷、12857.00公顷、11026.50公顷、10968.80公顷、9849.74公顷、2771.13公顷、2298.57公顷。临夏县的有效灌溉面积为12.89千公顷,是各个市县中最高的。临夏县的农作物播种面积在各个市县中位居前列,为34.12千公顷,积石山县次之,为24.54千公顷,玛曲县的最低,为0千公顷。临潭县的中药材面积为10万亩,居各个市县的首位,玛曲市最低,为0万亩。临夏县的粮食面积达到174896.11亩,是各个市县中最高的,康乐县次之,为119209.40亩,玛曲县的最低,为0亩。和政县的果园面积居于各个市县之首,达到1.60千公顷,积石山县次之。合作市的人均生产总值达到最高,为39220.00元,临夏市为23454.00元,排名第二,积石山县最低,为6218.00元。临夏市的地区生产总值、建筑业总产值、第三产业总产值以及交通运输、仓储和邮政业、城乡居民储蓄存款、消费支出、教育文化娱乐、医疗保健、社会消费品零售总额、普通中学在校学生数均居于各个市县之首,分别为662802.00万元、51233.00万元、534207.00万

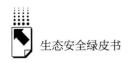

元、10335.00 万元、1447000.00 万元、9383.00 元、834.70 元、1179.26
元、429822.00 元、21075 人。合作市的工业总产值最高，为 56077.00 万
元。各个市县的集中式饮用水源水质以及城市水功能区水质均达到标准，
为 100%。临夏县的农林牧渔业总产值、粮食总产量、普通小学在校学生
数均为各个市县的最高，分别为 121290.46 万元、174896.11 吨、27395
人。和政县的园林水果产量为 16040.80 吨，是各个市县中最高的。玛曲
县在交通通信方面最高，为 1062.30 元。

表6 2017 年甘南高原黄河上游生态功能区生态安全屏障评价各指标原始数据

三级指标	临夏市	临夏县	康乐县	广河县	和政县	积石山县
年末常住人口（万人）	29.03	33.96	24.32	24.39	19.38	24.46
有效灌溉面积（千公顷）	2.30	12.87	6.94	7.14	3.26	6.01
农作物播种面积（千公顷）	2.37	27.03	22.99	14.27	15.36	16.49
中药材面积（万亩）	0.05	0.11	1.96	0.05	1.11	0.38
粮食面积（万亩）	2.04	19.15	19.26	12.73	10.25	12.52
果园面积（千公顷）	0.07	0.36	0.03	0.04	0.41	0.03
人均生产总值（元）	23971.87	10988.66	8634.35	9147.00	8099.90	5880.61
地区生产总值（万元）	687753.00	372846.00	209685.28	221357.00	156328.00	143722.00
工业总产值（万元）	40440.00	29391.00	5771.00	40110.00	9554.00	7704.00
建筑业总产值（万元）	54589.00	29729.00	16099.00	11652.00	21015.00	511.00
第三产业总产值（万元）	576549.00	246336.00	145317.55	139756.00	96815.00	110883.00
交通运输、仓储和邮政业（万元）	11385.00	6378.00	4655.00	2952.00	2630.00	2479.00
集中式饮用水源水质达标率（%）	100.00	100.00	100.00	100.00	100.00	100.00
城市水功能区水质达标率（%）	100.00	100.00	100.00	100.00	100.00	100.00
农林牧渔业总产值（万元）	36170.32	118799.92	77764.08	55315.98	49379.94	55210.16
园林水果产量（吨）	1594.44	7059.88	832.50	1219.19	4676.63	241.39
粮食总产量（吨）	15945.49	124077.93	114887.10	98032.70	52657.31	68328.58
城乡居民储蓄存款（万元）	1615240.00	402077.00	351030.00	298708.00	302184.00	244776.00
消费支出（元）	10202.55	6557.97	6249.69	5334.14	5266.99	4524.84
交通通信（元）	1596.89	676.08	620.77	602.00	665.43	383.71
教育文化娱乐（元）	863.42	295.84	262.94	140.92	199.52	231.25

续表

三级指标	临夏市	临夏县	康乐县	广河县	和政县	积石山县
医疗保健(元)	1196.66	617.74	1050.71	510.05	363.42	423.24
社会消费品零售总额(万元)	466326.00	83645.00	67304.00	83338.00	40046.00	58645.00
普通中学在校学生数(人)	20570.00	12251.00	13330.00	9423.00	7890.00	10975.00
普通小学在校学生数(人)	25558.00	29012.00	26833.00	27522.00	19838.00	25382.00

三级指标	合作市	临潭县	卓尼县	玛曲县	碌曲县	夏河县
年末常住人口(万人)	9.50	14.10	10.60	5.79	3.80	8.98
有效灌溉面积(千公顷)	0.13	1.57	0.95	0.00	0.00	0.85
农作物播种面积(千公顷)	6.24	14.33	8.08	0.00	1.72	6.16
中药材面积(万亩)	0.12	6.60	5.76	0.00	0.07	0.13
粮食面积(万亩)	4.38	6.03	2.73	0.00	1.29	3.95
果园面积(千公顷)	0.00	0.07	0.02	0.00	0.00	0.01
人均生产总值(元)	41961.51	11849.32	14485.63	28831.64	26014.25	18111.95
地区生产总值(万元)	396326.42	166423.76	152533.74	166358.58	98463.92	162373.60
工业总产值(万元)	56384.00	10233.00	17791.00	20550.00	7337.00	11932.00
建筑业总产值(万元)	12131.00	4391.66	670.00	492.00	4380.00	290.00
第三产业总产值(万元)	301342.06	128516.71	91642.08	73825.27	47419.26	94566.39
交通运输、仓储和邮政业(万元)	5259.00	5551.00	1715.00	507.00	657.00	4450.00
集中式饮用水源水质达标率(%)	100.00	100.00	100.00	100.00	100.00	100.00
城市水功能区水质达标率(%)	100.00	100.00	100.00	100.00	100.00	100.00
农林牧渔业总产值(万元)	34676.43	50216.54	66588.97	91370.15	58927.01	73473.81
园林水果产量(吨)	0.00	477.63	93.50	0.00	0.00	59.00
粮食总产量(吨)	12321.82	16235.76	7590.70	0.00	3436.84	12040.84
城乡居民储蓄存款(万元)	369551.00	242599.00	178000.00	90904.00	59452.00	142630.00
消费支出(元)	5881.58	6538.96	4774.69	7110.00	5145.38	5492.57
交通通信(元)	619.00	468.35	376.19	1098.00	766.60	536.16
教育文化娱乐(元)	197.87	78.41	196.55	303.70	446.64	105.65
医疗保健(元)	213.41	93.10	162.96	288.35	263.59	118.19
社会消费品零售总额(万元)	188283.00	44785.00	45709.00	37151.00	33747.00	63507.00
普通中学在校学生数(人)	8735.00	7551.00	6331.00	3056.00	2704.00	4228.00
普通小学在校学生数(人)	8428.00	12120.00	9321.00	5876.00	3560.00	7193.00

由表 6 可以得出，2017 年临夏县的年末常住人口、有效灌溉面积、农作物播种面积、农林牧渔业总产值均为各市县最高。临夏市的第三产业总产值以及交通运输、仓储和邮政业、城乡居民储蓄存款、消费支出、教育文化娱乐、医疗保健、社会消费品零售总额、普通中学在校学生数均为各市县最高，分别为 576549.00 万元、11385.00 万元、1615240.00 万元、10202.55万元、863.42 元、1196.66 元、466326.00 万元、20570 人。临夏县的粮食总产量、普通小学在校学生数分别为 124077.93 吨、29012 人，均为各市县最高。和政县的果园面积为 0.41 千公顷，为各市县最高值。临夏市的地区生产总值以及建筑业总产值分别达到 687753.00 万元、54589.00 万元，均为各个市县的最高值。甘南高原黄河上游地区各个县市的集中式饮用水源水质达标率均达到标准，为 100%。

2. 数据的归一化处理

本报告在进行数据的分析比较时主要采用归一化处理，具体公式为：

正向指标：$X = X_i / X_{max}$

负向指标：$X = X_{min} / X_i$

上式中，X 表示参评因子的标准化赋值；X_i 表示实测值；X_{max} 表示实测最大值；X_{min} 表示实测最小值。2015 ~ 2017 年甘南高原黄河上游生态功能区生态安全屏障评价各指标归一化处理数据分别如表 7、表 8、表 9 所示。

表 7　2015 年甘南高原黄河上游生态功能区生态安全屏障评价各指标归一化处理数据

三级指标	临夏市	临夏县	广河县	和政县	康乐县	积石山县
森林覆盖率(%)	0.4655	0.4034	0.4527	1.0000	0.6636	0.5120
人均公园绿地面积(平方米)	0.2464	0.5876	0.4811	0.1106	0.0704	0.2875
PM2.5(空气质量优良天数)(天)	0.8672	0.8983	0.9859	0.8616	0.9266	0.8729
城市建设用地面积(平方公里)	0.8311	0.3607	0.3425	0.4402	0.3525	0.3032
建成区绿化覆盖率(%)	1.0874	0.7443	1.0000	0.7179	0.6076	0.5004
人均道路面积(平方米)	0.1857	0.8732	0.3588	0.4523	0.2263	0.1761
人均日常生活用水量(升)	0.6963	0.4949	0.5946	0.6696	0.5316	0.5001
城镇化率(%)	1.0000	0.1842	0.3058	0.2780	0.2008	0.2064
集中式饮用水质达标率(%)	1.0000	1.0000	1.0000	1.0000	1.0000	1.0000

三级指标	合作市	临潭县	卓尼县	玛曲县	碌曲县	夏河县
建成区供水管道密度(公里/平方公里)	0.5222	0.1644	0.3443	0.4549	0.4691	0.3313
建成区排水管道密度(公里/平方公里)	0.7762	0.2357	0.6354	0.7219	0.4015	0.4871
污水处理率(%)	0.8015	0.5484	0.6769	0.6267	0.7639	0.7455
生活垃圾无害化处理率(%)	0.8456	0.9175	0.8062	0.8014	0.8392	0.9146
第三产业占比(%)	1.0597	0.8247	0.8016	0.6992	0.8324	0.8819
燃气普及率(%)	0.4824	0.2501	0.1845	0.2096	0.1825	0.1284
用水普及率(%)	0.9940	0.7259	0.9130	0.9083	1.0000	0.8715
供热面积(万平方米)	0.5968	0.1340	0.3167	0.8039	0.4750	0.3776
人口密度(人/平方公里)	0.3147	0.5085	0.6939	0.5516	0.5489	1.0000
医疗保险参保率(%)	1.0000	0.5958	0.4808	0.3762	0.6072	0.5259
普通中学在校学生数(人)	0.9867	0.9950	0.9899	0.9899	0.9849	0.9880
森林覆盖率(%)	0.1887	0.1028	0.4322	0.2325	0.6715	0.3474
人均公园绿地面积(平方米)	0.5407	0.0210	0.4074	0.1291	1.0000	0.0151
PM2.5(空气质量优良天数)(天)	0.9153	0.9605	0.9153	0.9746	1.0000	0.9153
城市建设用地面积(平方公里)	1.0000	0.2292	0.1863	0.3708	0.1644	0.3078
建成区绿化覆盖率(%)	2.4688	0.5996	0.7641	0.8075	0.7230	0.4409
人均道路面积(平方米)	0.3057	0.1118	1.0000	0.2937	0.3954	0.1168
人均日常生活用水量(升)	0.7411	0.5357	0.5872	0.6110	1.0000	0.7357
城镇化率(%)	0.6285	0.3652	0.3194	0.4531	0.3891	0.2492
集中式饮用水质达标率(%)	1.0000	1.0000	1.0000	1.0000	1.0000	1.0000
建成区供水管道密度(公里/平方公里)	0.7602	0.9431	1.0000	0.3467	0.3850	0.4240
建成区排水管道密度(公里/平方公里)	0.9079	0.4825	0.4484	0.6455	0.8435	1.0000
污水处理率(%)	0.7812	1.0000	0.9000	1.0000	0.9259	1.0000
生活垃圾无害化处理率(%)	1.0000	0.8214	0.9796	0.9832	1.0000	0.9008
第三产业占比(%)	1.0000	0.9109	0.7294	0.6298	0.5874	0.8065
燃气普及率(%)	0.5158	0.3826	0.4046	0.4200	1.0000	0.4133
用水普及率(%)	0.8659	0.6091	0.6806	0.4881	0.7414	0.7449
供热面积(万平方米)	1.0000	0.6334	0.4872	0.5725	0.2801	0.4872
人口密度(人/平方公里)	0.3758	0.4980	0.5143	0.7291	0.3405	0.3207
医疗保险参保率(%)	0.3636	0.3174	0.2256	0.1213	0.1297	0.2005
普通中学在校学生数(人)	0.9853	0.9980	1.0000	0.9970	0.9960	0.9861

表8　2016年甘南高原黄河上游生态功能区生态安全屏障评价各指标归一化处理数据

三级指标	临夏市	临夏县	康乐县	广河县	和政县	积石山县
年末常住人口（万人）	0.8360	1.0000	0.7153	0.7086	0.5673	0.7201
耕地面积（公顷）	0.0933	1.0000	0.8840	0.5221	0.6373	0.7459
有效灌溉面积（千公顷）	0.1784	1.0000	0.5384	0.5531	0.2545	0.4663
农作物播种面积（千公顷）	0.0961	1.0000	0.6738	0.4531	0.5530	0.7192
中药材面积（万亩）	0.0010	0.0610	0.3840	0.0180	0.1700	0.0560
粮食面积（亩）	0.1290	1.0000	0.6816	0.6312	0.3753	0.5866
果园面积（千公顷）	0.1875	0.3063	0.0313	0.1375	1.0000	0.4563
人均生产总值（元）	1.0000	0.4543	0.3692	0.3785	0.3647	0.2651
地区生产总值（万元）	1.0000	0.5421	0.3158	0.3201	0.2475	0.2284
工业总产值（万元）	0.7521	0.4785	0.1751	0.6873	0.2807	0.2017
建筑业总产值（万元）	1.0000	0.5921	0.3001	0.2242	0.3792	0.0100
第三产业总产值（万元）	1.0000	0.4219	0.2481	0.2422	0.1633	0.1901
交通运输、仓储和邮政业（万元）	1.0000	0.5604	0.4070	0.2592	0.2303	0.2178
集中式饮用水水源水质达标率（%）	1.0000	1.0000	1.0000	1.0000	1.0000	1.0000
城市水功能区水质达标率（%）	1.0000	1.0000	1.0000	1.0000	1.0000	1.0000
农林牧渔业总产值（万元）	0.4040	1.0000	0.6690	0.4647	0.5057	0.6065
园林水果产量（吨）	1.0000	0.6016	0.1110	0.2389	1.0422	0.2075
粮食总产量（吨）	0.1290	1.0000	0.6816	0.6312	0.3753	0.5866
城乡居民储蓄存款（万元）	1.0000	0.2781	0.2183	0.1884	0.1862	0.1575
消费支出（元）	1.0000	0.6318	0.6228	0.5011	0.4674	0.4474
交通通信（元）	0.9469	0.5870	0.5378	0.5334	0.5930	0.3324
教育文化娱乐（元）	1.0000	0.2912	0.2853	0.1479	0.1683	0.2548
医疗保健（元）	1.0000	0.3416	0.7817	0.2769	0.2624	0.3294
社会消费品零售总额（万元）	1.0000	0.1801	0.1447	0.1777	0.0859	0.1253
普通中学在校学生数（人）	1.0000	0.5926	0.6029	0.4724	0.3714	0.5231
普通小学在校学生数（人）	1.0000	1.1430	1.0454	1.0771	0.7967	1.0686
三级指标	合作市	临潭县	卓尼县	玛曲县	碌曲县	夏河县
年末常住人口（万人）	0.2770	0.4127	0.3086	0.1696	0.1112	0.2640
耕地面积（公顷）	0.4000	0.7178	0.4454	0.0000	0.1125	0.4478
有效灌溉面积（千公顷）	0.0101	0.1272	0.0737	0.0000	0.0000	0.0659
农作物播种面积（千公顷）	0.2424	0.5182	0.3130	0.0000	0.0788	0.2570
中药材面积（万亩）	0.0310	1.0000	0.7510	0.0000	0.0060	0.0330
粮食面积（亩）	0.0611	0.0792	0.0417	0.0000	0.0180	0.0562
果园面积（千公顷）	0.0000	0.0438	0.0125	0.0000	0.0000	0.0063
人均生产总值（元）	1.6722	0.5545	0.6158	1.0982	1.1155	0.7484

续表

三级指标	合作市	临潭县	卓尼县	玛曲县	碌曲县	夏河县
地区生产总值(万元)	0.5542	0.2735	0.2270	0.2225	0.1478	0.2364
工业总产值(万元)	1.0000	0.3023	0.4120	0.4552	0.3519	0.2205
建筑业总产值(万元)	0.2179	0.0832	0.0133	0.0093	0.0851	0.0056
第三产业总产值(万元)	0.5230	0.2351	0.1563	0.1322	0.0820	0.1799
交通运输、仓储和邮政业(万元)	0.4809	0.5093	0.1573	0.0465	0.0603	0.4083
集中式饮用水水源水质达标率(%)	1.0000	1.0000	1.0000	1.0000	1.0000	1.0000
城市水功能区水质达标率(%)	1.0000	1.0000	1.0000	1.0000	1.0000	1.0000
农林牧渔业总产值(万元)	0.2083	0.4169	0.4837	0.5038	0.3086	0.4654
园林水果产量(吨)	0.0000	0.0311	0.0058	0.0000	0.0000	0.0038
粮食总产量(吨)	0.0611	0.0792	0.0417	0.0000	0.0180	0.0562
城乡居民储蓄存款(万元)	0.2572	0.1597	0.1180	0.0632	0.0392	0.0939
消费支出(元)	0.5743	0.6399	0.4830	0.7497	0.5026	0.5419
交通通信(元)	0.5262	0.4033	0.2980	1.0000	0.6156	0.4388
教育文化娱乐(元)	0.2192	0.0904	0.2169	0.3421	0.4957	0.1101
医疗保健(元)	0.1663	0.0744	0.1261	0.2246	0.2078	0.0949
社会消费品零售总额(万元)	0.4070	0.0983	0.0993	0.0815	0.0726	0.1373
普通中学在校学生数(人)	0.4188	0.3536	0.3076	0.1347	0.1300	0.1996
普通小学在校学生数(人)	0.3482	0.5028	0.3795	0.2356	0.1484	0.3021

表9 2017年甘南高原黄河上游生态功能区生态安全屏障评价各指标归一化处理数据

三级指标	临夏市	临夏县	康乐县	广河县	和政县	积石山县
年末常住人口(万人)	0.8548	1.0000	0.7161	0.7182	0.5707	0.7203
有效灌溉面积(千公顷)	0.1787	1.0000	0.5392	0.5548	0.2533	0.4670
农作物播种面积(千公顷)	0.0877	1.0000	0.8505	0.5279	0.5683	0.6101
中药材面积(万亩)	0.0076	0.0167	0.2970	0.0076	0.1682	0.0576
粮食面积(万亩)	0.1059	0.9943	1.0000	0.6610	0.5322	0.6501
果园面积(千公顷)	0.1707	0.8780	0.0732	0.0976	1.0000	0.0732
人均生产总值(元)	0.5713	0.2619	0.2058	0.2180	0.1930	0.1401
地区生产总值(万元)	1.0000	0.5421	0.3049	0.3219	0.2273	0.2090
工业总产值(万元)	0.7172	0.5213	0.1024	0.7114	0.1694	0.1366
建筑业总产值(万元)	1.0000	0.5446	0.2949	0.2134	0.3850	0.0094
第三产业总产值(万元)	1.0000	0.4273	0.2520	0.2424	0.1679	0.1923
交通运输、仓储和邮政业(万元)	1.0000	0.5602	0.4089	0.2593	0.2310	0.2177
集中式饮用水水源水质达标率(%)	1.0000	1.0000	1.0000	1.0000	1.0000	1.0000
城市水功能区水质达标率(%)	1.0000	1.0000	1.0000	1.0000	1.0000	1.0000
农林牧渔业总产值(万元)	0.3045	1.0000	0.6546	0.4656	0.4157	0.4647

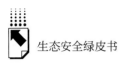

续表

三级指标	临夏市	临夏县	康乐县	广河县	和政县	积石山县
园林水果产量(吨)	0.2258	1.0000	0.1179	0.1727	0.6624	0.0342
粮食总产量(吨)	0.1285	1.0000	0.9259	0.7901	0.4244	0.5507
城乡居民储蓄存款(万元)	1.0000	0.2489	0.2173	0.1849	0.1871	0.1515
消费支出(元)	1.0000	0.6428	0.6126	0.5228	0.5162	0.4435
交通通信(元)	1.0000	0.4234	0.3887	0.3770	0.4167	0.2403
教育文化娱乐(元)	1.0000	0.3426	0.3045	0.1632	0.2311	0.2678
医疗保健(元)	1.0000	0.5162	0.8780	0.4262	0.3037	0.3537
社会消费品零售总额(万元)	1.0000	0.1794	0.1443	0.1787	0.0859	0.1258
普通中学在校学生数(人)	1.0000	0.5956	0.6480	0.4581	0.3836	0.5335
普通小学在校学生数(人)	0.8809	1.0000	0.9249	0.9486	0.6838	0.8749

三级指标	合作市	临潭县	卓尼县	玛曲县	碌曲县	夏河县
年末常住人口(万人)	0.2797	0.4152	0.3121	0.1705	0.1119	0.2644
有效灌溉面积(千公顷)	0.0101	0.1220	0.0738	0.0000	0.0000	0.0660
农作物播种面积(千公顷)	0.2309	0.5302	0.2989	0.0000	0.0636	0.2279
中药材面积(万亩)	0.0182	1.0000	0.8727	0.0000	0.0106	0.0197
粮食面积(万亩)	0.2274	0.3131	0.1417	0.0000	0.0670	0.2051
果园面积(千公顷)	0.0000	0.1707	0.0488	0.0000	0.0000	0.0244
人均生产总值(元)	1.0000	0.2824	0.3452	0.6871	0.6200	0.4316
地区生产总值(万元)	0.5763	0.2420	0.2218	0.2419	0.1432	0.2361
工业总产值(万元)	1.0000	0.1815	0.3155	0.3645	0.1301	0.2116
建筑业总产值(万元)	0.2222	0.0804	0.0123	0.0090	0.0802	0.0053
第三产业总产值(万元)	0.5227	0.2229	0.1589	0.1280	0.0822	0.1640
交通运输、仓储和邮政业(万元)	0.4619	0.4876	0.1506	0.0445	0.0577	0.3909
集中式饮用水源水质达标率(%)	1.0000	1.0000	1.0000	1.0000	1.0000	1.0000
城市水功能区水质达标率(%)	1.0000	1.0000	1.0000	1.0000	1.0000	1.0000
农林牧渔业总产值(万元)	0.2919	0.4227	0.5605	0.7691	0.4960	0.6185
园林水果产量(吨)	0.0000	0.0677	0.0132	0.0000	0.0000	0.0084
粮食总产量(吨)	0.0993	0.1309	0.0612	0.0000	0.0277	0.0970
城乡居民储蓄存款(万元)	0.2288	0.1502	0.1102	0.0563	0.0368	0.0883
消费支出(元)	0.5765	0.6409	0.4680	0.6969	0.5043	0.5384
交通通信(元)	0.3876	0.2933	0.2356	0.6876	0.4801	0.3358
教育文化娱乐(元)	0.2292	0.0908	0.2276	0.3517	0.5173	0.1224
医疗保健(元)	0.1783	0.0778	0.1362	0.2410	0.2203	0.0988
社会消费品零售总额(万元)	0.4038	0.0960	0.0980	0.0797	0.0724	0.1362
普通中学在校学生数(人)	0.4246	0.3671	0.3078	0.1486	0.1315	0.2055
普通小学在校学生数(人)	0.2905	0.4178	0.3213	0.2025	0.1227	0.2479

（三）指标权重的确定

本研究运用熵值法计算各指标的权重，过程为：

（1）通过上述指标标准化后，各标准值都在（0，1］这个区间，计算各指标的熵值：

$$u_j = - \sum_{i=1}^{j} x_{ij} \ln x_{ij}$$

（2）熵值逆向化：$S_j = \dfrac{\max u_j}{u_j}$

（3）确定权重：$W_j = S_j / \sum_{j=1}^{n} S_j$

通过以上公式计算得到 2015 年（见表 10）、2016 年（见表 11）和 2017 年（见表 12）甘南高原黄河上游生态功能区生态安全屏障评价各指标的权重值。

表 10　2015 年甘南高原黄河上游生态功能区生态安全屏障评价指标权重值

三级指标	权重
森林覆盖率(%)	0.0161
人均公园绿地面积(平方米/人)	0.0198
PM2.5(空气质量优良天数)(天)	0.0671
城市建设用地面积(平方公里)	0.0158
建成区绿化覆盖率(%)	0.0195
人均道路面积(平方米)	0.0170
人均日常生活用水量(升)	0.0177
城镇化率(%)	0.0153
集中式饮用水质达标率(%)	0.2826
建成区供水管道密度(公里/平方公里)	0.0167
建成区排水管道密度(公里/平方公里)	0.0192
污水处理率(%)	0.0312
生活垃圾无害化处理率(%)	0.0527
第三产业占比(%)	0.0306
燃气普及率(%)	0.0155
用水普及率(%)	0.0322
供热面积(万平方米)	0.0164
人口密度(人/平方公里)	0.0158
普通中学在校学生数(人)	0.0161
医疗保险参保率(%)	0.2824

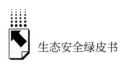

表11　2016年甘南高原黄河上游生态功能区生态安全屏障评价指标权重值

三级指标	权重
年末常住人口(万人)	0.0472
耕地面积(公顷)	0.0397
有效灌溉面积(千公顷)	0.0462
农作物播种面积(千公顷)	0.0665
中药材面积(万亩)	0.0045
粮食面积(亩)	0.0323
果园面积(千公顷)	0.0194
人均生产总值(元)	0.0454
地区生产总值(万元)	0.0660
工业总产值(万元)	0.0596
建筑业总产值(万元)	0.0126
第三产业总产值(万元)	0.0256
交通运输、仓储和邮政业(万元)	0.0423
集中式饮用水源水质达标率(%)	0.0011
城市水功能区水质达标率(%)	0.0011
农林牧渔业总产值(万元)	0.0618
园林水果产量(吨)	0.0165
粮食总产量(吨)	0.0599
城乡居民储蓄存款(万元)	0.0420
消费支出(元)	0.0418
交通通信(元)	0.0231
教育文化娱乐(元)	0.0623
医疗保健(元)	0.0389
社会消费品零售总额(万元)	0.0667
普通中学在校学生数(人)	0.0531
普通小学在校学生数(人)	0.0244

表12　2017年甘南高原黄河上游生态功能区生态安全屏障评价指标权重值

三级指标	权重
年末常住人口(万人)	0.0426
有效灌溉面积(千公顷)	0.0465
农作物播种面积(千公顷)	0.0482
中药材面积(万亩)	0.0288

三级指标	权重
粮食面积（万亩）	0.0212
果园面积（千公顷）	0.0579
人均生产总值（元）	0.0373
地区生产总值（万元）	0.0756
工业总产值（万元）	0.0415
建筑业总产值（万元）	0.0221
第三产业总产值（万元）	0.0214
交通运输、仓储和邮政业（万元）	0.0411
集中式饮用水源水质达标率（%）	0.0011
城市水功能区水质达标率（%）	0.0011
农林牧渔业总产值（万元）	0.0716
园林水果产量（吨）	0.0256
粮食总产量（吨）	0.0393
城乡居民储蓄存款（万元）	0.0412
消费支出（元）	0.0516
交通通信（元）	0.0669
教育文化娱乐（元）	0.0620
医疗保健（元）	0.0353
社会消费品零售总额（万元）	0.0318
普通中学在校学生数（人）	0.0517
普通小学在校学生数（人）	0.0367

（四）综合指数的计算

本报告采用综合指数 EQ 来评价区域生态安全度的表示，计算公式如下：

$$EQ(t) = \sum_{i=1}^{n} W_i(t) \times X_i(t)$$

式中，X_i 代表评价指标的标准化值；W_i 为生态安全评价指标 i 的权重；n 为指标总项数。

根据上述计算公式，2015 年、2016 年、2017 年甘南高原黄河上游生态功能区生态安全综合指数值分别如表 13、表 14、表 15 所示。

表 13　2015 年甘南高原黄河上游生态功能区生态安全综合指数值

地　区	综合指数	地　区	综合指数
临夏市	0.8929	合作市	0.8621
临夏县	0.8337	临潭县	0.8395
康乐县	0.8391	卓尼县	0.8668
广河县	0.8536	玛曲县	0.8457
和政县	0.8481	碌曲县	0.8823
积石山县	0.8377	夏河县	0.8370

表 14　2016 年甘南高原黄河上游生态功能区生态安全综合指数值

地　区	综合指数	地　区	综合指数
临夏市	0.7048	合作市	0.4999
临夏县	0.6533	临潭县	0.3082
康乐县	0.4875	卓尼县	0.4571
广河县	0.4293	玛曲县	0.3440
和政县	0.3810	碌曲县	0.4162
积石山县	0.4165	夏河县	0.4459

表 15　2017 年甘南高原黄河上游生态功能区生态安全综合指数值

地　区	综合指数	地　区	综合指数
临夏市	0.8070	合作市	0.5195
临夏县	0.7236	临潭县	0.4295
康乐县	0.6962	卓尼县	0.3657
广河县	0.6561	玛曲县	0.3644
和政县	0.5585	碌曲县	0.4754
积石山县	0.5514	夏河县	0.3303

（五）甘南高原黄河上游生态功能区生态安全屏障建设评价与分析

本报告所运用的生态安全分级标准如表 16 所示。

表 16　生态安全等级划分标准

综合指数	状态	生态安全度	指标特征
0 ~ 0.2	恶劣	严重危险	生态环境的破坏性较大,生态系统服务功能发生严重退化,生态的恢复与重建具有一定困难,生态灾害较多
0.2 ~ 0.4	较差	危险	生态环境的破坏性较大,生态系统服务功能发生严重退化,生态恢复与重建具有一定困难,生态灾害较多
0.4 ~ 0.6	一般	预警	生态环境受到一定程度的破坏,生态系统服务功能已退化,生态恢复与重建有一定困难,生态问题较多,生态灾害时有发生
0.6 ~ 0.8	良好	较安全	生态环境破坏较小,生态系统服务功能相对较完善,生态恢复与重建相对较容易,生态安全不显著,生态破坏不常出现
0.8 ~ 1.0	理想	安全	生态环境基本没有受到干扰,生态系统服务功能基本完善,系统恢复再生能力相对较强,生态问题不明显,生态灾害少

　　根据表 16 中的生态安全分级标准,2015 年、2016 年、2017 年甘南高原黄河上游生态功能区生态安全综合指数及生态安全状态、生态安全度分别如表 17、表 18、表 19 所示。

表 17　2015 年甘南高原黄河上游生态功能区生态安全屏障评价结果

地　区	综合指数	生态安全状态	生态安全度
临夏市	0.8929	理想	安全
临夏县	0.8337	理想	安全
康乐县	0.8391	理想	安全
广河县	0.8536	理想	安全
和政县	0.8481	理想	安全
积石山县	0.8377	理想	安全
合作市	0.8621	理想	安全
临潭县	0.8395	理想	安全
卓尼县	0.8668	理想	安全
玛曲县	0.8457	理想	安全
碌曲县	0.8823	理想	安全
夏河县	0.8370	理想	安全

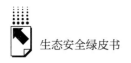
由表 17 可知，2015 年甘南高原黄河上游生态功能区各个市县的生态安全综合指数普遍较高，生态安全状态理想，生态安全度为安全。

表 18　2016 年甘南高原黄河上游生态功能区生态安全屏障评价结果

地　区	综合指数	生态安全状态	生态安全度
临夏市	0.7048	良好	较安全
临夏县	0.6533	良好	较安全
康乐县	0.4875	一般	预警
广河县	0.4293	一般	预警
和政县	0.3810	较差	危险
积石山县	0.4165	一般	预警
合作市	0.4999	一般	预警
临潭县	0.3082	较差	危险
卓尼县	0.4571	一般	预警
玛曲县	0.3440	较差	危险
碌曲县	0.4162	一般	预警
夏河县	0.4459	一般	预警

从表 18 可以看出，2016 年临夏市和临夏县的生态安全综合指数分别为 0.7048 和 0.6533，生态安全状态均为良好，生态安全度均达到较安全。康乐县、广河县、积石山县、合作市、卓尼县、碌曲县和夏河县的综合指数分别为 0.4875、0.4293、0.4165、0.4999、0.4571、0.4162 和 0.4459，生态安全状态均为一般，生态安全度均为预警，生态环境受到一定破坏，生态系统服务功能已经退化，生态恢复与重建有一定困难，生态问题较多，生态灾害时有发生。这可能是最近几年受旅游等人为因素的影响，使生态环境受到一定的破坏，生态安全度降低。和政县、临潭县和玛曲县的综合指数分别为 0.3810、0.3082 和 0.3440，生态安全状态均为较差，生态安全度均为危险，生态环境破坏较大，生态系统服务功能严重退化，生态恢复与重建困难，生态灾害较多。这表明当地人对环境的破坏强度较大，且对环境的保护意识较欠缺。

表 19　2017 年甘南高原黄河上游生态功能区生态安全屏障评价结果

地　区	综合指数	生态安全状态	生态安全度
临夏市	0.8070	理想	安全
临夏县	0.7236	良好	较安全
康乐县	0.6962	良好	较安全
广河县	0.6561	良好	较安全
和政县	0.5585	一般	预警
积石山县	0.5514	一般	预警
合作市	0.5195	一般	预警
临潭县	0.4295	一般	预警
卓尼县	0.3657	较差	危险
玛曲县	0.3644	较差	危险
碌曲县	0.4754	一般	预警
夏河县	0.3303	较差	危险

　　由表 19 可知，2017 年临夏市的生态安全综合指数为 0.8070，生态安全状态理想，生态安全度为安全，说明该区域的生态环境保护好，生态环境基本未受到干扰，生态系统服务功能基本完善，系统恢复再生能力强，生态问题不明显，生态灾害少；临夏县、康乐县以及广河县的生态安全综合指数分别为 0.7236、0.6962 和 0.6561，生态安全状态良好，生态安全度为较安全，说明这些地区的生态安全屏障尽管存在一些问题，但总体来说，生态环境受破坏程度小，生态服务功能较完善；和政县、积石山县、合作市、临潭县以及碌曲县的生态安全综合指数分别为 0.5585、0.5514、0.5195、0.4295 和 0.4754，生态安全状态一般，生态安全度为预警，生态环境受到一定破坏，生态系统服务功能已经退化，生态恢复与重建有一定困难，生态问题较多，生态灾害时有发生；卓尼县、玛曲县以及夏河县的生态安全综合指数分别为 0.3657、0.3644 和 0.3303，生态安全状态较差，生态安全度为危险，生态环境破坏较大，生态系统服务功能严重退化，生态恢复与重建困难，生态灾害较多。

二 甘南高原黄河上游资源环境承载力评价

资源环境承载力是目前人类所依存的资源系统和环境系统这两种系统的复合承载力。本报告以甘南高原黄河上游区域为研究对象，以经济统计数据为依据，采用指标体系法对甘南高原黄河上游区域的资源环境承载力进行多因素的综合评价。

（一）资源环境承载力评价指标体系

本指标体系的目标层即甘南高原黄河上游区域的资源环境承载力，准则层分为资源可承载力指标和环境安全指标。其中，资源可承载力指标由农作物播种面积、人均粮食占有量和供热面积构成，共 3 项指标；环境安全指标由大气环境安全系数、水环境安全系数以及土地环境安全系数构成，共 11 项指标。有正向指标和负向指标两个指标，正向指标指该指标与总目标呈明显正相关关系，负向指标指该指标与总目标呈明显负相关关系。在 14 项指标中，有 8 项正向指标和 6 项负向指标，各指标及相应的量纲如表 20 所示。

表 20　2016～2017 年甘南高原黄河上游资源环境承载力评价指标体系

目标层	准则层	系数层	指标层	指标方向
甘南高原黄河上游资源环境承载力	资源可承载力	土地资源系数	农作物播种面积（千公顷）	+
		粮食资源系数	人均粮食占有量（千克）	+
		能源资源系数	供热面积（万平方米）	+
	环境安全	大气环境安全系数	工业废气排放量（亿立方米）	－
			工业二氧化硫（万吨）	－
			工业氮氧化物（万吨）	－
			氨氮排放量（万吨）	－
		水环境安全系数	年末供水综合生产能力（万立方米/日）	+
			废水排放量（万吨）	－
			化学需氧量排放量（万吨）	+
			水灾受灾面积（千公顷）	－
		土地环境安全系数	城市建设用地面积（平方公里）	+
			建成区绿化覆盖率（%）	+
			高速（公里）	+

（二）数据的获取与处理

1. 数据的获取

本报告中的基础数据主要来源于各年《甘肃统计年鉴》、各地市统计年鉴，以及各市县网站相关数据资料，继而通过计算来评价甘南高原黄河上游区域资源环境承载力的大小。表21为2016年、2017年甘南高原黄河上游资源环境承载力评价指标的原始数据。

表21　2016年、2017年甘南高原黄河上游资源环境承载力评价指标原始数据

指标	2016年		2017年	
	临夏州	甘南州	临夏州	甘南州
农作物播种面积(千公顷)	169.77	89.77	148.75	63.48
人均粮食占有量(千克)	399.22	124.03	326.22	145.14
供热面积(万平方米)	453.41	125.00	491.40	215.00
工业废气排放量(亿立方米)	141.82	30.86	97.74	26.04
工业二氧化硫(万吨)	0.51	0.22	0.33	0.06
工业氮氧化物(万吨)	0.28	0.13	0.15	0.11
氨氮排放量(万吨)	0.14	0.06	0.16	0.05
年末供水综合生产能力(万立方米/日)	10.40	1.53	10.40	1.30
废水排放量(万吨)	2756.87	888.26	2851.46	934.42
化学需氧量排放量(万吨)	1.06	0.39	1.16	0.42
水灾受灾面积(千公顷)	0.76	0.61	0.02	2.78
城市建设用地面积(平方公里)	23.77	10.43	23.60	9.96
建成区绿化覆盖率(%)	14.46	9.27	11.98	9.27
高速公路(公里)	100.75	69.24	153.42	68.00

2. 指标数据的归一化

为了减弱指标数据之间量纲和量级的影响，本报告采用极差法分别对2016年、2017年的14个指标数据进行归一化处理，所有的因子由有量纲表达变为无量纲表达。计算公式为：

正向指标：$X = X_i / X_{max}$

负向指标：$X = X_{min} / X_i$

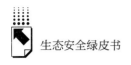

上式中，X 表示参评因子的标准化赋值；X_i 表示实测值；X_{max} 表示实测最大值；X_{min} 表示实测最小值。

计算结果的指标归一化值映射到（0，1）范围内（见表22）。

表22　2016年、2017年甘南高原黄河上游资源环境承载力评价各指标归一化值

指标	2016年		2017年	
	临夏州	甘南州	临夏州	甘南州
农作物播种面积	1.0000	0.5288	1.0000	0.4268
人均粮食占有量	1.0000	0.3107	1.0000	0.4449
供热面积	1.0000	0.2757	1.0000	0.4375
工业废气排放量	1.0000	0.2176	1.0000	0.2664
工业二氧化硫	1.0000	0.4314	1.0000	0.1818
工业氮氧化物	1.0000	0.4643	1.0000	0.7333
氨氮排放量	1.0000	0.4286	1.0000	0.3125
年末供水综合生产能力	1.0000	0.1471	1.0000	0.1250
废水排放量	1.0000	0.3222	1.0000	0.3277
化学需氧量排放量	1.0000	0.3679	1.0000	0.3621
水灾受灾面积	1.0000	0.8026	0.8026	1.0000
城市建设用地面积	1.0000	0.4388	1.0000	0.4220
建成区绿化覆盖率	1.0000	0.6411	1.0000	0.7738
高速公路	1.0000	0.6872	1.0000	0.4432

3. 指标权重的确定

指标数据权重就是确定各个指标对整个指标评价体系的重要程度，主要有主观赋权和客观赋权两种。本文运用的是客观赋权法——熵值法，计算各个指标的权重。甘南高原黄河上游区域的资源环境承载力评价指标的权重如表23所示。

表23　2016年、2017年甘南高原黄河上游资源环境承载力评价各指标权重

准则层	指标层	权重			
		2016年		2017年	
		临夏州	甘南州	临夏州	甘南州
资源可承载力	农作物播种面积	0.0498	0.0264	0.0499	0.0213
	人均粮食占有量	0.0498	0.0155	0.0499	0.0222
	供热面积	0.0498	0.0137	0.0499	0.0218

准则层	指标层	权重			
		2016 年		2017 年	
		临夏州	甘南州	临夏州	甘南州
环境安全	工业废气排放量	0.0498	0.0108	0.0499	0.0133
	工业二氧化硫	0.0498	0.0215	0.0499	0.0091
	工业氮氧化物	0.0498	0.0231	0.0499	0.0366
	氨氮排放量	0.0498	0.0214	0.0499	0.0156
	年末供水综合生产能力	0.0498	0.0073	0.0499	0.0062
	废水排放量	0.0498	0.0161	0.0499	0.0163
	化学需氧量排放量	0.0498	0.0183	0.0499	0.0180
	水灾受灾面积	0.0498	0.0400	0.0400	0.0499
	城市建设用地面积	0.0498	0.0219	0.0499	0.0210
	建成区绿化覆盖率	0.0498	0.0320	0.0499	0.0386
	高速公路	0.0498	0.0343	0.0499	0.0221

4. 资源可承载力以及环境安全综合指数的计算

甘南高原黄河上游区域的资源可承载力和环境安全各个指数的计算采用综合评价法。

资源可承载力：$HI = \sqrt{P \times N}$

其中 P 表示积极指标组指数，N 表示消极指标组指数。

积极指标组指数：$P = \sum_{i=1}^{n} W_i \times C_i$

消极指标组指数：$N = \sum_{i=1}^{n} W_i \times C_i$

其中，W_i 对应各个指标的指标值，C_i 对应各个指标的指标权重。

5. 分级评价

本报告主要采用的是分级评价的方法，对甘南高原黄河上游区域的资源可承载力和环境安全进行总体评价。

资源可承载力为一级评价。资源可承载力主要反映的是资源对当地经济社会发展提供的支撑能力，因此 HI 值越大，则资源可承载力越高，对经济社会发展的支撑作用越大；反之，HI 值越小，表示资源的可承载力越低，对经济社会发展的支撑作用越小。

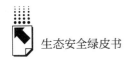

环境安全评价为二级评价。环境安全表示环境对人类社会、经济和生态的协调或者胁迫强度，因此 HI 值越大，表示环境安全度越高，HI 值越小，表示环境安全度越低。本文设定的环境安全分级标准为 0 ~ 2（红，不安全）、2 ~ 4（橙，脆弱）、4 ~ 6（黄，较安全）、6 ~ 8（蓝，基本安全）、8 ~ 10（绿，安全）五个级别的建议标准。

（三）评价结果分析

由上述的计算方法，可以得出甘南高原黄河上游区域的资源可承载力和环境安全指数的计算结果（见表24）。

表 24　2016 年、2017 年甘南高原黄河上游资源可承载力及环境安全指标

指标	2016 年		2017 年	
	临夏州	甘南州	临夏州	甘南州
资源可承载力	8.2527	7.0253	8.7429	8.1012
环境安全	8.4825	6.1302	8.5524	6.6625

由表24可以看出，2016 ~ 2017 年甘南高原黄河上游区域中，临夏州和甘南州的资源可承载力差异较小。从环境安全指数来看，甘南州 2016 年和 2017 年的环境安全指数较临夏州低，处于蓝色基本安全水平，临夏州则处于安全水平。

三　甘南高原黄河上游生态安全屏障建设评价指导

（一）建设侧重度、建设难度及建设综合度的计算原理

在对建设侧重度、建设难度以及建设综合度进行定量分析时必须客观、合理、科学。

设 $A_i(t)$ 是城市 A 在第 t 年关于第 i 个指标的排序名次，称

$$\lambda A_i(t+1) = \frac{A_i(t)}{\sum_{j=1}^{n} A_j(t)} \quad (i = 1,2,3,\cdots,n)$$

λA_i $(t+1)$ 为城市 A 在第 $t+1$ 年关于第 i 个指标的建设侧重度，这里 N 表示城市个数，n 是指标个数。如果 λA_i $(t+1)$ $> \lambda A_j$ $(t+1)$，则表示在第 $t+1$ 年第 i 个指标建设应该优先于第 j 个指标。这是因为在第 t 年，第 i 个指标在所在区域排名比第 j 个指标靠后，所以在第 $t+1$ 年，第 i 个指标应该优先于第 j 个指标建设。

用 max_i (t) 和 min_i (t) 分别表示第 i 个指标在第 t 年的最大值和最小值，αA_i (t) 为城市 A 在第 t 年关于第 i 个指标的值，令

$$\mu A_i(t) = \begin{cases} \dfrac{max_i(t) + 1}{\alpha A_i(t) + 1} \\ \dfrac{\alpha A_i(t) + 1}{min_i(t) + 1} \end{cases}$$

称为

$$\gamma A_i(t+1) = \frac{\mu A_i(t)}{\displaystyle\sum_{j=1}^{n} \mu A_i(t)}$$

为城市 A 在第 $t+1$ 年指标 i $(i=1，2，3，\cdots，N)$ 的建设难度。

如果 γA_i $(t+1)$ $> \gamma A_j$ $(t+1)$，则表明在第 t 年第 i 个指标比第 j 个指标偏离所在区域最高值越远，所以在第 $t+1$ 年，第 i 个指标应该优先于第 j 个建设指标。称

$$\nu A_i(t+1) = \frac{\gamma A_i(t)\mu A_i(t)}{\displaystyle\sum_{j=1}^{n} \gamma A_j(t)\mu A_j(t)}$$

为城市 A 在第 $t+1$ 年指标 i $(i=1，2，3，\cdots，N)$ 的建设综合度。

如果 νA_i $(t+1)$ $> \nu A_j$ $(t+1)$，则表明在第 $t+1$ 年，第 i 个指标理论上应该优先于第 j 个指标建设。

1. 生态安全屏障建设侧重度

从定义中可以看出，城市的某项指标的建设侧重度越大，排名越靠前，就意味着下一个年度该城市更应侧重这项指标的建设。根据前面的定义，本研究计算了 2017 年甘南高原黄河上游生态功能区安全屏障建设 25 个指标的建设侧重度（见表25）。

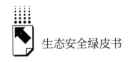

25 个指标中，临夏市农作物播种面积、粮食面积、中药材面积的建设侧重度排位靠前；临夏县建设侧重度排位靠前的指标有中药材面积和人均生产总值；康乐县工业总产值的建设侧重度排位靠前；广河县中药材面积的建设侧重度排位靠前；和政县人均生产总值的建设侧重度排位靠前；积石山县人均生产总值的侧重度排位靠前；合作市有效灌溉面积、果园面积的建设侧重度排位靠前；临潭县医疗保健的建设侧重度排位靠前；卓尼县在第三产业、地区生产总值等方面的建设侧重度排位靠前；玛曲县在农作物播种面积、粮食面积、中药材面积、交通运输、仓储和邮政业、消费支出方面的侧重度排位靠前；碌曲县在年末常住人口、地区生产总值、第三产业、农林牧渔业总产值、城乡居民储蓄存款、社会消费品零售总额、普通中学在校学生数、普通小学在校学生数的建设侧重度排位靠前；夏河县在建筑业总产值、粮食总产量的建设侧重度排位靠前。

2. 生态安全屏障建设难度

生态安全屏障建设难度越大，指标排名越靠前，则意味着下一个年度该地区这项指标的建设难度越大，越难以取得建设成效。本研究计算了 2017 年甘南高原黄河上游生态功能区安全屏障建设 25 个指标的建设难度（见表 26）。

25 个指标中，临夏市建设难度排位靠前的指标有中药材面积；临夏县建设难度排位靠前的指标也是中药材面积；康乐县建设难度排位靠前的指标有果园面积、工业总产值；广河县建设难度排位靠前的指标有中药材面积；和政县建设难度排位靠前的指标有社会消费品零售总额；积石山县建设难度排位靠前的指标有建筑业总产值；合作市建设难度排位靠前的指标有果园面积、园林水果产量；临潭县建设难度排位靠前的指标有医疗保健；卓尼县建设难度排位靠前的指标为建筑业总产值；玛曲县建设难度排位靠前的指标为有效灌溉面积、农作物播种面积、中药材面积、粮食面积、果园面积、粮食总产量；碌曲县建设难度排位靠前的指标有有效灌溉面积、果园面积；夏河县建设难度排位靠前的指标有建筑业总产值。

3. 生态安全屏障建设综合度

生态安全屏障建设指标综合度同时考虑了建设侧重度和建设难度，建设综合度越高，表明下一年度应加大投入力度；反之，则减少投入力度。本报告计算了 2017 年甘南高原黄河上游生态功能区安全屏障建设 25 个指标的建设综合度（见表 27）。

表 25　2017 年甘南高原黄河上游生态安全屏障建设测重度

地区	年末常住人口		有效灌溉面积		农作物播种面积		中药材面积		粮食面积		果园面积		人均生产总值	
	数值	排名	数值	排名	数值	排名	数值	排名	数值	排名	数值	排名	数值	排名
临夏市	0.023529	11	0.070588	6	0.117647	2	0.117647	3	0.117647	2	0.035294	9	0.047059	7
临夏县	0.015385	17	0.015385	17	0.015385	17	0.123077	1	0.030769	12	0.030769	12	0.123077	1
康乐县	0.048077	5	0.028846	15	0.019231	19	0.028846	15	0.009615	23	0.057692	3	0.096154	2
广河县	0.031496	14	0.015748	22	0.047244	8	0.078740	1	0.023622	19	0.039370	11	0.070866	3
和政县	0.040816	11	0.034014	14	0.027211	19	0.027211	19	0.034014	14	0.006803	23	0.074830	1
积石山县	0.018519	22	0.024691	18	0.018519	22	0.030864	15	0.024691	18	0.037037	13	0.074074	1
合作市	0.060811	5	0.067568	2	0.054054	8	0.047297	11	0.047297	11	0.067568	2	0.006757	22
临潭县	0.044025	9	0.044025	9	0.031447	19	0.006289	23	0.037736	14	0.018868	21	0.044025	9
卓尼县	0.041237	13	0.041237	13	0.036082	19	0.010309	23	0.046392	8	0.041237	13	0.030928	20
玛曲县	0.055000	6	0.055000	6	0.060000	1	0.060000	1	0.060000	1	0.050000	14	0.010000	20
碌曲县	0.054299	1	0.049774	8	0.049774	8	0.040724	17	0.049774	8	0.045249	14	0.013575	21
夏河县	0.051020	4	0.045918	8	0.045918	8	0.030612	19	0.040816	15	0.045918	8	0.025510	22

地区	地区生产总值		工业总产值		建筑业总产值		第三产业		交通运输、仓储和邮政业		集中式饮用水源水质达标率		城市水功能区水质达标率	
	数值	排名	数值	排名	数值	排名	数值	排名	数值	排名	数值	排名	数值	排名
临夏市	0.011765	13	0.023529	11	0.011765	13	0.011765	13	0.011765	13	0.011765	13	0.011765	13
临夏县	0.046154	6	0.061538	3	0.030769	12	0.046154	6	0.030769	12	0.015385	17	0.015385	17
康乐县	0.048077	5	0.115385	1	0.038462	12	0.038462	12	0.048077	5	0.009615	23	0.009615	23
广河县	0.031496	14	0.023622	19	0.047244	8	0.039370	11	0.055118	6	0.007874	24	0.007874	24
和政县	0.061224	4	0.061224	4	0.020408	21	0.054422	7	0.054422	7	0.006803	23	0.006803	23
积石山县	0.067901	3	0.061728	5	0.061728	5	0.043210	9	0.055556	7	0.006173	24	0.006173	24

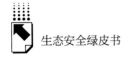
续表

地区	地区生产总值 数值	地区生产总值 排名	工业总产值 数值	工业总产值 排名	建筑业总产值 数值	建筑业总产值 排名	第三产业 数值	第三产业 排名	交通运输、仓储和邮政业 数值	交通运输、仓储和邮政业 排名	集中式饮用水源水质达标率 数值	集中式饮用水源水质达标率 排名	城市水功能区水质达标率 数值	城市水功能区水质达标率 排名
合作市	0.013514	19	0.006757	22	0.033784	16	0.013514	19	0.027027	17	0.006757	22	0.006757	22
临潭县	0.037736	14	0.050314	6	0.044025	9	0.037736	14	0.018868	21	0.006289	23	0.006289	23
卓尼县	0.051546	3	0.030928	20	0.046392	8	0.051546	3	0.051546	3	0.005155	24	0.005155	24
玛曲县	0.035000	16	0.025000	18	0.055000	6	0.055000	6	0.060000	1	0.005000	24	0.005000	24
碌曲县	0.054299	1	0.049774	8	0.036199	18	0.054299	1	0.049774	8	0.004525	24	0.004525	24
夏河县	0.040816	15	0.035714	17	0.061224	1	0.045918	8	0.030612	19	0.005102	24	0.005102	24

地区	农林牧渔业总产值 数值	农林牧渔业总产值 排名	园林水果产量 数值	园林水果产量 排名	粮食总产量 数值	粮食总产量 排名	城乡居民储蓄存款 数值	城乡居民储蓄存款 排名	消费支出 数值	消费支出 排名	交通通信 数值	交通通信 排名	教育文化娱乐 数值	教育文化娱乐 排名
临夏市	0.011765	13	0.023529	11	0.011765	13	0.011765	13	0.011765	13	0.011765	13	0.011765	13
临潭县	0.046154	6	0.061538	3	0.030769	12	0.046154	6	0.030769	12	0.015385	17	0.015385	17
康乐县	0.048077	5	0.115385	1	0.038462	12	0.038462	12	0.048077	5	0.009615	23	0.009615	23
广河县	0.031496	14	0.023622	19	0.047244	8	0.039370	11	0.055118	6	0.007874	24	0.007874	24
和政县	0.061224	4	0.061224	4	0.020408	21	0.054422	7	0.054422	7	0.006803	23	0.006803	23
积石山县	0.067901	3	0.061728	5	0.061728	5	0.043210	9	0.055556	7	0.006173	24	0.006173	24
合作市	0.013514	19	0.006757	22	0.033784	16	0.013514	19	0.027027	17	0.006757	22	0.006757	22
临潭县	0.037736	14	0.050314	6	0.044025	9	0.037736	14	0.018868	21	0.006289	23	0.006289	23
卓尼县	0.051546	3	0.030928	20	0.046392	12	0.051546	3	0.051546	3	0.005155	24	0.005155	24
玛曲县	0.035000	16	0.025000	18	0.055000	8	0.055000	6	0.060000	1	0.005000	24	0.005000	24
碌曲县	0.054299	1	0.049774	8	0.036199	18	0.054299	1	0.049774	8	0.004525	24	0.004525	24
夏河县	0.040816	15	0.035714	17	0.061224	1	0.045918	8	0.030612	19	0.005102	24	0.005102	24

续表

地区	医疗保健		社会消费品零售总额		普通中学在校学生数		普通小学在校学生数	
	数值	排名	数值	排名	数值	排名	数值	排名
临夏市	0.011765	13	0.011765	13	0.011765	13	0.047059	7
临夏县	0.046154	6	0.046154	6	0.046154	6	0.015385	17
康乐县	0.019231	19	0.048077	5	0.019231	19	0.028846	15
广河县	0.031496	14	0.031496	14	0.039370	11	0.015748	22
和政县	0.040816	11	0.068027	2	0.047619	9	0.040816	11
积石山县	0.030864	15	0.043210	9	0.024691	18	0.030864	15
合作市	0.060811	5	0.013514	19	0.040541	14	0.060811	5
临潭县	0.075472	1	0.056604	4	0.050314	6	0.044025	9
卓尼县	0.051546	3	0.041237	13	0.046392	8	0.041237	13
玛曲县	0.035000	16	0.055000	6	0.055000	6	0.055000	6
碌曲县	0.036199	18	0.054299	1	0.054299	1	0.054299	1
夏河县	0.056122	2	0.030612	19	0.051020	4	0.051020	4

表26 2017年甘南高原黄河上游生态安全屏障建设难度

地区	年末常住人口		有效灌溉面积		农作物播种面积		中药材面积		粮食面积		果园面积		人均生产总值	
	数值	排名	数值	排名	数值	排名	数值	排名	数值	排名	数值	排名	数值	排名
临夏市	0.034173	11	0.053775	6	0.058274	2	0.062906	1	0.057315	3	0.054142	5	0.040339	9
临夏县	0.032060	17	0.032060	17	0.032060	17	0.063067	1	0.032152	16	0.034143	15	0.050813	4
康乐县	0.033804	18	0.037689	14	0.031349	19	0.044727	9	0.029005	23	0.054054	1	0.048110	5
广河县	0.032516	21	0.035933	18	0.036566	17	0.055448	1	0.033636	19	0.050901	2	0.045870	8
和政县	0.035342	20	0.044292	10	0.035396	19	0.047519	3	0.036230	18	0.027756	23	0.046531	6
积石山县	0.030813	22	0.036133	17	0.032922	20	0.050121	3	0.032124	21	0.049392	4	0.046494	7

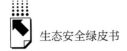
续表

地区	年末常住人口 数值	排名	有效灌溉面积 数值	排名	农作物播种面积 数值	排名	中药材面积 数值	排名	粮食面积 数值	排名	果园面积 数值	排名	人均生产总值 数值	排名
合作市	0.041394	12	0.052442	3	0.043035	11	0.052025	4	0.043158	8	0.052972	1	0.026486	22
临潭县	0.036834	17	0.046460	6	0.034066	21	0.026064	23	0.039698	15	0.044527	9	0.040649	13
卓尼县	0.038189	17	0.046664	5	0.038577	15	0.026757	23	0.043889	9	0.047777	3	0.037250	20
玛曲县	0.041296	14	0.048337	1	0.048337	1	0.048337	1	0.048337	1	0.048337	1	0.028651	20
碌曲县	0.042684	13	0.047460	1	0.044622	8	0.046962	4	0.044480	9	0.047460	1	0.029296	23
夏河县	0.038795	18	0.046015	5	0.039948	15	0.048105	3	0.040704	12	0.047884	4	0.034264	21

地区	地区生产总值 数值	排名	工业总产值 数值	排名	建筑业总产值 数值	排名	第三产业 数值	排名	交通运输、仓储和邮政业 数值	排名	集中式饮用水水源水质达标率 数值	排名	城市水功能区水质达标率 数值	排名
临夏市	0.031692	13	0.036912	10	0.031692	13	0.031692	13	0.031692	13	0.031692	13	0.031692	13
临夏县	0.041580	10	0.042148	9	0.041513	11	0.044924	7	0.041098	12	0.032060	17	0.032060	17
康乐县	0.044456	11	0.052622	2	0.044799	8	0.046334	7	0.041174	13	0.029005	23	0.029005	23
广河县	0.042264	11	0.032645	20	0.046043	7	0.044969	9	0.044365	10	0.027935	24	0.027935	24
和政县	0.045231	7	0.047470	4	0.040081	13	0.047531	2	0.045095	8	0.027756	23	0.027756	23
积石山县	0.043844	10	0.046637	6	0.052514	1	0.044458	9	0.043531	11	0.026504	24	0.026504	24
合作市	0.033605	20	0.026486	22	0.043341	7	0.034788	19	0.036235	18	0.026486	22	0.026486	22
临潭县	0.041971	12	0.044120	10	0.048249	3	0.042627	11	0.035042	20	0.026064	23	0.026064	23
卓尼县	0.041012	12	0.038091	18	0.049499	1	0.043238	11	0.043550	10	0.025054	24	0.025054	24
玛曲县	0.038922	17	0.035425	19	0.047906	8	0.042852	12	0.046278	9	0.024169	24	0.024169	24
碌曲县	0.041515	17	0.041996	15	0.043936	11	0.043855	12	0.044871	7	0.023730	24	0.023730	24
夏河县	0.039683	16	0.040486	14	0.048794	1	0.042141	11	0.035267	20	0.024526	24	0.024526	24

续表

地区	农林牧渔业总产值 数值	排名	园林水果产量 数值	排名	粮食总产量 数值	排名	城乡居民储蓄存款 数值	排名	消费支出 数值	排名	交通通信 数值	排名	教育文化娱乐 数值	排名
临夏市	0.048589	8	0.051709	1	0.056167	4	0.031692	13	0.031692	13	0.031692	13	0.031692	13
临夏县	0.032060	17	0.032060	12	0.032060	17	0.051341	3	0.039031	14	0.045047	6	0.047758	5
康乐县	0.035060	17	0.051892	3	0.030121	22	0.047655	6	0.035973	15	0.041773	12	0.044470	10
广河县	0.038120	15	0.047641	9	0.031210	22	0.047151	6	0.036688	16	0.040573	12	0.048031	3
和政县	0.039211	14	0.033392	11	0.038972	16	0.046762	5	0.036612	17	0.039184	15	0.045091	9
积石山县	0.036190	16	0.051255	4	0.034183	19	0.046033	8	0.036721	15	0.042738	12	0.041811	13
合作市	0.041003	14	0.052972	2	0.048187	5	0.043109	9	0.033601	21	0.038175	15	0.043094	10
临潭县	0.036640	19	0.048823	6	0.046094	7	0.045321	8	0.031768	22	0.040306	14	0.047789	4
卓尼县	0.032110	22	0.049455	5	0.047218	4	0.045134	7	0.034134	21	0.040554	14	0.040818	13
玛曲县	0.027323	23	0.048337	8	0.048337	1	0.045761	10	0.028486	22	0.028643	21	0.035760	18
碌曲县	0.031725	20	0.047460	10	0.046181	5	0.045776	6	0.031550	21	0.032065	19	0.031279	22
夏河县	0.030307	23	0.048644	7	0.044715	7	0.045073	6	0.031885	22	0.036721	19	0.043703	9

地区	医疗保健 数值	排名	社会消费品零售总额 数值	排名	普通中学在校学生数 数值	排名	普通小学在校学生数 数值	排名
临夏市	0.031692	13	0.031692	13	0.031692	13	0.033699	12
临夏县	0.042290	8	0.054367	2	0.040186	13	0.032060	17
康乐县	0.030890	20	0.050695	4	0.035201	16	0.030137	21
广河县	0.039173	13	0.047399	5	0.038316	14	0.028671	23
和政县	0.042580	11	0.051120	1	0.040121	12	0.032968	22
积石山县	0.039157	14	0.047084	5	0.034566	18	0.028272	23
合作市	0.044956	6	0.037735	16	0.037184	17	0.041047	13

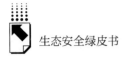
续表

地区	医疗保健		社会消费品零售总额		普通中学在校学生数		普通小学在校学生数	
	数值	排名	数值	排名	数值	排名	数值	排名
临潭县	0.048365	2	0.047562	5	0.038130	16	0.036767	18
卓尼县	0.044102	8	0.045636	6	0.038315	16	0.037923	19
玛曲县	0.038950	16	0.044769	11	0.042084	13	0.040197	15
碌曲县	0.038892	18	0.044256	10	0.041944	16	0.042273	14
夏河县	0.044642	8	0.043172	10	0.040691	13	0.039308	17

表27 2017年甘南高原黄河上游生态安全屏障建设综合度

地区	年末常住人口		有效灌溉面积		农作物播种面积		中药材面积		粮食面积		果园面积		人均生产总值	
	数值	排名	数值	排名	数值	排名	数值	排名	数值	排名	数值	排名	数值	排名
临夏市	0.016261	12	0.076764	6	0.138644	2	0.149666	1	0.136363	3	0.038644	7	0.038389	8
临夏县	0.010953	17	0.010953	17	0.010953	17	0.172372	2	0.021969	16	0.023329	15	0.138878	2
康乐县	0.037229	14	0.024905	16	0.013810	20	0.029555	10	0.006389	23	0.071437	3	0.105969	2
广河县	0.024059	18	0.013294	22	0.040583	12	0.102565	3	0.018665	19	0.047077	10	0.076363	3
和政县	0.034141	14	0.035657	13	0.022796	20	0.030603	9	0.029166	19	0.004469	23	0.082409	1
积石山县	0.013450	23	0.021030	17	0.014370	22	0.036463	7	0.018696	21	0.043120	12	0.081179	1
合作市	0.057630	7	0.081125	3	0.053258	11	0.056336	5	0.046734	12	0.081944	1	0.004097	22
临潭县	0.038326	14	0.048341	9	0.025318	19	0.003874	12	0.035405	18	0.019856	20	0.042295	12
卓尼县	0.037608	17	0.045954	13	0.033242	19	0.006588	11	0.048624	10	0.047050	11	0.027512	21
玛曲县	0.051436	14	0.060206	6	0.065679	1	0.065679	4	0.065679	1	0.054732	10	0.006488	20
碌曲县	0.054329	5	0.055375	4	0.052063	11	0.044831	6	0.051898	12	0.050341	13	0.009322	22
夏河县	0.047304	11	0.050498	7	0.043839	13	0.035194	8	0.039706	15	0.052548	6	0.020890	22

续表

地区	地区生产总值		工业总产值		建筑业总产值		第三产业		交通运输、仓储和邮政业		集中式饮用水源水质达标率		城市水功能区水质达标率	
	数值	排名	数值	排名	数值	排名	数值	排名	数值	排名	数值	排名	数值	排名
临夏市	0.007540	13	0.017564	11	0.007540	13	0.007540	13	0.007540	13	0.007540	13	0.007540	13
临夏县	0.042617	9	0.057599	5	0.028365	13	0.046044	7	0.028081	14	0.010953	17	0.010953	17
康乐县	0.048961	8	0.139090	1	0.039471	13	0.040823	11	0.045346	9	0.006389	23	0.006389	23
广河县	0.031271	16	0.018116	20	0.051101	8	0.041591	11	0.057445	5	0.005167	24	0.005167	24
和政县	0.065541	4	0.068787	3	0.019360	21	0.061222	6	0.058084	7	0.004469	23	0.004469	23
积石山县	0.070173	3	0.067857	5	0.076408	2	0.045281	11	0.057004	7	0.003856	24	0.003856	24
合作市	0.010397	21	0.004097	22	0.033523	15	0.010763	20	0.022421	17	0.004097	22	0.004097	22
临潭县	0.037432	17	0.052465	6	0.050202	7	0.038016	16	0.015626	22	0.003874	23	0.003874	23
卓尼县	0.050485	7	0.028133	20	0.054839	3	0.053225	6	0.053609	5	0.003084	24	0.003084	24
玛曲县	0.030850	17	0.020056	18	0.059669	7	0.053374	12	0.062881	5	0.002737	24	0.002737	24
碌曲县	0.052842	9	0.049000	15	0.037282	17	0.055820	3	0.052354	10	0.002517	24	0.002517	24
夏河县	0.038710	16	0.034556	18	0.071395	1	0.046246	16	0.025801	21	0.002991	24	0.002991	24

地区	农林牧渔业总产值		园林水果产量		粮食总产量		城乡居民储蓄存款		消费支出		交通通信		教育文化娱乐	
	数值	排名	数值	排名	数值	排名	数值	排名	数值	排名	数值	排名	数值	排名
临夏市	0.127163	4	0.036907	9	0.093542	5	0.007540	13	0.007540	13	0.007540	13	0.007540	13
临夏县	0.010953	17	0.010953	17	0.010953	17	0.035081	12	0.040004	11	0.061561	4	0.065265	3
康乐县	0.023168	17	0.057151	4	0.013269	22	0.041987	10	0.039618	12	0.055207	6	0.048976	7
广河县	0.049359	9	0.035250	14	0.017319	21	0.052331	7	0.054292	6	0.060040	4	0.088845	2
和政县	0.063133	5	0.010753	22	0.031373	17	0.037645	12	0.053053	8	0.031544	16	0.050819	9
积石山县	0.042125	13	0.052203	8	0.019895	20	0.046885	10	0.064116	6	0.068402	4	0.036501	14

续表

地区	农林牧渔业总产值 数值	排名	园林水果产量 数值	排名	粮食总产量 数值	排名	城乡居民储蓄存款 数值	排名	消费支出 数值	排名	交通通信 数值	排名	教育文化娱乐 数值	排名
合作市	0.076115	4	0.081944	1	0.059634	6	0.020006	18	0.031187	16	0.041338	13	0.053332	10
临潭县	0.049016	8	0.043543	11	0.041109	13	0.053892	5	0.018888	21	0.059912	4	0.085241	2
卓尼县	0.019764	22	0.048703	9	0.058125	2	0.050003	8	0.046220	12	0.059905	1	0.045221	14
玛曲县	0.006188	23	0.054732	10	0.065679	1	0.056997	8	0.006451	22	0.006486	21	0.012147	19
碌曲县	0.020190	20	0.050341	13	0.053882	6	0.058265	1	0.033464	18	0.010203	21	0.006636	23
夏河县	0.014782	23	0.0538198	5	0.049071	9	0.0549569	4	0.027215	20	0.040298239	14	0.05861786	3

地区	医疗保健 数值	排名	社会消费品零售总额 数值	排名	普通中学在校学生数 数值	排名	普通小学在校学生数 数值	排名
临夏市	0.007540	13	0.007540	13	0.007540	13	0.032070	10
临夏县	0.043345	8	0.055722	6	0.041188	10	0.010953	17
康乐县	0.013608	21	0.055832	5	0.015507	19	0.019914	18
广河县	0.028984	17	0.035071	15	0.035438	13	0.010607	23
和政县	0.041134	11	0.082307	2	0.045218	10	0.031848	15
积石山县	0.028487	16	0.047956	9	0.020118	19	0.020568	18
合作市	0.062590	5	0.011675	19	0.034512	14	0.057148	8
临潭县	0.086269	1	0.063627	3	0.045342	10	0.038256	15
卓尼县	0.054288	4	0.044941	15	0.042448	16	0.037346	18
玛曲县	0.030872	16	0.055762	9	0.052417	13	0.050067	15
碌曲县	0.033002	19	0.056330	2	0.053388	8	0.053807	7
夏河县	0.059877	2	0.031585	19	0.049616	8	0.047930	10

25 个指标中，临夏市建设综合度排位靠前的指标为中药材面积；临夏县建设综合度排位靠前的指标有中药材面积、人均生产总值；康乐县建设综合度排位靠前的指标有工业总产值；广河县建设综合度排位靠前的指标有教育文化娱乐；和政县建设综合度排位靠前的指标有人均生产总值；积石山县建设综合度排位靠前的指标有人均生产总值；合作市建设综合度排位靠前的指标有果园面积、园林水果产量；临潭县建设综合度排位靠前的指标有医疗保健；卓尼县建设综合度排位靠前的指标有交通通信；玛曲县建设综合度排位靠前的指标有农作物播种面积、粮食面积、粮食总产量；碌曲县建设综合度排位靠前的指标有城乡居民储蓄存款；夏河县建设综合度排位靠前的指标有建筑业总产值。

从甘南高原黄河上游生态功能区安全屏障建设的建设侧重度、建设难度、建设综合度可以看出，甘南高原黄河上游生态功能区安全屏障建设已进入攻坚期，应在环境、经济、社会等方面继续加大投入力度，突破重点，攻克难点，推进甘南高原黄河上游生态功能区安全屏障建设。

四　生态功能区自然地理特征分析及草原退化研究

（一）甘南高原黄河上游生态功能区自然地理特征相关理论

1. 地形特征

甘南高原黄河上游生态功能区主要包括甘南州和临夏州的 12 个县市，其中，夏河县、玛曲县、碌曲县、卓尼县、临潭县、合作市 6 县市属于甘南州，临夏市、临夏县、广河县、和政县、康乐县、积石山县 6 县市属于临夏州，该生态功能区是我国青藏高原最东端最大的高原湿地和黄河上游重要水源补给区。[1] 该区域地处青藏高原与黄土高原的过渡地带，山地、沟壑纵横交错，地势复杂，海拔 3000～4900 米。

---

[1]　《甘肃林业"十三五"工作思路和战略重点》，《甘肃林业》2016 年第 4 期。

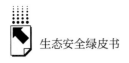

2. 气候特征

甘南高原黄河上游生态功能区位于甘肃省的西南部，是全省地势最高的高山与高原交错地区。甘南州气候属于大陆性季风气候，年平均气温较低，大部分地区温度低于3℃，降水分配不均匀，年降水量为440~800毫米，降雨量由西南向东北递减，寒冷湿润是甘南州的显著特征。临夏州气候属于温带半干旱气候，年平均气温为6.8℃，年均降水量为501.7毫米，气候地域性差异显著（见表28）。

表28　研究区各市县气候状况统计

地区	年平均降水（毫米）	年平均气温（℃）	无霜期（天）
合作市	518	1.0	48
夏河县	516	2.6	56
临潭县	518	3.2	65
碌曲县	680	2.3	56
玛曲县	707	3.2	15
卓尼县	580	4.6	119
临夏市	484	6.3	137
临夏县	631	5.9	148
广河县	494	6.4	142
康乐县	606	6.0	130
和政县	639	5.0	133
积石山县	660	5.2	158

3. 水文特征

甘南高原黄河上游生态功能区的水利资源丰富，主要有白龙江、大夏河、黄河和洮河（"一江三河"）①。白龙江是长江支流嘉陵江的支流，全长576公里②，在甘肃省内长475公里，年降水量为600~900毫米，水力资源丰富。大夏河属于黄河水系，发源于甘南高原甘、青交界的大不勒赫卡山南北

---

① 张春花：《甘南生态环境建设的现状及对策》，《甘肃高师》2009年第2期。
② 李凯：《基于SWAT模型的白龙江流域生态修复效应模拟研究》，硕士学位论文，兰州大学，2015。

麓，全长 203 公里①，是甘肃省中部的较大河流。洮河是黄河上游的第一大支流，位于甘肃省南部，发源于青海省海南州蒙古族自治县境内的西倾山东麓，全长 673 公里，流经甘南、定西、临夏等地。② 近年来受特殊的自然条件、人类活动以及全球气候变暖的影响，该区域出现气候旱化、降水量减少、草地"三化"等现象，地表径流减少、水资源锐减、水土流失加剧。该生态功能区的生态环境处于脆弱的状态，大力开展甘南高原黄河上游生态功能区的草场保护和建设已经迫在眉睫。由表 29 可以看出，2015 年白龙江的境内流域面积为 1.81 万平方公里，境内河流长度为 450 公里，在 2015 年和 2017 年两年间，其境内流域面积和境内河流长度没有发生变化，年径流量从 2015 年的 62.44 亿立方米增加到 2017 年的 62.50 亿立方米；2015 年黄河的境内流域面积为 14.59 万平方公里，境内河流长度为 7752.46 公里，在 2015 年和 2017 年两年间，其境内流域面积和境内河流长度也没有发生变化，年径流量从 2015 年的 66.13 亿立方米增加到 2017 年的 95.26 亿立方米；2015 年洮河的境内流域面积为 2.52 万平方公里，境内河流长度为 673 公里，在 2015 年和 2017 年两年间，其境内流域面积和境内河流长度同样没有发生变化，年径流量从 2015 年的 23.69 亿立方米增加到 2017 年的 37.10 亿立方米。

表 29　2015 年、2017 年白龙江、黄河、洮河的水文特征变化

要素名称	2015 年			2017 年		
	境内流域面积（万平方公里）	境内河流长度（公里）	年径流量（亿立方米）	境内流域面积（万平方公里）	境内河流长度（公里）	年径流量（亿立方米）
白龙江	1.81	450	62.44	1.81	450	62.50
黄河	14.59	7752.46	66.13	14.59	7752.46	95.26
洮河	2.52	673	23.69	2.52	673	37.10

---

① 刘文英：《哲学百科小辞典》（第二版），甘肃人民出版社，1987。
② 王文浩：《甘南黄河重要水源补给生态功能区生态环境问题成因分析及改善对策》，《生态经济》（学术版）2009 年第 2 期。

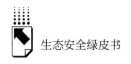

4. 植被特征

甘南高原地区黄河上游生态功能区植被种类相对稀少，且植被类型差异显著，主要植被类型如表30所示。甘南高原部分区域以高寒草甸、高山灌丛和山地森林为主，森林植被主要处于其东南部的山地地区。甘南森林和草原面积占甘肃省总面积的比重较大，甘南林区是白龙江、大夏河、洮河的重要水源涵养区。[1] 甘南草原面积达270万公顷，草原是其优势资源，也是该区畜牧业能够持续发展的基础。临夏州林地面积较小，全州的森林覆盖率仅为16.29%，草原资源是临夏州的主要植被资源。[2] 近年来，由于长期的滥砍滥伐、过度放牧等原因，导致草原"三化"问题越来越严重。[3]

表30 研究区主要植被类型

植被类型	分布区域	总面积(10⁴公顷)
高寒草甸	主要分布于海拔3300~3700米的广大高原面及山地阳坡	270.00
高山灌丛	主要分布在海拔3700米以上的山地阴坡	41.28
山地森林	集中分布东南部的边缘山地	313.00
森林草甸	主要分布于州境西南部海拔2900~3200米的阳坡	1.81
亚高山灌丛草甸	主要分布在沿太子山、小积石山等山体海拔2500~3800米的阴坡半阴坡及山前丘陵倾斜坡地	4.99
亚高山草甸	主要分布于和政县南部山地阳坡与农田交错地带和康乐县西南部农田交错带	0.26
高山草甸	主要分布于临夏县太子山、积石山县雷积山、小积石山等地	0.62
草原化草甸	呈星状分布	0.22
草甸化草原	呈星状分布	0.29
草原草场	广泛分布于海拔1700~2400米的黄土高原、丘陵、梁峁、沟壑地带	10.44
零星草场	零星分布	9.09

---

[1] 金舟加：《议甘南保护生态环境与可持续发展》，《中国农业资源与区划》2016年第6期。

[2] 虎陈霞、刘普幸、土海：《甘肃省少数民族地区生态环境与可持续发展—以临夏回族自治州为例》，《国土与自然资源研究》2011年第6期。

[3] 曾云：《甘肃省环境资源治理制度供给研究》，硕士学位论文，西北师范大学，2009。

5. 土壤特征

甘南高原黄河上游生态功能区的土壤类型垂直分布明显。从河谷到高寒山地，依次分布着山地栗钙土、山地黑钙土、褐土、棕壤、暗棕壤、草甸土、亚高山草甸土及高山草甸土，在低沉滩地还分布着沼泽土。

（二）草地资源概况及退化原因分析

1. 草地资源现状

（1）草地资源分布及退化

草地资源被誉为陆地生态系统的"绿色屏障"，具有重要的生态保护功能，是发展畜牧业的基础，且在生态系统的物质循环和能量流动中发挥着重要的作用，对人类和动物的生存与发展有一定的影响。甘南州与临夏州的草原是甘肃省主要的优质牧区，是发展畜牧业的基地，草地畜牧业是其主体经济。甘南州草原面积达 3758 万余亩，主要分布在玛曲、夏河和碌曲 3 个纯牧区县。[①] 临夏州天然草原面积为 27.73 万公顷，占土地总面积的 33.95%。

草地退化是指在不合理的利用下，草地生态系统逆向演替，导致生产力下降，生态功能衰退的过程。[②] 由于长期的不合理利用，甘南高原黄河上游生态功能区草地退化面积日益增加。面对这一情况，目前该地区的草原处于"局部改善，整体恶化"的状态，草原退化引起的一系列生态环境问题没有得到根本的制止。

2. 生态功能区草原退化原因分析

（1）自然因素

气温和降水因素是影响草地生态环境演变最敏感的自然因子，近年来，在全球变暖的大背景下，甘南高原黄河上游生态功能区内也出现了气候暖干

---

① 张春山：《黄河上游地区地质灾害形成条件与风险评价研究》，博士学位论文，中国地质科学院，2003。

② 马爱霞：《甘肃黄河上游主要生态功能区草原退化成因及治理对策浅析》，《草业与畜牧》2009 年第 2 期。

化的趋势。该地区降水量季节变化显著，区域降水量总体南多北少，地理分布不均匀，蒸发量上升，对境内草原的分布与生长有着重要影响。气候暖干化同样不利于草原植被的生长。

（2）人为因素

首先，超载过牧、滥垦滥采等是导致草原退化的主要原因。近年来，随着甘南州以及临夏州人口的不断增加，人类对自然资源的需求量也越来越大，长时间持续这种状况，使草畜难以达到平衡，草地资源出现"供不应求"的状况。其次，饲养牲畜数量的增加也是造成草地资源下降的又一个重要原因，这对草原生态系统的循环造成极大干扰，使草地生产力下降，草原面积也相对减少。表31为该区域牲畜的统计情况。

表31 研究区牲畜情况统计

年份	大牲畜年末存栏数（万头）			绵羊、山羊年末存栏数（万只）		
	临夏六县（市）	甘南六县（市）	总计	临夏六县（市）	甘南六县（市）	总计
2006	20.51	89.23	109.74	50.04	169.93	219.97
2007	22.16	93.64	115.80	56.27	185.75	242.02
2008	22.89	115.24	138.13	60.75	234.59	295.34
2009	24.27	120.36	144.63	63.84	235.09	298.93
2010	26.38	120.44	146.82	71.13	233.40	304.53
2011	27.62	118.74	146.36	74.97	230.75	305.72
2012	27.53	116.96	144.49	76.35	224.88	301.23
2013	28.22	117.10	145.32	78.45	220.06	298.51
2014	28.93	119.31	148.24	85.75	217.75	303.50
2015	28.81	117.46	146.27	84.89	213.08	297.97
2016	28.07	115.97	144.04	80.44	209.54	289.98

资料来源：2006~2016年《甘肃统计年鉴》。

（三）恢复草原生态环境的对策

1. 将参与式理论应用于草原治理中

首先，各个市县应开展参与式草地管理活动，以牧民为发展主体，鼓励牧民反映问题、提出建议，选择合理的草原保护对策。其次，全面落实草原分户有偿承包责任制，调动牧民的积极性，主动、自觉地执行保护政策，合理利用草原，遏制草原进一步退化的趋势，使草原植被得到有效的恢复，从而实现甘南高原黄河上游生态功能区的可持续发展。

2. 采取综合治理措施，恢复草原生态

首先，要加强草原围栏封育，因地制宜地进行围封，在严格禁止草原被过度践踏和啃食的同时，加强封育综合改良，对封育的草地采取补播、施肥、灌溉等措施[①]，可以获得更好的效果。其次，在草原鼠虫害、毒杂草危害严重的区域，加大防治力度。最后，发挥政府在草地保护中的引导作用，加强草原监管，依法治草，调动牧民积极性，主动参与草原退化治理。

3. 加大科技扶持力度和资金投入

有针对性地加大科技扶持力度，加大对草地畜牧业的科技投入，科学放牧，合理利用草地资源，恢复草原健康。另外，政府应加大草原生态保护建设资金投入，优先治理草原生态问题，保障"生态立州"战略稳步推进。

4. 调整畜群结构和实行禁牧休牧

超载过牧是草原退化的主要原因，因此应推行草畜平衡制度，以畜定草或以草定畜，防止草原被过度开发利用。同时，应调整畜群结构，控制区域合理的载畜量，合理放牧；在草原退化特别严重的区域实行禁牧休牧，使草地资源得以休养，提高草地生产力和质量，从而恢复草原生态环境。

---

① 甘肃省畜牧学校编《畜牧学基础知识：初级本》（第二版），农业出版社，2010。

五 生态功能区地质灾害风险评价研究

（一）研究区地质灾害现状评价分析

1. 地质灾害概况

甘南高原黄河生态功能区的地形地貌复杂多样，再加上近年来人们不合理的开发利用生态资源，地质灾害频繁发生，较突出的灾害类型有滑坡、泥石流、崩塌三种。甘南高原黄河上游生态功能区地质灾害的分布规律是沿河沿路分布，或者大多聚集在人口密集的地方，具有突发性、区域性、周期性、广泛性等特征。该区域内的灾害主要集中在6～10月爆发，正处于夏秋雨季，连续降水和暴雨天居多，从而引发一些坡面和坡段地带瘫痪，并引发其他地质灾害。

2. 研究区地质灾害形成条件及主要影响因素

（1）地质灾害的形成条件

首先，甘南高原位于构造活动强烈的阿尼玛卿山一带，东西两边都是高山、峡谷、盆地地貌。其典型的地貌使得灾害点主要集中在山地地貌区，此地貌单元为地质灾害的发生奠定了基础[①]。其次，该研究区的地层主要为泥土层，地质疏松破碎，在降水的冲刷下易溶于水，长时间的软化会使该地层崩解。最后，该研究区地质构造复杂，地处秦岭东西复杂构造褶皱地带的西边，其构造单元是背斜和向斜，构造线多由南向北、由北向东及东西向分布。此区域内发育极多的褶皱和断裂，易受到强烈的挤压，产生相互交错裂隙，岩体更加破碎，为地质灾害发生提供了物质条件。

（2）影响因素

一是降水的变化。该区域降水主要集中在7～8月，连续性的降水或者

---

① 张志强、孙成权、吴新年等：《论甘南高原生态建设与可持续发展战略》，《草业科学》2017年第5期。

暴雨天气是该区域发生地质灾害最主要的诱发因子。首先，连绵阴雨天气会改变地下水的下渗强度，使地下水位升高，从而改变坡体的稳定程度，引发不稳定性斜坡滑动灾害。其次，暴雨天气的降水量很大，持续时间短，降雨无法快速渗入地下，只能沿着斜坡流动，而研究区地形破碎，在强降雨的冲刷下，极易发生泥石流、滑坡等地质灾害。

二是地震。研究区地处西秦岭构造带上，有褶皱发育，地形复杂多样，山高谷深，新构造运动强烈隆升，地震活动频繁，这使得该区域的岩土体结构遭到巨大破坏，土体松动、坡体失稳，易引发滑坡、崩塌、泥石流等地质灾害，造成各种人员的伤害和经济社会的损失。

三是人类活动。由于甘南高原黄河上游功能区资源丰富，为了满足日益增加的社会需求，各种破坏生态环境的行为随处可见。过度放牧、对森林的不合理利用、斜坡耕种、炸山开矿等不合理的人类活动进一步加剧了地质灾害的发生[1]。

（二）研究区灾害风险评价指标体系构建及评价

1. 构建指标体系的意义和原则

地质灾害风险评价各种因素之间具有复杂的关系，只有对这些评价因素进行全面分析，建立合理的指标体系，才可能实现定量评价与准确的预测。[1] 在建立指标体系时要根据实际灾害问题，选取其定性和定量指标，构建指标之间的联系。一般应具备控制性、必要性、综合性、独立性、可操作性等原则。地质灾害的评价指标要有代表性，而且要简洁明了，抓住主要方面。[2]

2. 研究区风险评价易损性指标选取及评价

甘南高原地区地质灾害风险评价的易损性评价可从人口密度、房屋密

① 王文浩：《甘南黄河重要水源补给生态功能区生态环境问题成因分析及改善对策》，《生态经济（学术版）》2009 年第 2 期。

② 魏金平、李萍：《甘南黄河重要水源补给生态功能区生态脆弱性及成因分析》，《中国农业资源与区划》2009 年第 6 期。

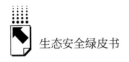
度、人均收入水平、区域的等级、交通通信干线密度这 5 个指标考虑，包含对人员及财产安全造成的损失，对建筑和房屋的毁坏，以及对铁路、公路设施等造成的经济损失。①

（三）结论与策略

1. 结论

根据对甘南高原黄河上游生态功能区的地质调查，得出甘南高原地区的地质灾害风险主要有：地层的复杂性，不稳定性、连续性的降水，气温的逐年升高，不合理的人类活动等。首先，依据甘南黄河上游生态功能区指标体系，可得出降水和地表坡度与灾害风险性密切相关的结论。其次，在植被覆盖率高的地区、土地利用合理的地区，灾害的风险相应也较低。人类活动也是灾害多发的重要因素。

2. 策略

地质灾害风险评价研究虽然还没有形成统一的理论体系②，但是面对灾害的频频发生，防灾减灾工作已刻不容缓。第一，要禁止滥砍滥伐、过度放牧，植树造林，提高植被覆盖率，防止水土流失，合理利用土地。第二，构建合理的地质灾害防治指标体系，加大灾害监管力度，制定法律法规，实行破坏管理机制。③ 第三，组织成立地质灾害防治领导小组，切实加强灾害预警机制建设。第四，提高公众的地质灾害预防意识，进行定期培训。第五，运用先进的科学技术，灾前能及时预警，灾后能高效及时处理，做到生态、经济、社会协调一致，实现可持续发展。

---

① 袁凤军、余昌元：《哈巴雪山保护区大果红杉林的分布格局及其保护价值》，《林业调查规划》2013 年第 2 期。
② 浦仕梅：《元阳观音山自然保护区资源现状与保护管理浅析》，《内蒙古林业调查设计》2014 年第 1 期。
③ 刘举科、喜文华主编《甘肃国家生态安全屏障建设发展报告（2018）》，社会科学文献出版社，2019。

六 存在的问题及对策建议

（一）存在的问题

黄河发源于青海，成河于甘南玛曲。甘南是黄河径流的主要汇集区之一，也是甘肃省金矿的主要成矿带之一，由于目前区域内多家金矿开采企业不按规划开采、弃渣乱堆乱放、废水乱排，污染环境、破坏生态等问题较为严重。矿区通道的矿石没有进行特定的放置，围挡设施破损毁坏，矿区的弃土弃渣随意堆放。采矿区露天开采遗留的采坑未进行治理，地下开采产生的废弃矿石、渣土随意堆放在矿洞口、坡脚沟谷和路边。企业未对矿区废石堆场等采取围挡、苫盖等措施，整个矿区管理混乱。矿区尾矿库渗滤液收集池、事故应急池等建设管理不规范，存在环境风险。如，甘南州尾矿库的汞、砷含量严重超标，监测井水位异常升高，该尾矿库存在渗滤液向环境泄漏的可能。夏河县冰华矿业公司大规模露天开矿，使用氰化物堆浸提金，对生态环境破坏严重。但至今已过去两年，堆浸渣的污染问题仍未解决。

（二）对策建议

首先，需要建立相关的环境约束机制，全面落实环境恢复和治理主体的责任，形成及时有效的治理环境，综合治理历史遗留问题。[①] 其次，各级部门应加大执法监督力度，督促企业严格按照边开采、边治理的原则行事。[②] 牢固树立绿色发展理念，让发展为保护让路，坚决、彻底地解决矿产资源开发造成的生态环境破坏问题，加快矿山地质环境恢复和

---

① 罗虎在：《为建设生态安全屏障构筑万里绿色长城贡献力量》，《实践（思想理论版）》2019年第8期。

② 于立新：《为建设我国北方重要生态安全屏障作贡献》，《实践（思想理论版）》2019年第7期。

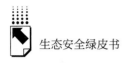

综合治理的进程。[1] 同时，省、州自然资源部门应加大对企业的监管力度，严格执行"边开采、边治理"的开采方案，加快推进相关整改工作的进度。[2] 最后，相关企业也应该落实生态环境保护主体的责任，与国家法律法规和有关政策要求一致。[5] 督察组应进一步调查核实有关情况，并按要求做好后续督察工作。

① 翟琇：《强化科技创新能力　支撑北方生态安全屏障高质量建设》，《北方经济》2019 年第6 期。

② 牧远：《推动林草高质量发展　加快建设我国北方重要的生态安全屏障》，《内蒙古林业》2019 年第 6 期。

甘肃南部秦巴山地区长江上游生态安全
屏障建设评价报告

汪永臻*

摘　要： 本报告主要从生态环境、生态经济及生态社会三个方面对
甘肃南部秦巴山地区的生态安全屏障进行了评价。研究表
明，2017年，该区域生态安全状态总体良好，生态安全度
为较安全。其中，天水市的生态安全状态理想，生态安全
度为安全，甘南州、陇南市生态安全状态良好，生态安全
度为较安全。同时，由于各种因素的制约，该区域生态安
全屏障建设已经进入攻坚期，在人均城市道路面积、第三
产业占比、城市绿化、污水处理、科技创新以及人才培养
等指标方面仍然不容乐观。本报告提出了顶层设计助推生
态安全屏障建设目标实现、政策支持助力生态优先绿色发
展战略实施等对策建议。

关键词： 秦巴山地区　生态安全屏障　生态安全指数　资源环境承载力

　　甘肃南部秦巴山地区地处长江上游的甘肃"两江一水"地区，行政上
包括天水市、陇南市以及甘南州的部分县区，是中国秦巴山生物多样性生态
功能区的重要组成部分，也是甘肃天然林区和长江上游水源涵养区面积最大
的区域。目前，在全国脱贫攻坚工作持续推进、经济发展内生动力不断激活

---

　　* 汪永臻，男，汉族，副教授，应用经济学博士后，主要从事发展战略、城乡规划与生态环境
的教学与研究工作。

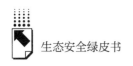

的环境下，该区域正面临生态屏障建设发展与保护互相矛盾的严峻问题，研究如何破题，以实现长江上游生态屏障安全建设目标，具有重要的战略意义和现实意义。

一　甘肃南部秦巴山地区长江上游生态安全屏障与资源环境承载力建设评价

（一）甘肃南部秦巴山地区长江上游生态安全屏障建设评价

1. 指标体系构建

按照全面性、综合性、可比性、稳定性、可靠性以及可操作性等原则，依据《甘肃省生态保护与建设规划（2014～2020年)》《甘肃省建设国家生态安全屏障综合试验区"十三五"实施意见》《甘肃省加快转型发展建设国家生态安全屏障综合试验区总体方案》《甘肃省主体功能区规划》等政策文件，通过对国家生态安全屏障、生态文明建设、可持续发展等指标评价体系的借鉴，本报告基于甘肃南部秦巴山区域的特殊性，侧重生态环境、生态经济和生态社会3个二级指标，选取了"森林覆盖率""人均GDP""城市人口密度"等21个三级指标，建立了生态安全屏障评价指标体系（见表1）。

表1　甘肃南部秦巴山地区长江上游生态安全屏障评价指标体系

核心指标			特色指标
一级指标	二级指标	序号	三级指标
甘肃南部秦巴山地区长江上游生态安全屏障	生态环境	1	森林覆盖率（％）
		2	建成区绿化率（％）
		3	人均城市道路面积（平方米）
		4	人均公园绿地面积（平方米）
		5	生活垃圾日无害处理能力（吨/日）
		6	人均日生活用水量（升）
		7	农田有效灌溉面积（千公顷）
		8	PM2.5（空气质量优良天数占比）（％）

续表

核心指标			特色指标
一级指标	二级指标	序号	三级指标
甘肃南部秦巴山地区长江上游生态安全屏障	生态经济	9	城镇化率（%）
		10	人均 GDP（元）
		11	城市污水处理厂日处理能力（万立方米）
		12	单位 GDP 二氧化硫（SO_2）排放量（吨/万元）
		13	一般工业固体废物综合利用率（%）
		14	第三产业占比（%）
		15	单位 GDP 废水排放量（吨/万元）
	生态社会	16	医疗保险参保率（%）
		17	城市燃气普及率（%）
		18	R&D 研究和试验发展费占 GDP 比重（%）
		19	信息化基础设施（互联网宽带接入用户数/年末总人口）（户/百人）
		20	城市人口密度（人/平方公里）
		21	普通高等学校在校学生数（人）

2. 生态安全屏障建设评价数据来源

本报告涉及的基础数据主要来自 2018 年甘肃有关地州市的统计年鉴、各地市国民经济和社会发展统计公报等，每项统计数据实际为 2017 年数据。同时，由于舟曲、迭部两县的有关统计数据无法获得，故以甘南州作为研究对象进行替代。另外，本课题也搜集了甘肃省土地利用现状资料，数据来自甘肃省林业厅、农业厅以及各地市网站，各指标原始数据见表2。

表2　2017 年甘肃南部秦巴山地区长江上游生态安全屏障评价各指标原始数据

三级指标	天水市	陇南市	甘南州
森林覆盖率（%）	36.45	40.42	23.44
建成区绿化率（%）	38.68	14.18	9.27
人均城市道路面积（平方米）	9.27	10.49	21.26
人均公园绿地面积（平方米）	9.92	5.99	8.61
生活垃圾日无害处理能力（吨/日）	586.00	210.00	95.00
人均日生活用水量（升）	105.30	78.10	91.80
农田有效灌溉面积（千公顷）	36.72	62.82	6.16

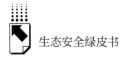
续表

三级指标	天水市	陇南市	甘南州
PM2.5（空气质量优良天数占比）（%）	84.30	92.40	95.70
城镇化率（%）	40.14	32.48	34.01
人均GDP（元）	17979.00	13113.00	19051.00
城市污水处理厂日处理能力（万立方米）	12.00	1.00	1.00
单位GDP二氧化硫（SO_2）排放量（吨/万元）	27.38	34.43	31.11
一般工业固体废物综合利用率（%）	72.65	1.95	52.15
第三产业占比（%）	54.02	61.61	59.18
单位GDP废水排放量（万吨/万元）	9.06	10.18	1.26
医疗保险参保率（%）	81.96	83.55	42.36
城市燃气普及率（%）	81.81	87.01	99.17
R&D研究和试验发展费占GDP比重（%）	0.59	0.14	0.02
信息化基础设施（互联网宽带接入用户数/年末总人口）（户/百人）	59.64	49.17	57.59
城市人口密度（人/平方公里）	11602.00	4178.00	4615.00
普通高等学校在校学生数（人）	37437.00	6419.00	10451.00

3. 生态安全屏障建设评价方法

（1）归一化处理

为消除不同评价指标之间的量纲影响，本报告采用极差法对指标数据进行归一化处理，即对原始数据进行线性变换，使之处于同一数量级。指标包括正向指标和负向指标，其中负向指标包括城市建成区面积、单位GDP废水排放量、单位GDP二氧化硫（SO_2）排放量、城市人口密度，同时采用逆向计算方法将其转换为正向指标，以保持与生态屏障建设评价方向的一致性。计算公式如下：

正向指标：$X = X_i / X_{max}$；

负向指标：$X = X_{min} / X_i$；

其中：X表示指标的标准化赋值；X_i表示指标的实测值；X_{max}表示指标实测最大值；X_{min}表示指标实测最小值。数据标准化结果使所有因子由有量纲表达变为无量纲表达，数据映射到〔0，1〕范围内，指标归一化处理数据见表3。

表3　2017年甘肃南部秦巴山地区长江上游生态安全屏障评价指标归一化处理数据

指标	天水市	陇南市	甘南州
森林覆盖率(%)	0.9018	1.0000	0.5799
建成区绿化率(%)	1.0000	0.3666	0.2397
人均城市道路面积(平方米)	0.4360	0.4934	1.0000
人均公园绿地面积(平方米)	1.0000	0.6038	0.8679
生活垃圾日无害处理能力(吨/日)	1.0000	0.3584	0.1621
人均日生活用水量(升)	1.0000	0.7417	0.8718
农田有效灌溉面积(千公顷)	0.5845	1.0000	0.0981
PM2.5(空气质量优良天数占比)(%)	0.8809	0.9655	1.0000
城镇化率(%)	1.0000	0.8092	0.8473
人均GDP(元)	0.9437	0.6883	1.0000
城市污水处理厂日处理能力(万立方米)	1.0000	0.0833	0.0833
单位GDP二氧化硫(SO_2)排放量(吨/万元)	1.0000	0.7952	0.8801
一般工业固体废物综合利用率(%)	1.0000	0.0268	0.7178
第三产业占比(%)	0.8768	1.0000	0.9606
单位GDP废水排放量(万吨/万元)	0.1391	0.1238	1.0000
医疗保险参保率(%)	0.9810	1.0000	0.5070
城市燃气普及率(%)	0.8249	0.8774	1.0000
R&D研究和试验发展费占GDP比重(%)	1.0000	0.2373	0.0339
信息化基础设施(互联网宽带接入用户数/年末总人口)(户/百人)	1.0000	0.8244	0.9656
城市人口密度(人/平方公里)	1.0000	0.3601	0.3978
普通高等学校在校学生数(人)	1.0000	0.1715	0.2792

（2）指标权重的确定

熵值法是根据各指标实测值的变异程度来确定其权重，属于客观赋权法，可避免人为因素带来的偏差。本报告采用熵值法计算各个指标的权重，为多指标综合评价提供依据。具体计算过程分为如下三步：

①通过上述指标标准化后，各标准值都在（0，1］这个区间内，计算各指标的熵值：

$$U_j = -\sum_{i=1}^{m} X_{ij} \ln X_{ij}$$

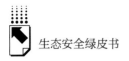
②熵值逆向化：

$$S_j = \frac{\max U_j}{ij}$$

③确定权重：

$$W_j = S_j \Big/ \sum_{j=1}^{n} S_j (j = 1, 2, \cdots, n)$$

通过以上公式计算得到生态安全屏障各指标的权重值（见表4）。

表4　2017年甘肃南部秦巴山地区长江上游生态安全屏障评价指标权重值

指标名称	权重
森林覆盖率(%)	0.0401
建成区绿化率(%)	0.0231
人均城市道路面积(平方米)	0.0231
人均公园绿地面积(平方米)	0.0383
生活垃圾日无害处理能力(吨/日)	0.0247
人均日生活用水量(升)	0.0480
农田有效灌溉面积(千公顷)	0.0303
PM2.5(空气质量优良天数占比)(%)	0.1126
城镇化率(%)	0.0526
人均GDP(元)	0.0526
城市污水处理厂日处理能力(万立方米)	0.0396
单位GDP二氧化硫(SO_2)排放量(吨/万元)	0.0556
一般工业固体废物综合利用率(%)	0.0489
第三产业占比(%)	0.1065
单位GDP废水排放量(万吨/万元)	0.0308
医疗保险参保率(%)	0.0451
城市燃气普及率(%)	0.0599
R&D研究和试验发展费占GDP比重(%)	0.0359
信息化基础设施(互联网宽带接入用户数/年末总人口)(户/百人)	0.0850
城市人口密度(人/平方公里)	0.0223
普通高等学校在校学生数(人)	0.0249

（3）综合指数的计算

本报告采用综合指数EQ来评价区域生态安全度，计算公式如下：

$$EQ(t) = \sum_{i=1}^{n} W_i(t) \times X_i(t), (i = 1, 2, \cdots, n)$$

其中，W_i 为评价指标 i 的权重；X_i 表示评价指标的标准化值；n 为指标总数。

根据生态安全综合指数公式，计算得到 2017 年甘肃南部秦巴山地区长江上游生态安全屏障综合指数值（见表 5）。

表 5　2017 年甘肃南部秦巴山地区长江上游生态安全综合指数值

地区	天水	陇南	甘南	甘肃南部秦巴山地区长江上游
综合指数	0.9032	0.6931	0.7461	0.7808

4. 甘肃南部秦巴山地区长江上游生态安全屏障建设评价与分析

本报告所运用的生态安全分级标准见表 6。

表 6　生态安全分级标准

综合指数	状态	生态安全度	指标特征
0 ~ 0.2	恶劣	严重危险	生态环境破坏较大，生态系统服务功能严重退化，生态恢复与重建困难，生态灾害较多
0.2 ~ 0.4	较差	危险	生态环境破坏较大，生态系统服务功能严重退化，生态恢复与重建困难，生态灾害较多
0.4 ~ 0.6	一般	预警	生态环境受到一定破坏，生态系统服务功能已经退化，生态恢复与重建有一定困难，生态问题较多，生态灾害时有发生
0.6 ~ 0.8	良好	较安全	生态环境受破坏较小，生态系统服务功能较完善，生态恢复与重建容易，生态安全不显著，生态破坏不常出现
0.8 ~ 1.0	理想	安全	生态环境基本未受到干扰，破坏生态系统服务功能基本完善，系统恢复再生能力强，生态问题不明显，生态灾害少

根据表 6 中的生态安全分级标准，2017 年甘肃南部秦巴山地区长江上游生态安全屏障评价结果见表 7。

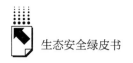

表7 2017年甘肃南部秦巴山地区长江上游生态安全屏障评价结果

地区	综合指数	生态安全状态	生态安全度
天水市	0.9032	理想	安全
陇南市	0.6931	良好	较安全
甘南州	0.7461	良好	较安全
甘肃南部秦巴山地区长江上游	0.7808	良好	较安全

由表7可知，2017年，该区域生态安全综合指数为0.7808，生态安全状态良好，生态安全度为较安全，说明该区域尽管存在生态环境方面的问题，但总体上生态服务功能基本完善。其中，天水市的生态安全综合指数为0.9032，生态安全状态为理想，生态安全度为安全，说明该地区生态服务功能基本完善。甘南州、陇南市生态安全综合指数分别为0.7461、0.6931，生态安全状态良好，生态安全度为较安全。以上数据说明该生态屏障区域内各市州差别不大，生态环境状况总体良好，但需要继续保持。

（二）甘肃南部秦巴山地区长江上游生态安全屏障资源环境承载力评价

1.指标体系构建

根据科学性、全面性、简明性和可操作性的原则，综合考虑甘肃南部秦巴山地区长江上游区域的资源、环境、社会经济发展现状，从资源环境承载力的概念和内涵出发，本报告遴选出13项针对性强、内涵丰富又便于度量的指标，构建了资源环境承载力综合评价指标体系。

本报告的目标层为2017年甘肃南部秦巴山地区长江上游区域的资源环境承载力。准则层分为资源可承载力指标和环境安全指标。其中，资源可承载力指标由土地资源系数、粮食资源系数、水资源系数、能源资源系数和生物资源系数构成，环境安全指标由大气环境安全系数、水环境安全系数和土地环境安全系数构成，共13项指标层。有正向指标和负向指标两个指标，正向指标指该指标与总目标呈明显正相关关系，负向指标指该指标与总目标呈明显负相关关系。在 13 项指标中，有 6 项正向指标和 7 项负向指标，各指标体系及相应的量纲如表 8 所示。

表 8　2017 年甘肃南部秦巴山地区长江上游资源环境承载力评价指标体系

目标层（A）	准则层（B）	系数层（C）	指标层（D）	指标方向
甘肃南部秦巴山地区长江上游生态功能区资源环境承载力	资源可承载力指标（B1）	土地资源系数（C1）	人均耕地面积（公顷）（D1）	＋
		粮食资源系数（C2）	人均粮食产量（吨）（D2）	＋
		水资源系数（C3）	人均水资源（立方米）（D3）	＋
		能源资源系数（C4）	人均能源消耗（吨标准煤）（D4）	－
		生物资源系数（C5）	自然保护区覆盖率（%）（D5）	＋
	环境安全指标（B2）	大气环境安全系数（C6）	万元 GDP 二氧化硫排放量（吨）（D6）	－
			万元 GDP 工业粉烟尘排放量（吨）（D7）	－
		水环境安全系数（C7）	万元 GDP 工业废水排放量（千吨）（D8）	－
			万元 GDP 化学需氧量排放量（吨）（D9）	－
			水旱灾成灾率（%）（D10）	－
		土地环境安全系数（C8）	万元 GDP 固体废弃物产生量（吨）（D11）	－
			人均公园绿地面积（平方米）（D12）	＋
			城镇化率（%）（D13）	＋

2. 资源环境承载力评价数据来源

本报告以 2017 年统计数据为基础，评价指标的数据来自《甘肃统计年鉴 2017》、各城市的统计年鉴、国民经济和社会发展统计公报、政府工作报告等。各评价指标的原始数据结果见表 9。

表 9　2017 年甘肃南部秦巴山地区长江上游资源环境承载力各指标原始数据

指标	天水	陇南	甘南
D1	33.6800	0.1924	0.1793
D2	0.3512	0.3062	0.1451
D3	416.8800	3580.0000	34232.9200
D4	0.0414	0.0846	0.4250

指标	天水	陇南	甘南
D5	0. 7300	0. 1810	0. 3800
D6	27. 3800	34. 4300	31. 1100
D7	4. 1700	6. 7100	6. 3600
D8	9. 0600	10. 1800	1. 2600
D9	25. 2100	46. 3900	29. 7000
D10	53. 0300	68. 2700	74. 3500
D11	0. 0470	1. 4262	0. 3712
D12	9. 9200	5. 9900	8. 6100
D13	40. 1400	32. 4800	34. 0100

3. 资源环境承载力评价方法

（1）指标数据归一化处理

为避免指标数据间量纲和量级的影响，本报告采用极差法对 13 个指标数据进行归一化处理，所有因子由有量纲表达变为无量纲表达，具体计算公式如下：

正向指标：$X = X_i / X_{max}$；

负向指标：$X = X_{min} / X_i$；

其中：X 表示指标的标准化赋值；X_i 表示指标的实测值；X_{max} 表示指标实测最大值；X_{min} 表示指标实测最小值。指标标准化值映射到（0，1］范围内，计算结果见表 10。

表 10　2017 年甘肃南部秦巴山地区指标数据归一化后数据

指标	天水	陇南	甘南
D1	1. 0000	0. 0057	0. 0053
D2	1. 0000	0. 8719	0. 4132
D3	0. 0122	0. 1046	1. 0000
D4	1. 0000	0. 4894	0. 0974
D5	1. 0000	0. 2479	0. 5205
D6	1. 0000	0. 7952	0. 8801
D7	1. 0000	0. 6215	0. 6557
D8	0. 1391	0. 1238	1. 0000

指标	天水	陇南	甘南
D9	1.0000	0.5434	0.8488
D10	1.0000	0.7768	0.7132
D11	1.0000	0.0330	0.1266
D12	1.0000	0.6038	0.8679
D13	1.0000	0.8092	0.8473

（2）指标权重的确定

实践中常用主观赋权和客观赋权两种方法来确定指标数据权重，表示各指标对于指标评价体系的不同重要程度。本报告采用熵值法计算各个指标的权重，计算得到资源可承载力指标和环境安全指标的权重值见表11。

表11　甘肃南部秦巴山地区资源可承载力和环境安全评价指标权重值

指标	D1	D2	D3	D4	D5	D6	D7	D8
资源可承载力指标（B1）	0.3807	0.0451	0.0754	0.0379	0.0319	0.0741	0.0382	0.0410
指标	D9	D10	D11	D12	D13			
环境安全指标（B2）	0.0464	0.0500	0.0584	0.0511	0.0701			

（3）综合指数的计算

本报告采用综合指数 EQ 来评价区域资源可承载力、环境安全度，计算公式如下：

$$EQ(t) = \sum_{i=1}^{n} W_i(t) \times X_i(t)$$

式中，X_i 为评价指标的标准化值；W_i 为资源可承载力、环境安全评价指标 i 的权重，n 为指标总项数。根据上述方法，计算结果见表12。

表12　甘肃南部秦巴山地区资源可承载力和环境安全计算结果

指标	天水	陇南	甘南
资源可承载力	0.2635	0.9301	6.4451
环境安全	4.6025	4.7860	4.6666

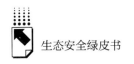

3. 甘肃南部秦巴山地区长江上游资源环境承载力评价与分析

根据资源环境承载力的评价指标体系，本报告采用二级判别基准，针对资源可承载力和环境安全进行评价。

资源可承载力为一级评价。资源可承载力主要反映的是资源对当地社会经济发展提供的支撑能力，因此 HI 值越大，则资源可承载力越高，对社会经济发展的支撑作用越大；反之，HI 值越小，表示资源的可承载力越低，对社会经济发展的支撑作用越小。

环境安全评价为二级评价。环境安全表示环境对人类社会、经济和生态的协调或者胁迫强度，因此 HI 值越大，表示环境安全的程度越高；HI 值越小，表示环境安全度越低。本文拟设定的环境安全分级标准为（0，2]（红，不安全）、（2，4]（橙，脆弱）、（4，6]（黄，较安全）、（6，8]（蓝，基本安全）、（8，10]（绿，安全）五个级别的建议标准。

根据上述资源可承载力和环境安全分级标准，2017 年甘肃南部秦巴山地区长江上游资源可承载力及环境安全评价结果如表 13 所示。

表 13　2017 年甘肃南部秦巴山地区长江上游资源可承载力和环境安全评价结果

地区	资源可承载力	环境安全	资源可承载力状态	环境安全状态
天水	0.2635	4.6025	资源可承载能力较低	较安全
陇南	0.9301	4.7860	资源可承载能力较低	较安全
甘南	6.4451	4.6666	资源可承载能力最高	较安全
甘肃南部秦巴山地区长江上游	2.5462	4.6850	资源可承载能力高	较安全

表 13 显示，甘肃南部秦巴山地区长江上游资源可承载力综合指数为 2.5462，资源可承载能力高，环境安全综合指数为 4.6850，环境安全状态为较安全，说明该区域近几年来生态安全屏障建设初见成效。尽管仍然存在各种生态环境问题，但总体说来，该地区在新型城镇化建设过程中，注重生态环境保护，能够正确处理开发建设与生态保护的关系，生态环境受破坏程度较小，生态系统服务功能比较完善。其中，天水市资源可承载力综合指数

为 0.2635，资源可承载能力较低，环境安全状态为较安全；陇南市资源可承载力综合指数为 0.9301，资源可承载能力较低，环境安全状态为较安全；甘南州资源可承载力综合指数为 6.4451，资源可承载能力最高，环境安全状态为较安全。以上说明该区域各市州有非常明显的差距，需要提高安全意识、红线意识和防范意识，牢固树立"绿水青山就是金山银山"的理念。

（三）甘肃南部秦巴山地区长江上游生态安全屏障建设评价指导

1. 建设侧重度、建设难度、建设综合度的计算原理

建设侧重度、建设难度、建设综合度三个指标是生态安全屏障建设的辅助决策参数，可用于对生态建设进行动态引导，因此，定量计算必须遵照客观、合理、科学性的原则。

（1）建设侧重度

设 $A_i(t)$ 是城市 A 在第 t 年关于第 i 个指标的排序名次，则城市 A 在第 $t+1$ 年第 i 个指标的建设侧重度计算公式如下：

$$\lambda A_i(t+1) = \frac{A_i(t)}{\sum\limits_{j=1}^{n} A_j(t)}, (i = 1, 2, \cdots, N)$$

其中，N 为城市个数，n 为指标个数。

若 $\lambda A_i(t+1)$ 越大，则表示在第 $t+1$ 年越应该侧重该项指标的建设，即优先建设。这样可以缩小区域差距，使生态建设与区域发展同步进行。

（2）建设难度

设 $A_i(t)$ 是城市 A 在第 t 年关于第 i 个指标的排序名次。

分别用 $\max_i(t)$、$\min_i(t)$ 表示第 t 年第 i 个指标的最大值和最小值，$\alpha A_i(t)$ 为 A 城市第 t 年第 i 个指标的值，令

$$\mu A_i(t) = \begin{cases} \dfrac{\max_i(t)+1}{\alpha A_i(t)+1} & \text{指标 } i \text{ 为正向} \\[3mm] \dfrac{\alpha A_i(t)+1}{\max_i(t)+1} & \text{指标 } i \text{ 为负向} \end{cases}$$

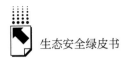

则 A 城市在第 $t+1$ 年第 i 个指标的建设难度计算公式如下：

$$\gamma A_i(t+1) = \frac{\mu A_i(t)}{\sum\limits_{j=1}^{n} \mu A_i(t)}, (i = 1,2,\cdots,N)$$

若 $\gamma A_i(t+1) > \gamma A_j(t+1)$，则意味着在第 $t+1$ 年，第 i 个指标建设难度比第 j 个指标大。

（3）建设综合度

城市 A 在第 $t+1$ 年第 i 个指标的建设综合度计算公式如下：

$$\nu A_i(t+1) = \frac{\lambda A_i(t)\mu A_i(t)}{\sum\limits_{j=1}^{n} \lambda A_j(t)\mu A_j(t)}, (i = 1,2,\cdots,N)$$

若 $\nu A_i(t+1) > \nu A_j(t+1)$，则表明在第 $t+1$ 年，第 i 个指标理论上应优先于第 j 个指标建设。

2. 甘肃南部秦巴山地区长江上游生态安全屏障建设侧重度、建设难度、建设综合度的计算

根据上文关于生态安全屏障建设侧重度、建设难度和建设综合度的定义及计算方法，可得出 2017 年甘肃南部秦巴山地区长江上游 3 个地区的生态安全屏障建设的侧重度、难度和综合度。

（1）建设侧重度

建设侧重度数值越大，排名越靠前，表示越应该优先考虑，侧重建设。甘肃南部秦巴山地区长江上游 2017 年 3 个地区的生态安全屏障建设侧重度结果如表 14 所示。

从表 14 中可以看出，2017 年天水市建设侧重度排名靠前的是：人均城市道路面积、空气质量优良天数、第三产业占比、医疗保险参保率。

陇南市建设侧重度排名靠前的是：人均公园绿地面积、人均日生活用水量、城镇化率、人均 GDP、单位 GDP 二氧化硫排放量、一般工业固体废物综合利用率、单位 GDP 废水排放量、信息化基础设施、城市人口密度、普通高等学校在校学生数。

甘南州建设侧重度排名靠前的是：森林覆盖率、建成区绿化率、生活垃圾日无害处理能力、农田有效灌溉面积、城市燃气普及率、R&D 研究和试验发展费占 GDP 比重。

（2）生态安全屏障建设难度

建设难度指标值越大，排名越靠前，则意味着下一个年度该地区这项指标的建设难度越大，越难以取得建设成效。甘肃南部秦巴山地区长江上游 2017 年 3 个地区的生态安全屏障建设难度结果如表 15 所示。

从表 15 可以看出，2017 年天水市建设难度排在前 4 位的是：城市人口密度、河流湖泊面积、人均水资源、单位 GDP 二氧化硫排放量。

陇南市建设难度排在前 4 位的是：一般工业固体废物综合利用率、城市污水处理厂日处理能力、普通高等学校在校学生数、R&D 研究和试验发展费占 GDP 比重。

甘南州建设难度排在前 4 位的是：R&D 研究和试验发展费占 GDP 比重、城市污水处理厂日处理能力、人均水资源、单位 GDP 废水排放量。

（3）生态安全屏障建设综合度

生态安全屏障建设综合度是基于某区域当年的建设现状，分析下一年度各建设项目的投入力度。因此，计算所得综合度数值越大，则应在下一年度的建设中加大投入力度，反之则减小投入力度。表 16 是 2017 年甘肃南部秦巴山地区长江上游 3 个地区生态安全屏障建设的综合度。

天水市建设综合度排在前 4 位的是：河流湖泊面积、医疗保险参保率、第三产业占比、农田有效灌溉面积。

陇南市建设综合度排在前 4 位的是：一般工业固体废物综合利用率、普通高等学校在校学生数、农田耕地保有量、城市污水处理厂日处理能力。

甘南州建设综合度排在前 4 位的是：R&D 研究和试验发展费占 GDP 比重、人均水资源、城市建成区绿地面积、湿地面积。

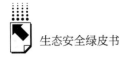

表14　2017年甘肃南部秦巴山地区长江上游生态安全屏障建设侧重度

地区	森林覆盖率（%）		建成区绿化率（%）		人均城市道路面积（平方米）		人均公园绿地面积（平方米）		生活垃圾日无害处理能力（吨）		人均日生活用水量（升）		农田有效灌溉面积（千公顷）	
	数值	排名	数值	排名	数值	排名	数值	排名	数值	排名	数值	排名	数值	排名
天水	0.058824	5	0.029412	10	0.088235	1	0.029411	10	0.029411	10	0.029411	10	0.058823	5
陇南	0.0208333	18	0.041666	11	0.041666	11	0.0625	1	0.041666	11	0.0625	1	0.020833	18
甘南	0.069767	1	0.069767	1	0.023255	17	0.046511	7	0.069767	7	0.046511	7	0.069767	1

地区	PM2.5（空气质量优良天数占比）（%）		城镇化率（%）		人均GDP（元）		城市污水处理厂日处理能力（万立方米）		单位GDP二氧化硫（SO₂）排放量（吨/万元）		一般工业固体废物综合利用率（%）		第三产业占比（%）	
	数值	排名	数值	排名	数值	排名	数值	排名	数值	排名	数值	排名	数值	排名
天水	0.088235	1	0.029411	10	0.058823	5	0.029411	10	0.029411	10	0.029411	10	0.088235	1
陇南	0.041666	11	0.0625	1	0.0625	1	0.041666	11	0.0625	1	0.0625	1	0.020833	18
甘南	0.023255	17	0.046511	7	0.023255	17	0.046511	7	0.046511	7	0.046511	7	0.046511	7

地区	单位GDP废水排放量（万吨/万元）		城市燃气普及率（%）		医疗保险参保率（%）		R&D研究和试验发展费占GDP比重（%）		信息化基础设施（互联网宽带接入用户数/年末总人口）（户/百人）		城市人口密度（人/平方公里）		普通高等学校在校学生数（人）	
	数值	排名	数值	排名	数值	排名	数值	排名	数值	排名	数值	排名	数值	排名
天水	0.058823	5	0.058823	5	0.08823	1	0.029411	10	0.029411	10	0.029411	10	0.029411	10
陇南	0.0625	1	0.020833	18	0.041666	11	0.041666	11	0.0625	1	0.0625	1	0.0625	1
甘南	0.023255	17	0.069767	1	0.023255	17	0.069767	1	0.046511	7	0.046511	7	0.046511	7

注：建设侧重度数值越大的应该侧重建设，建设侧重度排名靠前的越应该优先考虑。

表15 2017年甘肃南部秦巴山地区长江上游生态安全屏障建设难度

地区	森林覆盖率（%）		湿地面积（万公顷）		河流湖泊面积（公顷）		农田耕地保有量（公顷）		城市建设区绿地面积（%）		生活垃圾处理率（%）		人均水资源（升）	
	数值	排名	数值	排名	数值	排名	数值	排名	数值	排名	数值	排名	数值	排名
天水	0.046597	8	0.04431	12	0.061713	2	0.04431	12	0.04431	12	0.04431	12	0.055929	3
陇南	0.038084	15	0.055736	6	0.051004	7	0.047493	8	0.056072	5	0.043732	10	0.038084	15
甘南	0.046249	9	0.058941	6	0.036534	18	0.039118	12	0.062877	5	0.039036	13	0.066541	3

地区	PM2.5（空气质量优良天数占比）（%）		建成区绿地率（%）		城市污水处理厂日处理能力（万立方米）		单位GDP二氧化硫（SO_2）排放量（吨/万元）		一般工业固体废物综合利用率（%）		第三产业占比（%）	
	数值	排名	数值	排名	数值	排名	数值	排名	数值	排名	数值	排名
天水	0.04431	12	0.045593	9	0.04431	12	0.049364	4	0.04431	12	0.047218	6
陇南	0.042101	11	0.045116	9	0.070312	2	0.038084	15	0.074181	1	0.038084	15
甘南	0.039554	11	0.036534	18	0.067450	2	0.038262	14	0.042536	10	0.037268	16

地区	农田有效灌溉面积（千公顷）		城市燃气普及率（%）		医疗保险参保率（%）		R&D研究和试验发展费占GDP比重（%）		信息化基础设施（互联网宽带接入用户数/年末总人口）（户/百人）		普通高等学校在校学生数（人）	
	数值	排名	数值	排名	数值	排名	数值	排名	数值	排名	数值	排名
天水	0.047115	7	0.044734	11	0.048561	5	0.04431	12	0.04431	12	0.04431	12
陇南	0.038753	14	0.038084	15	0.040571	13	0.061561	4	0.041750	12	0.065018	3
甘南	0.036534	18	0.048486	8	0.036534	18	0.070673	1	0.037174	17	0.057121	7

地区	单位GDP废水排放量（万吨/万元）		城市人口密度（人/平方公里）	
	数值	排名	数值	排名
天水	0.044913	10	0.065156	1
陇南	0.038084	15	0.038084	15
甘南	0.065019	4	0.037547	15

注：建设难度数值越大的表明建设难度大，建设难度排名靠前的越难以取得建设成效。

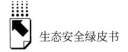

表16　2017年甘肃南部秦巴山地区长江上游生态安全屏障建设综合度

地区	森林覆盖率（%）		湿地面积（万公顷）		河流湖泊面积（公顷）		农田耕地保有量（公顷）		城市建成区绿地面积（%）		生活垃圾处理率（%）		人均水资源（升）	
	数值	排名	数值	排名	数值	排名	数值	排名	数值	排名	数值	排名	数值	排名
天水	0.056585	6	0.026903	12	0.112410	1	0.026903	12	0.026903	12	0.026903	12	0.067917	5
陇南	0.016406	18	0.048021	14	0.043944	15	0.061378	3	0.048311	13	0.056519	6	0.016406	18
甘南	0.064756	6	0.082527	4	0.017051	18	0.036514	11	0.088037	3	0.0364387	12	0.093169	2

地区	农田有效灌溉面积（千公顷）		PM2.5（空气质量优良天数占比）（%）		建成区绿地率（%）		城市污水处理厂日处理能力（万立方米）		单位GDP二氧化硫（SO_2）排放量（吨/万元）		一般工业固体废物综合利用率（%）		第三产业占比（%）	
	数值	排名	数值	排名	数值	排名	数值	排名	数值	排名	数值	排名	数值	排名
天水	0.085821	4	0.026903	12	0.055365	7	0.026903	12	0.029972	11	0.026903	12	0.086009	3
陇南	0.033389	17	0.054410	7	0.058306	5	0.060580	4	0.049219	10	0.095870	1	0.016406	18
甘南	0.017051	18	0.036921	10	0.017051	18	0.062961	7	0.035715	13	0.039705	9	0.034788	15

地区	单位GDP废水排放量（万吨/万元）		城市燃气普及率（%）		医疗保险参保率（%）		R&D研究和试验发展费占GDP比重（%）		信息化基础设施（互联网宽带接入用户数占GDP末总人口）（户/百人）		城市人口密度（人/平方公里）		普通高等学校在校学生数（人）	
	数值	排名	数值	排名	数值	排名	数值	排名	数值	排名	数值	排名	数值	排名
天水	0.054539	8	0.054323	9	0.088455	2	0.026903	12	0.029972	12	0.039561	10	0.026903	12
陇南	0.049219	10	0.016406	18	0.034955	16	0.053039	9	0.053957	8	0.049219	10	0.084028	2
甘南	0.030346	17	0.067889	5	0.017051	18	0.098954	1	0.034699	16	0.035048	14	0.053319	8

注：建设综合度数值越大，表明下一年度建设投入人力度越大，建设综合排名靠前的表明下一年度建设投入人力应该大。

2. 结论与建议

从上述甘肃南部秦巴山地区长江上游 3 个地区生态安全屏障建设的侧重度、难度、综合度可以看出，该区域生态安全屏障建设已经进入深水区、攻坚期，在人均城市道路面积、第三产业比重、城市绿化、污水处理、科技创新以及人才培养等方面，需要继续加大投入力度，突破重点，攻克难点，这样该区域的生态安全屏障建设将有望最终完成建设目标。

二　甘肃南部秦巴山地区长江上游生态安全屏障建设的实践与探索

近年来，为了贯彻国家生态文明建设重大战略决策，甘肃省做出了"生态红线保护区划定""生态屏障行动"等重要部署，制定了系列有针对性的应对措施，尽可能地发动全社会力量积极参与，加快生态屏障建设。

（一）生态安全屏障建设的主要基础

1. 综合实力不断增强

2017 年甘肃南部秦巴山地区长江上游各市（州）地区经济社会发展状况如表 17 所示，天水、陇南、甘南三市州三次产业情况如表 18 所示。天水市加强交通项目建设，完成或在建交通项目累计 12 处，其中高速出口 1 处，城区大道 2 处，景区道路 4 处，省道 1 处，高速公路 1 处，高铁交通枢纽 1 处，站前广场 1 处，改线提升工程 1 处。[①] 陇南市完成或在建交通项目累计 25 处，其中高速公路 3 处，省道 13 处，景区公路 7 处，铁路 1 处，轨道交通 1 处，综合交通网络基本形成。[②] 甘南州完成或在建交通项目累计 24 处，其中高速公路 2 处，一级公路 2 处，二级公路 5

---

① 《2018 年天水市政府工作报告》，天水市人民政府网，http：//www. tianshui. gov. cn/art/2018/11/15/art－45－170303. html。

② 《2018 年陇南市政府工作报告》，陇南市人民政府网，http：//www. longnan. gov. cn/4455693/6690450. html。

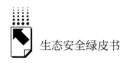
处,三级公路3处,景区道路4处,新航线4条,4个通用机场及景区起降点完成选址。①

2. 生态主体功能全面提升

域内大力实施以退耕还林、天然林保护、生态公益林、自然保护区、长防林为主的国家生态重点工程以及城镇绿化、绿色通道等绿化工程,全面构建长江上游生态安全屏障,以重点开发区、限制开发区和禁止开发区为主体的功能区布局基本形成。目前,该区域森林覆盖率达到33.43%,建成区绿化率达到20.71%,人均公园绿地面积达到8.17平方米,生态文明建设取得显著成绩。生态建设工作初步实现了由经验型管理向科学型管理的转变、由定性管理向定量管理的转变、由传统型管理向现代型管理的转变。健全了多形式的保护管理机制,初步实现天保区森林资源的良性循环。长防林建设工程稳步推进,对改善当地生态环境,保持水土和涵养水源起到了巨大作用。实现生态公益林建设目标,建立了公益林运行体系,实现严格保护、科学管理和规范运作。完成各类自然保护区(自然保护区、森林公园、湿地公园)建设任务,初步形成了自然保护区管理体系。完成绿色通道公路绿化和公路景观建设项目,道路生态环境明显改善。

表17 2017年甘肃南部秦巴山地区长江上游各市(州)经济社会发展状况

地区	地区生产总值(万元)	人均地区生产总值(元)	固定资产投资(亿元)	公共财政预算收入(万元)	社会消费品零售总额(万元)	城镇居民人均可支配收入(元)	农民人均可支配收入(元)
陇南市	3427168	13113	400.83	261686	1071177	22185	6386
天水市	5989529	17979	667.35	446700	3131097	24612	7065
甘南州	1414158	19828	213.54	85508	486270	23012	6998

资料来源:《甘肃发展年鉴》编委会编《2018甘肃发展年鉴》,中国统计出版社,2018。

---

① 《2018年甘南藏族自治州政府工作报告》,甘南藏族自治州人民政府网,http://www.gnzrmzf.gov.cn/2018/gzbg-0227/15893.html。

表 18　2017 年甘肃南部秦巴山地区长江上游各市（州）三次产业指标

单位：万元

地区	第一产业	第二产业			第三产业			
		总值	工业	建筑业	总值	交通运输、仓储和邮政业	批发和零售业	住宿和餐饮业
陇南市	613202	702597	395786	306811	2111369	97146	253872	139135
天水市	859973	1894016	1228298	732406	3235540	289749	666222	158126
甘南州	331891	194707	156639	38068	887561	23404	70461	86910

资料来源：《甘肃发展年鉴》编委会编《2018 甘肃发展年鉴》，中国统计出版社，2018。

3. 环境保护进一步加强

目前，该区域着力加强生态环境保护，构建长江上游生态安全屏障；全面推行河长制，编制完成"一河一策"方案和任务清单；严格落实环境保护"党政同责、一岗双责"责任制；对中央环保督察组和省环保督察组反馈的问题积极进行整改，落实安全生产责任制。天水市武山、秦安、清水、张家川城区生活垃圾填埋场通过无害化等级评定，环境空气质量综合指数为 5.04，空气质量优良天数为 305 天，占监测总天数的 84.3%。[1] 陇南市完成了 69 座病险尾矿库综合治理，全市现有环境监测站 10 个，空气质量优良指数达 92.4%，地表水、饮用水达标率均达到 100%，区域内环境噪声平均值为 56.76 分贝，交通干线噪声平均值为 64.31 分贝。[2] 甘南州治理沙化和重度退化草原 43.4 万亩，建设划区轮牧围栏 80 万亩，人工饲草地 8 万亩，改良退化草原 10 万亩，治理黑土滩 5 万亩，兑付到户草原补奖资金 2.9 亿元，完成人工造林 10.6 万亩，完成土地整治项目 24 个，建成高标准基本农田 3420 亩，划定基本农田 135 万亩，清理核查保护区、林区、水源地矿业权 70 宗，查处非法占用林地 22 处，取缔违规砂石料场 72 家，全面停止自然保护区内勘查开采活动。[3]

---

[1]　《甘肃发展年鉴》编委会编《2018 甘肃发展年鉴》，中国统计出版社，2018。
[2]　《甘肃发展年鉴》编委会编《2018 甘肃发展年鉴》，中国统计出版社，2018。
[3]　《甘肃发展年鉴》编委会编《2018 甘肃发展年鉴》，中国统计出版社，2018。

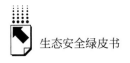

4. 绿色生态产业发展初显成效

该区域进一步调整优化产业结构，生态文明体制改革有了一定突破，初步形成了生态产业体系；生态环境质量得到较大程度改善，始终坚持清洁生产、绿色生产以及低碳生产，清洁生产产业形成一定规模，大大提高了传统产业绿色发展的水平和效益；节能环保、清洁能源、文化旅游等新兴产业发展壮大；大力普及循环农业，开始建立绿色生态农产品生产加工基地，科学规划空间布局合理、功能完备的生态产业体系，绿色发展能力明显增强。

5. 生态监管体系基本形成

该区域把坚持依法治林、加强林业执法工作作为保护和发展森林资源、实施可持续发展战略的重中之重来抓，相继建立健全了以林政执法、森林公安、森林武警为主体的林业执法体系，组建了专职护林员队伍，狠抓执法人员的教育、培训和管理，全面贯彻林业法律法规，有序推进了林业综合执法体系建设，使林政资源管理、森林防火、森林有害生物防治、野生动植物保护等工作得到全面加强。建立健全了环境监测预警应急体系、森林资源监测预警体系、地质灾害监测预警体系、农产品质量和农业环境检测体系，环境综合执法能力和监管能力有了大的提升。

（二）存在的主要问题及难点

（1）自然生态系统脆弱，生态环境治理难度大。该区域是全国滑坡、崩塌、泥石流四大高发区之一，同时也是长江上游水土流失防治重点区域。受自然条件、社会经济发展因素制约，区域生态环境不时受到破坏，难以维持森林生态系统的稳定性，导致水源涵养能力不断降低。由于所在区域褶皱及断裂构造纵横交织，给生态修复和恢复增加了难度。尽管各地政府采取一系列措施，在一定程度上遏制了生态恶化趋势，然而生态环境脆弱的问题并未得到根本改善。

（2）污染防治形势严峻，生态环保投入机制有待完善。一是水环境治理任务艰巨。由于该地区曾开发失控，加之工艺设备老旧，废水处理技术落后，导致一些重金属入河污染，这些不良影响短期内均难以消除。这里还有相当数量的行政村村落分布在川坝、山区，农业面源污染源分散，给治理带来较大难度。二是矿区土壤受到不同程度污染。近年来，陇南市以铅锌、铁合金、黄金为主的资源型工业发展迅速，在不同程度上加剧了重金属污染。三是基础设施建设仍然滞后。有关部门还未出台相关配套政策，资金投入没有保障，环境监测能力有待提高，生态环保执法队伍建设不健全，设施设备跟不上现实需要，生态环保投入机制有待进一步完善。

（3）经济社会发展水平较低，发展与保护矛盾突出。该区域产业结构层次低，财政自给能力弱。财政支出远高于财政收入，财力和资金不足的问题非常突出。秦巴山片区内大部分地区生产生活条件严酷，基础设施建设滞后，公共服务水平不高，产业基础薄弱。如舟曲县作为全省深度贫困县，该县剩余贫困人口 0.75 万人，贫困发生率是 6.31%，还有 50 个村未脱贫。① 当前发展与保护的矛盾集中体现在三方面：一是农牧业发展受生态环境保护的制约。该区域长期经济发展缓慢，加之传统生活习惯的影响，农（牧）民生产生活严重依赖自然资源特别是土地资源。二是矿产资源、水力资源开发威胁到生物多样性的保护。如陇南市，丰富的资源禀赋促进了其工业的发展，但工业产业的开发建设和运营威胁到生物多样性的保护。三是生态旅游业发展影响生态环境保护。虽然旅游业被称为"无烟工业"，但由于旅游管理滞后，旅游基础设施的开发建设、当地群众不尊重生态保护的行为以及旅游者的无序活动等，都给当地的生态环境造成一定压力。

（4）生态文明制度不健全，生态建设和环境保护缺乏长效机制。当前该区域在生态环境保护方面的制度还不健全，需要建立和完善有关体现生态文明要求的评价体系、考核办法以及奖惩机制；市场化运作的环境保护机制尚未形成；公众参与生态环境保护的体制机制仍需建立和完善。

（三）建设中的主要制约因素

天水市、陇南市以及甘南州作为国家级贫困地区，是甘肃省贫困面较

---

① 《甘肃省扶贫办主任学习研讨习近平总书记重要讲话综述》，国务院扶贫开发领导小组办公室官网，http://www.cpad.gov.cn/art/2019/5/29/art_5_98583.html。

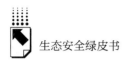

广、贫困人口较多、贫困程度较深的地区之一，地方财力有限，加之市州生态地质条件脆弱，一定程度上制约了生态屏障建设工作。

（1）生态环保基础设施相对滞后是制约生态屏障建设的重要因素。环境基础设施建设规划滞后、欠账多，污水处理能力与城市经济发展不协调，部分城镇生活污水得不到有效处理；改造及新建城镇垃圾无害化处理厂和各级管网建设投资缺口大，部分撤并乡镇未建立污水处理厂及配套管网；工矿企业产业层级低，工艺水平低下，环保设施设备匮乏，资源消耗型企业偏多，企业生存能力偏弱。

（2）农村环境保护力度不够是制约乡村振兴战略实施的重要节点。农村环保管理机制不够完善，农村生活垃圾和生活污水处理问题依然突出，农村生活污水处理受益农户覆盖面不到 60%；化肥、农药、除草剂、农膜的广泛使用及养殖业的迅速发展使农村面源污染严重，短时间消除污染源难度较大；农村"白色垃圾"处理难的问题仍然存在；农村厕改任务繁重。当前，该区域农村户用卫生厕所普及率偏低，仍有大量农户卫生厕所改造存量任务。

（3）环保执法监管乏力是影响生态屏障建设的直接因素。目前，该区域生态环境执法单位人员编制相对不足，存在专职执法人员身兼数职的情况，基层环保执法力量总体薄弱。一是环境领域的国家级法律与地方法规衔接不够；二是环境涉罪案件移送标准不清、涉案行为人"主观明知"难以判断、职务犯罪与损害结果的因果关系难以确定，存在取证难、鉴定难、定性难；三是环保法律意识有待增强。部分企业和个人法纪意识淡漠，违法成本过低，对违法行为主要采取挂牌督办、责令限期整改和适当经济处罚方式，难以达到震慑违法者的目的；四是生态环保制度不够健全，在生产者环境保护法律责任、生态补偿机制、尽职免责容错机制构建和法律法规相互衔接上还存在"空档"。

（4）生态优先绿色发展与地方税源不足之间的矛盾是关键问题。各市州普遍存在税源不足的情况，面临保护生态和改善民生的双重压力。受经济基础薄弱、交通设施落后、所在区域自然保护区面积较大的影响，该区域开发利用空间较小，重大项目难以落地实施，工业经济基础薄弱，缺乏完整的工业体系，农业效益不高，市州级财源单一，收入总量较小，增长乏力，经济发展缓慢，因此，投入生态建设和基础设施建设、社会保障、教育医疗等民生项目上的资金非常有限。

三　典型案例：播绿天水大地·建设生态家园

近年来，天水市麦积区开始转变观念，针对村镇和通道绿化相对薄弱的环节，逐渐将造林绿化重心转移到群众生产、生活和出行的周边环境上，注重城乡绿化一体化，围绕多绿化、少硬化的思路，在点、线、面上做文章，增强绿化空间的连续性。

（一）南北二山绿化

天水市麦积区以原有绿化为基础，采取"植绿、补花、添彩"的改造提升措施，对南北二山进行深度绿化、美化。对于荒坡、荒沟及树木稀疏地带，在营造常绿树种的同时，种植片状观花树种，提高绿化水平。对地埂锁边绿化，补植常绿树种与彩叶树种，沿着地埂建成不同的林木彩带。在高崖大坎栽植藤本植物和高大乔木立体遮挡，恢复植被，修复生态，达到"春绿、夏碧、秋彩、冬青"的绿化效果。截至目前，南北二山绿化提升改造工程已完成挖坑整地面积1128亩，完成栽植553亩，2019年上半年可全面完成栽植任务，进入全面养护阶段。[1]

（二）麦甘公路沿线绿化

在麦甘公路沿线，公路两侧栽植的雪松、银杏、香花槐、木槿、丁香、连翘、榆叶梅蜿蜒数里，与层峦叠嶂的远山相映衬。据调查，麦甘公路沿线峡口至琥珀隧道口景观工程绿化总面积为62913.98平方米，途经花牛、渭南、中滩、新阳、琥珀5镇，分为5大片区13个节点。[2]

---

[1] 《"播绿天水大地·建设生态家园"专题报道之麦积篇》，《天水晚报》2019年3月31日。
[2] 《"播绿天水大地·建设生态家园"专题报道之麦积篇》，《天水晚报》2019年3月31日。

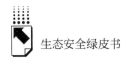

（三）新型美丽乡村绿化

麦积区依托美丽乡村建设、乡村振兴战略，以城镇周边、街巷道路、文化广场、街角空地以及房屋前后、庭院内外为重点，采取乔灌与花草、落叶与常绿树种相结合的措施，集中打造了一批"春有花、夏有荫、秋有果、冬有青"的新型美丽乡村绿化典型。把通道绿化作为国土绿化的切入口和形象工程来抓，根据绿化层次丰富、生态功能显著、景观效果突出的要求，结合城乡环境卫生综合整治，以宝兰高铁、天巉高速、310国道、麦甘公路等干道为重点，建成了生态景观大道和绿色林荫大道58条430公里，有效消除了绿化空白盲点，着力为广大群众创造宜居、绿色、和谐、优美的生产生活环境。[①]

建设生态文明是永续发展的千年大计，麦积区始终围绕"大地增绿、林业增效、果品增值、农民增收"的总体目标，依托国家重点林业生态工程，按照"两山、一线、一长廊、一流域"的工作思路，坚持高标准、高起点，做到早部署、早动员、早落实，多措并举大力开展国土绿化，全力构筑生态安全屏障。

四 甘肃南部秦巴山地区长江上游生态安全屏障建设的对策建议

（一）顶层设计助推生态安全屏障建设目标实现

一是建议出台秦巴山地区实施生态优先绿色发展战略，构建长江上游生态屏障建设总体方案，完善生态补偿机制，绘制全域生态屏障建设"一张图"，合理定位市州产业布局，扶持自然保护区，形成市、州、区（县）互补差异发展绿色产业的链条；二是对标完善相关法律与法规衔接，结合全域

---

① 《"播绿天水大地·建设生态家园"专题报道之麦积篇》，《天水晚报》2019年3月31日。

生态文明建设与环境保护相关地方法规，对天水市、陇南市、甘南州有关环境保护法律与法规、行政法规不一致的内容进行修订完善；三是推进生态环保队伍建设，建议从市级层面根据地方辖区面积和生态保护区域范围核定区县生态环保单位编制。

（二）政策支持助力生态优先绿色发展战略实施

鉴于该区域基础设施建设滞后、发展基础相对薄弱，建议从市级层面给予重点扶持。一是鉴于各县区自身财力不足，建议加大中央、市级对各县区转移支付资金支持力度。二是建议市级在各县区交通、水利等基础设施建设、环境综合治理项目、乡村振兴项目实施等方面给予大力支持。三是加大对生态屏障建设项目的支持。在国土绿化提升、退耕还林、天然林保护工程等重点项目上，给予重点生态补偿资金倾斜，同时支持对 25 度以上陡坡耕地、严重沙化耕地、重要水源地 15～25 度坡耕地、严重污染耕地等有序实施退耕还林。四是适度调整各县区自然保护区总体规划方案。该区域自然保护区规划面积较大，导致一些重大民生项目难以落地实施，严重制约地区发展空间。建议市环保局等相关部门根据各县区自然保护区总体规划调整方案，适当缩减自然保护区面积，使自然保护区面积占国土面积比例趋于合理。五是给予工业企业用电扶持。当前，各县区工业电价成本高，建议对各县区组建售电公司给予大力支持，切实降低企业成本，吸引更多有实力的工业企业落户，提升该区域工业经济质量。

（三）标本兼治，做实建设绿水青山文章

一是做好"天蓝"这篇文章，实施"蓝天提升行动"。严控交通污染，着力整治机动车辆尾气污染；严控工业污染，推进水泥等重点行业全面达标排放；严控扬尘污染，建设和巩固扬尘控制示范工地和示范道路；严控生活污染，治理餐饮业及食堂油烟；联动治理噪声污染，提高市民生活环境质量和生态质量。二是做好"地绿"这篇文章，实施"绿化提升行动"。牢固树立"绿水青山就是金山银山"发展理念，实施营造林计划，提高森林覆盖

率；着力在"建好、管好、用好、养好"上下功夫，推进森林公园建设，构建森林生态系统，建设山清水秀美丽之地；严厉打击破坏森林资源的违法犯罪行为，提升林业经济效益，突出抓好发展壮大林下经济、森林旅游、森林康养、林产品加工贸易等林业主导产业，助推农民脱贫增收。三是立足"水清"这篇文章，实施"碧水提升行动"。继续强化"河长制"，以问题为导向制定"一河一策"治理管护方案。落实最严格水资源管理制度，全面保护水生态，坚持防洪与改善水质、修复生态结合，水系整治与滨河绿化、建设宜居环境结合，提升水源质量。对标"土10条"，推进"净土行动"，减少农药、化肥使用，大幅增加有机农家肥、有机农药使用量，严控农村面源污染，启动农田残膜回收；开展生态环境现状调查，做好城镇开发、永久基本农田、生态保护红线落界；严格产业项目准入，加快工业固体废弃物综合利用，从源头上为生态环境减负。四是做实"美丽"这篇文章，实施乡村振兴战略。立足以"补缺、补短、补软"为着力点，以交通出行、污水处理、供水安全为重点，建立健全管理、维护和运营的长效机制，不断改善乡村的生产生活条件和生态条件。按照"产业兴旺、生态宜居、乡风文明、治理有效、生活富裕"的总体要求，建设美丽乡村，共同开创乡村振兴战略的新局面。

G.6
陇东陇中地区黄土高原生态
安全屏障建设评价报告

康玲芬　曾建军　马　驰　包小凤*

摘　要： 本报告选取生态经济、生态环境、生态社会三个方面的 13 个指标构建了生态安全屏障建设评价指标体系，对陇东陇中地区的生态安全屏障建设进行评价。评价结果表明：陇东陇中地区黄土高原生态安全屏障建设综合指数为 0.8166，生态安全状态理想，生态安全度为安全；陇东陇中地区资源环境承载力综合指数为 0.6555，资源可承载力较高，环境安全状态为基本安全。通过对陇东陇中地区黄土高原生态安全屏障建设现状及存在问题进行深入分析，本报告提出封山育林提高森林覆盖率、发展小流域综合治理、调整土地利用结构、完善基础设施等对策建议，进一步推进陇东陇中地区生态环境的可持续发展。

关键词： 陇东陇中地区　生态环境　生态安全屏障　资源环境承载力

　　甘肃省是全国自然生态类型最为复杂和脆弱的地区之一，生态系统承

---

* 康玲芬，女，汉族，博士，教授，现任兰州城市学院地理与环境工程学院副院长，主要从事环境科学及区域协调发展的教学与研究工作；曾建军，男，汉族，博士，兰州城市学院地理与环境工程学院讲师；马驰，男，汉族，新疆大学资源与环境学院生态学硕士研究生；包小凤，女，汉族，兰州市第五十四中教师。

载能力弱，生态的脆弱性、战略性、复杂性在全国都属典型。甘肃省有37个县（市、区）已纳入国家重点生态功能区范围，限制开发区域和禁止开发区域面积约占全省总面积的90%。其中，属于国家禁止开发区域的各类自然保护区面积占全省总面积的22%。由于历史上长期过度开发和气候变化影响，甘肃省水土流失、土地沙化、草原退化、湿地萎缩、冰川消融、工农业污染、空气粉尘等生态问题类型多样，生产性破坏、地质性破坏、气候性破坏等生态因素相互叠加，加之省内大部分地区资源型缺水或工程型缺水现象突出，甘肃省经济结构以石油化工、有色冶金等能源资源型产业为主，随着工业化、城镇化、农业现代化进程的加快，资源环境的瓶颈制约进一步加剧，加快发展与环境保护的矛盾日益突出，生态治理难度非常大。同时，生态问题和贫困问题相互交织，环境保护与群众生存之间的矛盾日益凸显，面临着经济发展、脱贫攻坚和生态建设的多重压力。甘肃省生态环境建设机遇与挑战并存，机遇大于挑战。当前，要充分利用新机遇，牢固树立生态文明理念，像保护眼睛一样保护生态环境，像对待生命一样对待生态环境，坚持节约优先、保护优先、自然恢复的基本方针，突出绿色发展、循环发展、低碳发展，全力打造生态安全大屏障，加快生态文明建设，推进绿色富省、绿色惠民。

根据甘肃省的发展战略定位和主体功能区规划，甘肃要围绕发挥重要生态安全屏障功能，按照河西祁连山内陆河生态安全屏障、甘肃南部秦巴山地区长江上游生态安全屏障、甘南高原地区黄河上游生态安全屏障、陇东陇中地区黄土高原生态安全屏障和中部沿黄河地区生态走廊"四屏一廊"的布局，全面落实主体功能定位，坚持分区域综合治理，推动生态建设由分散治理向集中治理、单一措施向综合措施转变，努力打造生态安全大屏障。①

陇东陇中地区黄土高原生态安全屏障建设是黄土高原－川滇生态屏障建

---

① 刘举科、喜文华主编《甘肃国家生态安全屏障建设发展报告（2017）》，社会科学文献出版社，2017。

设的一部分，陇东陇中地区黄土高原生态屏障建设对全国生态安全屏障建设、黄土高原地区的生态可持续发展、全面建成小康社会具有重大意义。

一 陇东陇中地区黄土高原生态安全屏障建设评价

陇东陇中地区黄土高原生态安全屏障处于泾河、渭河等黄河支流上游地区，包括庆阳、平凉、定西三市及白银市的会宁县，是我国黄土高原丘陵沟壑水土保持生态功能区极具代表性的地区。多年来，该地区坚持实施流域综合治理、水土保持及地质灾害防治，保护和修复森林、草原、农田等生态系统，增强水源涵养能力，构建黄土高原生态屏障；推广旱作节水农业技术和坡耕地改造，建设节水型社会，实施革命老区和集中连片特困地区扶贫开发，促进城乡协调发展，打造以马铃薯、林果、中药材等为代表的绿色生态农产品加工和出口基地、红色文化旅游胜地、旅游养生基地、区域性交通枢纽与物流集散中心、能源化工基地。

《甘肃省建设国家生态安全屏障综合试验区"十三五"实施意见》明确提出，要稳步推进重点生态工程建设包括陇东陇中地区定西渭河源区生态保护与综合治理工程，实施水源地保护、植被保护、水土保持、中小河流治理和防灾减灾等工程建设，改善渭河源区生态环境，至 2020 年，完成防护林 2.12 万公顷、人工造林 14.38 万公顷、封山育林育草 11.79 万公顷、中小河流治理 347 公里。定西市加快实施黄土高原水土保持工程，加快坡耕地综合整治、小流域综合治理、淤地坝建设、林业生态建设，有效遏制水土流失，改善生态环境，截至 2019 年，完成造林 422 万亩、梯田改造 270 万亩、骨干坝 98 座、中小型淤地坝 64 座、林果基地 150 万亩。董志塬区加快实施固沟保塬综合治理工程，加快水土流失综合治理、径流调控与集蓄利用、村镇生态与人居环境、旱作农业及循环生态农业示范区、特色农业产业基地、水资源利用保护与配置等工程建设，提高董志塬区生态承载能力，至 2019 年，完成人工造林 8.3 万公顷、人工种草 0.6 万公顷、基本农田 2.9 万公顷，配套治沟骨干坝、淤地坝、谷坊、沟头防护等工程。

（一）陇东陇中地区黄土高原生态安全屏障建设评价指标体系

本报告从生态环境、生态经济、生态社会三方面共 13 项指标来评价 2017 年陇东陇中黄土高原生态安全屏障建设状况，评价指标体系见表 1。

表 1   2017 年陇东陇中地区黄土高原生态安全屏障建设评价指标体系

一级指标	二级指标	三级指标
陇东陇中地区黄土高原生态安全屏障建设评价指标	生态环境	森林覆盖率(%)
		湿地面积(万公顷)
		城市建成区绿化覆盖率(%)
		PM2.5(空气质量优良天数)(天)
		人均绿地面积(平方米)
	生态经济	人均 GDP(元)
		服务业增加值比重(%)
		二氧化硫(SO₂)排放量(毫克/立方米)
		一般工业固体废物综合利用率(%)
		第三产业占比(%)
	生态社会	城市燃气普及率(%)
		城市人口密度(人/平方公里)
		普通高等学校在校学生数(人)

（二）数据来源与处理

1. 数据来源

本报告数据来源于《2018 年甘肃统计年鉴》、2017 年甘肃省各地市政府网站，各指标原始数据见表 2。

表 2   2017 年陇东陇中地区黄土高原生态安全屏障建设评价各指标原始数据

指标\地区	平凉市	庆阳市	定西市	白银市
森林覆盖率(%)	33.42	28	13	12.59
湿地面积(万公顷)	1.71	2.67	2.21	1.59
城市建成区绿化覆盖率(%)	39.36	30.42	25.66	32.51

指　　标＼　　地　区	平凉市	庆阳市	定西市	白银市
PM2.5(空气质量优良天数)(天)	330	312	321	304
人均绿地面积(平方米)	11.25	7.24	16.56	9.51
人均GDP(元)	18450	30864	12360	26113
服务业增加值比重(%)	0.08	0.11	0.09	0.07
二氧化硫排放量(毫克/立方米)	12	27	22	47
一般工业固体废物综合利用率(%)	59.47	99.42	88.75	61.63
第三产业占比(%)	52.73	42	58.24	47.04
城市燃气普及率(%)	87.52	89.48	75.35	83.70
城市人口密度(人/平方公里)	1291	8145	5819	4445
普通高等学校在校学生数(人)	7704	17691	4739	3763

2. 数据处理

为了消除数据量纲间的影响，需要对 13 项指标运用极差法对指标数据进行归一化处理。以下为计算公式：

正向指标：

$$X = X_i / X_{max} \qquad \text{式6-1}$$

负向指标：

$$X = X_{min} / X_i \qquad \text{式6-2}$$

其中，X 表示指标的归一化赋值，X_i 表示指标的实测值，X_{max} 表示指标实测最大值，X_{min} 表示指标实测最小值。指标归一化处理结果见表3。

表3　2017 年陇东陇中地区黄土高原生态安全屏障指标归一化处理数据

指　　标＼　　地　区	平凉市	庆阳市	定西市	白银市
森林覆盖率(%)	1.0000	0.8378	0.3889	0.4111
湿地面积(万公顷)	0.6404	1.0000	0.8277	0.5955
城市建成区绿化覆盖率(%)	1.0000	0.7729	0.6792	0.6519

指　　标＼　　地　　区	平凉市	庆阳市	定西市	白银市
PM2.5（空气质量优良天数）（天）	1.0000	0.9455	0.9727	0.9212
人均绿地面积（平方米）	0.6793	0.4372	1.0000	0.5743
人均GDP（元）	0.5978	1.0000	0.4005	0.8461
服务业增加值比重（%）	0.7273	1.0000	0.8182	0.6364
二氧化硫排放量（毫克/立方米）	0.2553	0.5745	0.4681	1.0000
一般工业固体废物综合利用率（%）	0.5982	1.0000	0.8927	0.6199
第三产业占比（%）	0.9054	0.7212	1.0000	0.8077
城市燃气普及率（%）	0.9781	1.0000	0.8197	0.9354
城市人口密度（人/平方公里）	0.1585	1.0000	0.7144	0.5457
普通高等学校在校学生数（人）	0.4355	1.0000	0.2679	0.2127

（三）评价方法

本报告采用熵值法计算各指标的权重，采用综合指数法判断陇东陇中黄土高原生态安全屏障建设的总体状况。

1. 指标权重的确定

数据经过归一化处理后，表格中的每一项值都具有各自的意义，所代表的权重也大相径庭。通过熵值法计算各个指标的权重，为下面计算综合指数做基础。过程如下：

（1）通过上述指标标准化后，各标准值都在（0，1］区间，计算各指标的熵值：

$$U_j = - \sum_{i=1}^{m} X_{ij} \ln X_{ij} \qquad 式6-3$$

其中 m 为样本数；

（2）熵值逆向化：

$$S_j = \frac{\max U_j}{U_j} \qquad 式6-4$$

（3）确定权重：

$$W_j = S_j \Big/ \sum_{j=1}^{n} S_j (j = 1, 2, \cdots, n) \qquad \text{式 } 6-5$$

运用以上公式计算得到各指标的权重值（见表4）。

2. 综合指数的计算

陇东陇中黄土高原区域生态环境安全度用综合指数 *EQ* 来评价，计算公式为：

$$EQ(t) = \sum_{i=1}^{n} W_j(t) \times X_i(t) \qquad \text{式 } 6-6$$

其中，X_i 代表评价指标的标准化值，W_j 代表资源承载力、环境安全评价指标 i 的权重，n 为指标总项数。根据上述公式计算出2017年陇东陇中地区黄土高原生态安全综合指数值如表5所示。

表4　2017年陇东陇中地区黄土高原生态安全屏障评价指标权重值

指标	权重
森林覆盖率(%)	0.0462
湿地面积(万公顷)	0.0542
城市建成区绿化覆盖率(%)	0.0549
PM2.5(空气质量优良天数)(天)	0.2617
人均绿地面积(平方米)	0.0431
人均GDP(元)	0.0499
服务业增加值比重(%)	0.0595
二氧化硫排放量(毫克/立方米)	0.0398
一般固体工业废物综合利用率(%)	0.0577
第三产业占比(%)	0.0817
城市燃气普及率(%)	0.1647
城市人口密度(人/平方公里)	0.0471
普通高等学校在校学生数(人)	0.0389

表5　2017年陇东陇中地区黄土高原生态安全屏障综合指数值

地区	平凉	庆阳	定西	白银	陇东陇中黄土高原
综合指数	0.8044	0.9017	0.7977	0.7629	0.8166

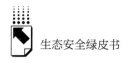
（四）结果与分析

生态安全评价综合指数能够反映某地区的生态预警级别和生态安全度，根据学术界的研究结果，生态安全综合指数一共分为5个等级，每个等级显示出不同程度的生态预警级别以及生态安全度。生态安全分级标准见表6。

表6　生态安全分级标准

综合指数	状态	生态安全度	指标特征
0～0.2	很差	严重危险	生态破坏严重，系统功能极不完善，很难恢复与重建，生态灾害多
0.2～0.4	较差	危险	生态破坏较严重，系统功能极不完善，很难恢复与重建，生态灾害较多
0.4～0.6	一般	预警	生态受到一定破坏，系统功能有所退化，恢复与重建有困难，有生态灾害发生
0.6～0.8	良好	较安全	生态破坏较小，系统功能较完善，可以恢复与重建，生态灾害发生率低
0.8～1	理想	安全	生态基本未受干扰，系统功能基本完善，恢复再生能力强，生态灾害少

根据生态安全分级标准，与2017年陇东陇中黄土高原生态安全屏障综合指数值进行对照，得出2017年陇东陇中黄土高原各地的生态安全评价结果（见表7）。

表7　2017年陇东陇中地区黄土高原生态安全评价结果

地区	综合指数	生态安全状态	生态安全度
平凉	0.8044	理想	安全
庆阳	0.9017	理想	安全
定西	0.7977	良好	较安全
白银	0.7629	良好	较安全
陇东陇中黄土高原	0.8166	理想	安全

由表7可以看出，陇东陇中黄土高原生态安全状态为理想，其中庆阳生态安全度最高，综合指数为0.9017，安全状态为理想，说明庆阳的生态环境状况良好，生态系统服务功能基本完善，生态恢复性能高，生态问题不明显。需要加强的是白银和定西，需要对本地的生态系统进一步改善，使其生态安全屏障可持续发展。

（五）陇东陇中地区生态屏障建设侧重度、难度及综合度分析

生态安全屏障建设规划、投入及实施是生态屏障建设有序向前推进的三个重要环节。建设规划是依据实际情况、实际建设效果、实际建设投入来不断调整的一个动态修正过程。如何使建设规划科学合理是生态屏障建设可持续健康发展的前提。生态环境建设、生态经济建设、生态社会建设要同时进行，但在不同时期其建设的速度、投资规模、建设规模往往是有所不同的，如何在规划中科学合理地反映这些差异，是亟待解决的问题。

生态安全屏障建设综合指数是由13个三级指标所组成的，每个指标代表了建设的某一方面。在不同时期这13个方面都要加强，但应有所侧重。在不同时期如何给出这13个方面的建设侧重顺序，是生态安全屏障建设的一项重要任务，为此引入生态安全屏障建设侧重度、建设难度、建设综合度的概念。

1. 生态安全屏障建设侧重度

生态安全屏障建设侧重度反映的是生态安全屏障在不同时期、不同方面的建设侧重次序。设 $A_i(t)$ 是城市 A 在第 t 年关于第 i 个指标的排序名次，称

$$\lambda A_i(t+1) = \frac{A_i(t)}{\sum\limits_{j=1}^{n} A_j(t)} \quad i = 1,2,\cdots,N \qquad \text{式6-7}$$

λA_i 为城市 A 在第 $t+1$ 年关于第 i 个指标的建设侧重度，这里 N 是城市个数，n 是指标个数。

如果 $\lambda A_i(t+1) > \lambda A_j(t+1)$，则表明在第 $t+1$ 年第 i 个指标建设应

优先于第 j 个指标。这是因为在第 t 年，第 i 个指标在各城市的排名比第 j 个指标靠后，所以在第 $t+1$ 年，第 i 个指标应优先于第 j 个指标建设，这样可以缩短各城市的差距，使各区域生态安全屏障建设协调发展。2017年陇东陇中地区黄土高原生态安全屏障13个指标的建设侧重度数值及排名见表8。

表8 2017年陇东陇中地区黄土高原生态安全屏障建设侧重度及排名

指标	平凉市		庆阳市		定西市		白银市	
	数值	排名	数值	排名	数值	排名	数值	排名
森林覆盖率(%)	0.0313	1	0.0800	2	0.0909	3	0.1000	4
湿地面积(万公顷)	0.0938	3	0.0400	1	0.0606	2	0.1000	4
城市建成区绿化覆盖率(%)	0.0313	1	0.1200	3	0.1212	4	0.0500	2
PM2.5(空气质量优良天数)(天)	0.0313	1	0.1200	3	0.0606	2	0.1000	4
人均绿地面积(平方米)	0.0625	2	0.1600	4	0.0303	1	0.0750	3
人均GDP(元)	0.0938	3	0.0400	1	0.1212	4	0.0500	2
服务业增加值比重(%)	0.0938	3	0.0400	1	0.0606	2	0.1000	4
二氧化硫排放量(毫克/立方米)	0.1250	4	0.0800	2	0.0909	3	0.0250	1
一般工业固体废物综合利用率(%)	0.1250	4	0.0400	1	0.0606	2	0.0750	3
第三产业占比(%)	0.0625	2	0.1600	4	0.0303	1	0.0750	3
城市燃气普及率(%)	0.0625	2	0.0400	1	0.1212	4	0.0750	3
城市人口密度(人/平方公里)	0.1250	4	0.0400	1	0.0606	2	0.0750	3
普通高等学校在校学生数(人)	0.0625	2	0.0400	1	0.0909	3	0.1000	4

从表8可以看出，2017年平凉市建设侧重度排在前面的指标是：森林覆盖率、城市建成区绿化覆盖率和空气质量优良天数。庆阳市建设侧重度排在前面的是：湿地面积、人均GDP、服务业增加值比重、一般工业固体废物综合利用率、城市燃气普及率、城市人口密度和普通高等学校在校学生数。定西市建设侧重度排在前面的是：人均绿地面积、第三产业占比。白银市建设侧重度排在前面的是：二氧化硫排放量。城市的某项指标建设侧重度越小，排名越靠前，就意味着下一个年度该城市应加大这项指标的建设力度。在实际工作中，不仅要考虑各项指标的建设侧重度，还要考虑该指标的建设难度。

2. 生态安全屏障建设难度

生态安全屏障建设难度反映的是不同时期、不同方面的建设难易次序。建设难度数值越大，其建设力度越大，反之其建设力度越小。

用 $\max_i(t)$、$\min_t(t)$ 分别表示第 i 个指标在第 t 年的最大值和最小值，$\alpha A_i(t)$ 为城市 A 在第 t 年关于第 i 个指标的值，令

$$\mu A_i(t) = \begin{cases} \dfrac{\max_i(t)+1}{aA_i(t)+1} & \text{指标 } i \text{ 为正向} \\[3mm] \dfrac{aA_i(t)+1}{\min_i(t)+1} & \text{指标 } i \text{ 为负向} \end{cases} \qquad \text{式 6-8}$$

称 $\gamma A_i(t+1) = \dfrac{\mu A_i(t)}{n}$

为城市 A 在第 $t+1$ 年指标 i 的建设难度（$i=1,2,\cdots,N$）。

2017 年陇东陇中地区黄土高原生态安全屏障建设难度及排名见表 9。

表 9　2017 年陇东陇中地区生态安全屏障建设难度及排名

指标	平凉市		庆阳市		定西市		白银市	
	数值	排名	数值	排名	数值	排名	数值	排名
森林覆盖率（%）	0.0570	9	0.0533	8	0.0996	3	0.0950	4
湿地面积（万公顷）	0.0955	3	0.0556	7	0.0573	8	0.0657	6
城市建成区绿化覆盖率（%）	0.0568	10	0.0575	6	0.0611	7	0.0450	10
PM2.5（空气质量优良天数）（天）	0.0556	11	0.0463	9	0.0406	12	0.0397	12
人均绿地面积（平方米）	0.0839	6	0.0983	2	0.0416	11	0.0644	7
人均 GDP（元）	0.0927	5	0.0437	11	0.0983	4	0.0431	11
服务业增加值比重（%）	0.1082	2	0.0830	4	0.0762	5	0.0719	5
二氧化硫排放量（毫克/立方米）	0.0554	12	0.0940	3	0.0696	6	0.1346	2
一般工业固体废物综合利用率（%）	0.0929	4	0.0441	10	0.0445	10	0.0590	8
第三产业占比（%）	0.0621	7	0.0612	5	0.0400	13	0.0457	9
城市燃气普及率（%）	0.0573	8	0.0441	10	0.0472	9	0.0394	13
城市人口密度（人/平方公里）	0.0554	12	0.2753	1	0.1773	1	0.1254	3
普通高等学校在校学生数（人）	0.1272	1	0.0437	11	0.1469	2	0.1713	1

从表9可以看出，2017年平凉市建设难度排在前面的指标是：普通高等学校在校学生数、服务业增加值比重、湿地面积和一般工业固体废物综合利用率。庆阳市建设难度排在前面的指标是：城市人口密度、人均绿地面积、二氧化硫排放量和服务业增加值比重。定西市建设难度排在前面的是：城市人口密度、普通高等学校在校学生数、森林覆盖率和人均GDP。白银市建设难度排在前面的是：普通高等学校在校学生数、二氧化硫排放量、城市人口密度和森林覆盖率。城市的某项指标建设难度越大，排名越靠前，就意味着下一个年度该城市这项指标的建设难度更大。

在实际工作中，有些项目虽然建设难度大但建设侧重度小；有些项目虽然建设难度小，但建设侧重度大，所以仅有建设侧重度和建设难度还不够，为此引入生态安全屏障建设综合度的概念。

3. 生态安全屏障建设综合度

生态安全屏障建设综合度反映的是由本年的建设现状来决定下年度的各建设项目的投入力度。

如果 $\gamma A_i(t+1) > \gamma A_j(t+1)$，则表明在第 t 年第 i 个指标比第 j 个指标偏离所在区域最好值越远，所以在第 $t+1$ 年，第 i 个指标应优先于第 j 个指标建设。称

$$\nu A_i(t+1) = \frac{\lambda A_i(t)\mu A_i(t)}{\sum_{j=1}^{n} \lambda A_j(t)\mu A_j(t)} \qquad \text{式6-9}$$

为城市 A 在第 $t+1$ 年指标 i 的建设综合度（$i=1, 2, \cdots, N$）。

如果 $\nu A_i(t+1) > \nu A_j(t+1)$，则表明在第 $t+1$ 年，第 i 个指标理论上应优先于第 j 个指标建设。2017年陇东陇中地区生态安全屏障建设13个指标的建设综合度及排名情况见表10。建设综合度越大，表明在下年度建设投入力度越大，反之则小。各指标综合度是下年度建设投入的权重，权重大的下年度应加大投入。

生态安全屏障建设综合度反映的是不同时期、不同方面的建设力度次序，力度大的重视程度应该高，投资的比例也应该高。

表10   2017年陇东陇中地区生态安全屏障建设综合度及排名

指标	平凉市		庆阳市		定西市		白银市	
	数值	排名	数值	排名	数值	排名	数值	排名
森林覆盖率(%)	0.0225	10	0.0582	7	0.1128	4	0.1231	2
湿地面积(万公顷)	0.1130	3	0.0303	9	0.0433	9	0.0852	5
城市建成区绿化覆盖率(%)	0.0224	11	0.0940	5	0.0923	5	0.0291	12
PM2.5(空气质量优良天数)(天)	0.0219	12	0.0758	6	0.0307	11	0.0514	8
人均绿地面积(平方米)	0.0662	7	0.2145	1	0.0157	12	0.0626	6
人均GDP(元)	0.1097	4	0.0238	12	0.1485	2	0.0279	13
服务业增加值比重(%)	0.1281	2	0.0453	8	0.0576	8	0.0931	4
二氧化硫排放量(毫克/立方米)	0.0874	6	0.1026	4	0.0789	6	0.0436	10
一般工业固体废物综合利用率(%)	0.1466	1	0.0240	11	0.0336	10	0.0574	7
第三产业占比(%)	0.0490	8	0.1334	3	0.0151	13	0.0444	9
城市燃气普及率(%)	0.0452	9	0.0241	10	0.0712	7	0.0383	11
城市人口密度(人/平方公里)	0.0874	6	0.1501	2	0.1339	3	0.1219	3
普通高等学校在校学生数(人)	0.1004	5	0.0238	12	0.1665	1	0.2220	1

从表10可以看出，2017年平凉市建设综合度排在前面的指标是：一般工业固体废物综合利用率、服务业增加值比重、湿地面积和人均GDP。庆阳市建设综合度排在前面的指标是：人均绿地面积、城市人口密度、第三产业占比和二氧化硫排放量。定西市建设综合度排在前面的是：普通高等学校在校学生数、人均GDP、城市人口密度和森林覆盖率。白银市建设综合度排在前面的是：普通高等学校在校学生数、森林覆盖率、城市人口密度和服务业增加值比重。

从陇东陇中地区4个城市生态安全屏障建设的侧重度、难度、综合度可以看出，不同地区生态安全屏障建设的重点有所不同，应根据当地实际情况，结合各地区各指标的建设侧重度、难度和综合度合理规划，有序推进该地区生态安全屏障建设。

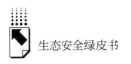
二 陇东陇中地区黄土高原生态安全屏障 资源环境承载力评价

资源环境承载力是基于资源承载力和环境承载力研究发展而来，是指在特定时间内，在保证资源合理开发利用和生态环境保育良好的前提下，不同区域的资源环境条件对人口规模及经济总量的承载能力。资源环境承载力的研究特点是从资源环境—社会经济系统相互作用的角度探讨资源环境（承载体）所能支撑的社会经济（承载对象）发展规模和限度，是人类社会一切经济活动对自然资源的利用程度及对生态环境干扰力度的重要指标，也是探索区域可持续发展的重要依据。陇东陇中地区资源环境承载力状况也是该地区生态安全屏障建设需要特别关注的问题。本报告通过构建包含资 6 源可承载力和环境安全两个方面共 13 项指标的指标体系来评价该地区资源环境承载力状况。

（一）陇东陇中地区黄土高原生态安全屏障资源环境承载力评价指标体系

综合陇东陇中地区自然资源、环境和社会经济发展的现状，选取针对性强、便于度量的 13 项指标，构建资源环境承载力综合评价的指标体系。

资源环境承载力评价指标体系由目标层、准则层、系数层和指标层 4 个层次构成。目标层为陇东陇中生态功能区资源环境承载力；准则层分为资源可承载力和环境安全两项指标；资源可承载力指标分为土地资源系数、粮食资源系数、水资源系数、能源资源系数和生物资源系数五个方面，环境安全指标分为大气环境安全系数、水环境安全系数和土壤环境安全系数三个方面。指标层共 13 项，指标分为正向指标和负向指标，13 项指标中，有 6 项正向指标，有 7 项负向指标（见表 11）。

表 11　陇东陇中地区资源环境承载力评价指标体系

目标层	准则层	系数层	指标层	指标方向
陇东陇中地区资源环境承载力	资源可承载力	土地资源系数	人均耕地面积(公顷)	+
		粮食资源系数	人均粮食产量(吨)	+
		水资源系数	人均水资源(立方米)	+
		能源资源系数	人均能源消耗(天然气供应量,立方米)	−
		生物资源系数	自然保护区覆盖率(%)	+
	环境安全	大气环境安全系数	万元 GDP 二氧化硫排放量(吨)	−
			万元 GDP 工业粉尘烟排放量(吨)	−
		水环境安全系数	万元 GDP 工业废水排放量(吨)	−
			万元 GDP 化学需氧量排放量(吨)	−
			水旱灾成灾率(%)	−
		土壤环境安全系数	万元 GDP 固体废弃物产生量(吨)	−
			人均公园绿地面积(平方米)	+
			城镇化率(%)	+

（二）数据来源与处理

1. 数据来源

本报告数据主要来源于《2018 年甘肃统计年鉴》、各城市统计年鉴、各城市国民经济和社会发展报告以及各地市网站相关数据资料，通过计算来评价其资源环境承载力的大小。各项评价指标的原始数据结果如表 12 所示。

2. 数据处理

评价指标具有不同的量级单位，无法进行数据的分析比较，为消除指标之间的量纲影响，本项目采用极差法对 13 个指标数据进行归一化处理，以解决数据指标之间的可比性问题。

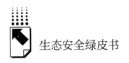

表 12　2017 年陇东陇中地区资源环境承载力评价各项指标原始数据

指标	庆阳	平凉	定西	会宁
人均耕地面积(公顷)	0.19	0.17	0.18	0.20
人均粮食产量(吨)	0.50	0.57	0.46	0.53
人均水资源(立方米)	109.00	125.00	140.00	140.00
人均能源消耗(天然气供应量,立方米)	102.22	42.37	20.48	257.87
自然保护区覆盖率(%)	8.93	6.63	5.72	1.26
万元 GDP 二氧化硫排放量(吨)	0.038	0.022	0.025	0.025
万元 GDP 工业粉尘烟排放量(吨)	0.0021	0.0036	0.0031	0.0053
万元 GDP 工业废水排放量(吨)	2.73	7.80	1.45	3.73
万元 GDP 化学需氧量排放量(吨)	1.36	0.56	1.73	1.23
水旱灾成灾率(%)	48.80	66.29	55.84	51.99
万元 GDP 固体废弃物产生量(吨)	0.21	3.76	0.30	5.06
人均公园绿地面积(平方米)	7.24	11.25	16.56	9.51
城镇化率(%)	37.00	39.72	34.33	49.32

计算结果的归一化值映射到〔0，1〕范围内，各指标归一化值结果如表 13 所示。

表 13　2017 年陇东陇中地区资源环境承载力评价各项指标归一化值

指标	庆阳	平凉	定西	会宁
人均耕地面积(公顷)	0.9189	0.8339	0.8903	1.0000
人均粮食产量(吨)	0.8702	1.0000	0.8050	0.9311
人均水资源(立方米)	0.7786	0.8929	1.0000	1.0000
人均能源消耗(天然气供应量,立方米)	0.2003	0.4834	1.0000	0.0794
自然保护区覆盖率(%)	1.0000	0.7424	0.6405	0.1410
万元 GDP 二氧化硫排放量(吨)	0.5789	1.0000	0.8800	0.8800
万元 GDP 工业粉尘烟排放量(吨)	1.0000	0.5833	0.6774	0.3962
万元 GDP 工业废水排放量(吨)	0.5311	0.1859	1.0000	0.3887
万元 GDP 化学需氧量排放量(吨)	0.4118	1.0000	0.3237	0.4552
水旱灾成灾率(%)	1.0000	0.7362	0.8746	0.9386
万元 GDP 固体废弃物产生量(吨)	1.0000	0.0559	0.7000	0.0415
人均公园绿地面积(平方米)	0.4372	0.6793	1.0000	0.5743
城镇化率(%)	0.7502	0.8054	0.6961	1.0000

（三）评价方法

1. 指标权重的确定

指标权重即确定每个指标对整个指标评价体系的重要程度，实践中主要有主观赋权和客观赋权两种方法。本项目运用客观赋权法——熵值法。熵值法是指用来判断某个指标的离散程度的数学方法，离散程度越大，表明该指标对综合评价的影响越大，可以用熵值判断某个指标的离散程度。本项目利用熵值法计算各个指标的权重，如表 14 所示。

表 14　2017 年陇东陇中地区资源环境承载力评价各项指标权重值

准则层	指标层	权重值
环境可承载力	人均耕地面积（公顷）	0.0379
	人均粮食产量（吨）	0.0413
	人均水资源（立方米）	0.0338
	人均能源消耗（天然气供应量，立方米）	0.0997
	自然保护区覆盖率（%）	0.0893
环境安全	万元 GDP 二氧化硫排放量（吨）	0.0617
	万元 GDP 工业粉尘烟排放量（吨）	0.1078
	万元 GDP 工业废水排放量（吨）	0.1159
	万元 GDP 化学需氧量排放量（吨）	0.1241
	水旱灾成灾率（%）	0.0459
	万元 GDP 固体废弃物产生量（吨）	0.0619
	人均公园绿地面积（平方米）	0.1075
	城镇化率（%）	0.0732

2. 综合指数的计算

本报告采用综合指数 EQ 来评价区域资源承载力、环境安全度，计算公式如式 6-6 所示，其中，X_i 代表评价指标的标准化值，W_j 代表资源承载力、环境安全评价指标 i 的权重，n 为指标总项数。

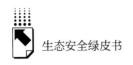

根据上述计算公式，2017年陇东陇中地区资源环境承载力综合指数如表15所示。

表15　2017年陇东陇中地区资源环境承载力综合指数

	庆阳	平凉	定西	会宁	陇东陇中地区
综合指数	0.6722	0.6570	0.7830	0.5098	0.6555

（四）结果与分析

根据资源环境承载力的评价指标体系，综合考虑各个指标以及对应的评价标准，本项目主要采用分级评价方法，根据计算的结果，可对陇东陇中地区资源环境承载力进行总体评价。

通过综合指数计算发现，最终计算值在（0，1］区间内，评价结果主要反映资源环境对该地区经济可持续发展提供的支撑能力和环境安全状态，因此计算结果数值越大，表示资源环境对该地区社会经济可持续发展提供的支撑能力越大，环境安全度越高；计算结果数值越小，表示资源环境对该地区社会经济可持续发展提供的支撑能力越小，环境安全度越低。本报告将资源环境承载力综合指数分为五个级别，分别反映不同程度的资源可承载力和环境安全状态，分级标准见表16。

表16　陇东陇中地区资源环境承载力综合指数分级标准

综合指数值	资源可承载力	环境安全状态
0～0.2	低	不安全
0.2～0.4	较低	脆弱
0.4～0.6	中等水平	较安全
0.6～0.8	较高	基本安全
0.8～1.0	高	安全

根据上述分级标准，2017年陇东陇中地区资源可承载力和环境安全评价结果见表17。由表17可知，陇东陇中地区资源环境承载力综合指数为

0.6555，资源可承载力较高，环境安全状态为基本安全。说明陇东陇中地区资源环境对该地区社会经济可持续发展所提供的支撑能力较高，环境基本安全。其中，会宁的资源环境承载力综合指数最低，为0.5098，资源可承载力为中等水平，环境较安全；庆阳和平凉的资源环境承载力综合指数分别为0.6722和0.6570，资源可承载力较高，环境基本安全；定西的资源环境承载力综合指数最高，为0.7830。庆阳、平凉、定西三个地区的资源环境承载力综合指数差别不大，资源可承载力均较高，环境安全状态都为基本安全。

表17　陇东陇中地区资源环境承载力评价结果

地区	综合指数	资源可承载力	环境安全状态
庆阳	0.6722	较高	基本安全
平凉	0.6570	较高	基本安全
定西	0.7830	较高	基本安全
会宁	0.5098	中等水平	较安全
陇东陇中地区	0.6555	较高	基本安全

三　陇东陇中地区黄土高原生态安全屏障建设的实践探索

（一）陇东陇中地区黄土高原生态安全屏障建设现状分析

陇中地区位于祁连山以东、陇山以西、甘南高原和陇南山地以北的甘肃省中部，面积约7.6万平方公里，占甘肃省总面积的16.8%，海拔高度一般为1200～1500米。陇东地区位于甘肃最东端，东南部与陕西毗邻，西北部与宁夏和平凉接壤。庆阳属典型的陇东黄土高原区，梁塬地貌发育，有"陇东盆地"之称。该区域属温带大陆性气候，年均降水量为480～660毫米，年均气温为7～10℃，海拔为885～2082米。

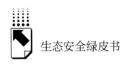

表18 2017年陇东陇中地区土地概况

项目 地区	总面积 （平方公里）	农作物播种面积 （平方公里）	湿地面积 （平方公里）	城市建成区绿地面积占比（%）	森林覆盖率 （%）	未利用土地 （平方公里）
庆阳	27119	4968.9	201	33	27.48	4458.85
平凉	11325	3548.3	125	35.4	30.9	991.25
定西	20330	5025.8	193	18.1	12.42	4857.88
会宁	6439	1568.2	146	18.1	14.25	1775.38

表18显示，陇东陇中地区农作物播种面积占比较小，庆阳和平凉的森林覆盖率已超过甘肃省的森林覆盖率。庆阳和平凉的城市建成区绿地面积占比已超过30%。

庆阳的天然气和石油储藏量极为丰富，平凉和定西的矿产资源储量比较小；会宁县的矿产资源比较丰富（见表19）。

表19 陇东陇中地区能源资源概况

地区	能源资源储量现状
庆阳	甘肃的石油天然气化工基地、长庆油田的主产区，已探明油气总资源量40亿吨，占鄂尔多斯盆地总资源量的41%，其中石油地质储量16.2亿吨，2017年全市原油产量达到784.04万吨、加工量359.02万吨。全市煤炭地质储量650亿吨，已探明储量97.26亿吨，石油资源储量4.3亿吨，石灰石储量30亿吨，原煤产量、火电装机容量分别占甘肃全省的一半和五分之一，是全国13个大型煤炭基地之一，全省最大的煤化产业基地
平凉	煤总储量34.7亿吨，石灰岩储量约3亿吨，主要分布在平凉市和华亭县，另外还有黏土、石英砂等
定西	金属矿和非金属矿有50多种，水力资源丰富，黄河上游第一大支流洮河流经定西市200多公里，水能蕴藏达87万千瓦以上，可供开发利用45万千瓦
会宁	矿产资源比较丰富，具有点多、面广、储量大的特点，煤炭保有储量在12亿吨以上，石膏储量7000万吨，石灰石储量1亿多吨

陇东陇中地区地处西北内陆，水资源极其缺乏，在时间和空间分布上极不平衡，该地区水旱灾害成灾率高达55.73%。陇东陇中地区水资源主要有

降水、地下水、河川径流、湖泊等。该地区气候干旱少雨，年降水量为350～700毫米，降水集中在7～9月（见表20）。

表20　陇东陇中地区水资源概况

地区	降水量（毫米/年）	人均用水量（立方米）	降水集中月份	均耕地水资源占有率（%）
庆阳	480～600	109	7～9月	6.21
平凉	511.2	125	7～9月	14.07
定西	350～600	140	7～9月	11.09
会宁	340	140	7～9月	3.74

1. 生态环境建设现状

平凉市：属于温带大陆性气候，平凉市的气候特点是南湿、北干、东暖、西凉，年平均降水量为511.2毫米，区域内林木茂密，气候宜人，四季分明，生态环境较好，生物资源丰富多样。2017年的森林覆盖率高达30.9%。

庆阳市：位于甘肃省最东部，属于温带大陆性气候，冬季盛行西北风，夏季盛行东南风。夏季高温多雨，冬季寒冷干燥，气候温和，光照充足。位于东南部的子午岭有"天然水库"的美誉，其间树木茂盛，水源充沛，据2017年甘肃省统计局数据，现有470万亩次生林，为子午岭植被涵养水源做出了巨大贡献。2017年，庆阳市为了大力改善生态环境，大力实施退耕还林保护生态环境政策，将固沟保塬政策深入贯彻实施，实现了人工造林100万亩以上，使得2017年庆阳市的森林覆盖率达27.5%，生态环境有了明显改善。

定西市：位于甘肃省中部，黄河上游，属于温带大陆性气候，冬季寒冷干燥，夏季炎热少雨，年降雨量极少。定西市在2017年为进一步落实重点生态工程保护工作，实现了封山育林42.2万亩、面山绿化9.9万亩、公路绿化990公里（面积总计2.1万亩）、义务植树2113万株。2017年市内森林覆盖率达12.42%，绿化面积大幅增加，使得定西干旱的生态环境有了很大的改善。

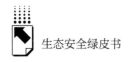
会宁县：位于甘肃省中部白银市南端，属温带季风气候，年降水量为180~450毫米。会宁县是甘肃出了名的干旱县城，生态环境极为脆弱。近年来会宁加大生态环境保护力度，依靠天然林保护、"三北"防护林、退耕还林等工程的建设，取得了显著成效，2017年全县森林覆盖率达到14.25%。由于实施了林业重点工程，全县林草面积净增153.83万亩，103.93万亩土地实现了退耕还林。退耕还林还草工程的实施使全县的生态环境得以进一步改善，原来被破坏的林木区域得以休养生息，恢复发展能力。一部分重点治理区已经基本实现了"水不下山、泥不出沟"的较好局面，① 良好的区域小气候正在形成，初步形成了乔灌草结合、带片网结合、经济和生态均衡发展的新趋势。

2017年陇东陇中地区各市二氧化硫排放量与2016年相比有大幅度降低，二氧化硫主要来自化石燃料的燃烧，含磷肥、硫酸等化学品生产时产生的工业废气和大量机动车辆排放的尾气，还有一部分来自农村生活产生的废气，主要是农村居民为取暖和做饭烧煤球或者烧炭、蜂窝煤等产生的废气。庆阳为减少二氧化硫的排放量，通过改进汽车排气装置，减少尾气排放量，又出台相关政策，规定现在汽车加油必须用居民身份证且到规定的加油站加油，这使得到正规加油点加油的人变多了，从源头上治理了汽车尾气排放。

为了深入贯彻落实大气污染防治法，2017年陇东陇中地区各市都制定了切合实际的环境保护方案，加大了各市的天然气供应力度，在交通工具、工业企业等方面加大了清洁能源（例如天然气、风能等）的使用力度。为降低煤炭在能源消费中所占的比重，各市政府加大了供热管网的建设和改进力度，减少民用散煤的使用；加大城市督查问责力度，城市洒水降尘，大面积植草种树、道路绿化，推行生态廊道的绿化以及面山绿化工程，切实管理城市空气扬尘，加强雾霾监测，截至2017年底，陇东陇中黄土高原各市

---

① 赵东虎：《西吉县生态建设小流域综合治理开展情况及工作思路》，《现代农业科技》2015年第15期。

（空气质量优良天数）PM2.5 的年均浓度明显下降，为 37 微克/立方米，PM10 年均浓度降低到 80 微克/立方米以下，空气质量明显改善，给陇东陇中黄土高原生态安全屏障建设做出了巨大贡献。

2. 生态经济建设现状

2017 年以来，平凉市一般公共预算收入为 275895 万元，庆阳市为 467845 万元，定西市为 228135 万元，白银为 299441 万元，相比 2016 年均有大幅增长，从图 1 可以看出各市人均 GDP 也有所上升，其中平凉的人均 GDP 相比 2016 年增长了 1673 元，说明近年来各地区的经济发展良好。

在生态安全屏障建设中，生态经济现状可以用各市工业固体废物综合利用率指标来反映，由图 2 可知，庆阳市工业固体废物综合利用率一直处于较高水平，是各市中最高的，2017 年的综合利用率高达 99.42%，白银市的一般工业固体废物综合利用率增长最快，从 2016 年到 2017 年上升了 9.5 个百分点。此数据说明，庆阳市在工业环境保护方面的工作做得相当到位，十分注重资源的再循环利用，白银市 2017 年对工业污染加大了监管力度，取得了显著成效。

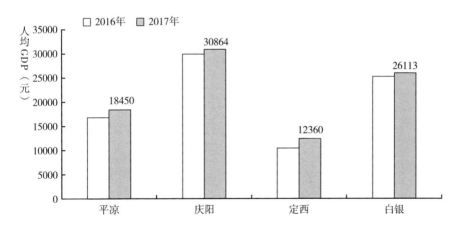

图 1　2016～2017 年陇东陇中地区黄土高原各市人均 GDP

3. 生态社会现状

2017 年平凉市的城市化率是 39.72%，庆阳市是 37%，定西是 34.33%，

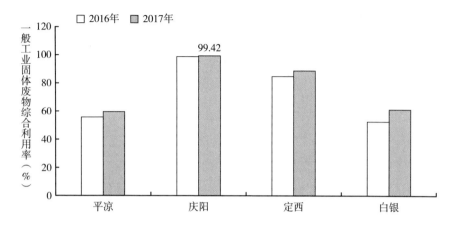

图2 2016～2017年陇东陇中地区各市工业固体废物综合利用率

白银是49.32%，这说明城市化水平最高的是白银市。

本报告对陇东陇中地区生态安全屏障建设现状的考察是从生态环境、生态经济、生态社会三方面着手的，在生态社会方面主要选取了人口密度和普通高等学校在校生数两项指标。由图3可以看出，在陇东陇中黄土高原各市中，庆阳市普通高等学校在校生数最多，主要是因为庆阳市拥有2所普通高等学校，招生人数也是四市最多的，说明庆阳市的高等教育资源比较丰富，定西次之，平凉的高等教育资源最为匮乏。

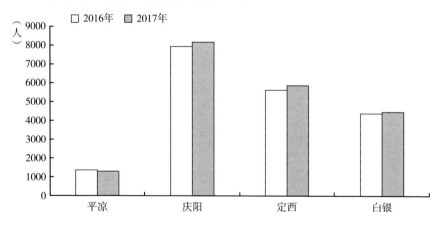

图3 2016～2017年陇东陇中地区黄土高原各市普通高等学校在校生数

（二）陇东陇中地区黄土高原生态安全屏障建设存在的问题

生态安全建设要从经济、社会、生态三个方面入手，本报告通过对生态经济、生态社会、生态环境三项指标的监测，及时反映出现的问题，进而制定正确的方案。

1. 生态环境问题

（1）森林覆盖率低

植被可以涵养水源，固沙防风，调节小区域气候。黄土高原生态环境脆弱，又因降水少，植被覆盖率很低，我国森林法明确要求全国的森林覆盖率要达到30%以上，其中山区县一般要达到40%以上。平凉2017年的森林覆盖率最为接近40%的要求，为30.9%；庆阳、定西、会宁2017年的森林覆盖率分别为27.48%、12.42%、14.25%，与国家要求相比，相差较大。

陇东陇中黄土高原受季风影响，降水的季节性特征明显，降水集中在7～9月，夏季地表集中性的降水导致土壤锁水力下降。2017年庆阳市加强固沟保源、沟头沟道治理，新修梯田22.24万亩，营造水保林草70万亩，新建除险加固淤地坝30座，沟头沟道的水土得以保持，生态环境有了大幅度改善。

据中新网甘肃新闻报道，2017年庆城县完成投资937万元，治理水土流失面积9000多亩，新修梯田6300亩，在主干道路栽树3060棵。在贫困面大、人均基本农田少、坡耕地面积大、水土流失严重的马岭、翟家河、太白梁、葛崾岘4个项目区规划建设梯田25000亩，2017年，马岭项目区坡耕地水土流失综合治理工程主要涉及马岭、蔡口集2个乡镇，目前已经全部竣工。

（2）土地沙化、荒漠化严重

荒漠化是如今全球面临的重大生态环境问题，由于滥垦滥伐、过度放牧等导致甘肃省的荒漠化面积较大，危害严重。甘肃省荒漠化类型多样，其中风蚀荒漠化的面积达1584.42万公顷。此外，还有冻融荒漠化、水蚀荒漠化、盐渍化，面积分别为15.03万公顷、278.93万公顷、71.83万公顷。从荒漠化程度来看，甘肃省荒漠化土地分为极重度荒漠化、重度荒漠化、中度

荒漠化及轻度荒漠化四种级别，面积分别为663.38万公顷、303.28万公顷、657.72万公顷、325.82万公顷。

（3）气象灾害与地质灾害问题

2017年，中干旱天气影响陇东陇中黄土高原部分市区，在庆阳北部、定西市中北部出现了伏旱，高温少雨的状况使得定西等地的受灾范围和受灾程度是近三年同期之最，导致农作物产量下降。

数据显示，2017年全省的降水日数较往年有所增加，年内暴雨日数也多于往年，是近年以来最多的一年。各地级市的降水日数在70天左右，7月下旬到8月中旬庆阳市出现了暴雨天气，在区域性暴雨中庆阳市降水量达54.2~94.1毫米。

与往年相比，2017年甘肃省发生的气象灾害偏多，定西、平凉于3月中旬和10月上旬出现了雪灾，雪厚度达10厘米，部分地区达20厘米，10月8日到10日，省内出现了低温雨雪天气，大部分地区的首场降雪提前了10~15天。

2. 生态经济问题

（1）三次产业发展不平衡

生态经济指标能较好地反映经济是否健康，由图4可知，从2017年陇东陇中地区各市第三产业占比指标来看，定西市的第三产业占比58.24%，为各市最高，而且是近三年各市中最高的，庆阳第三产业占比42%，较2016年的37.95%有所提高，但整体仍然较小。说明定西市的第三产业发展较好，而平凉、庆阳、白银应提高第三产业所占比重，加强第三产业资金投入，为经济全面良好运行做出努力。

（2）经济结构不合理

甘肃省的经济发展方式是粗放的、不可持续的，经济质量不高。大部分地区的产业趋于一致，产业特色不明显，而且产业效益不好，基本上处于高消耗、高投入、低产出的状态，导致投入产出不成正比。陇东陇中黄土高原大部分县市都以第一产业为主，而且农业基础薄弱，后备资源不足，农业的发展不足以支撑二、三产业的发展，产业结构不尽合理。

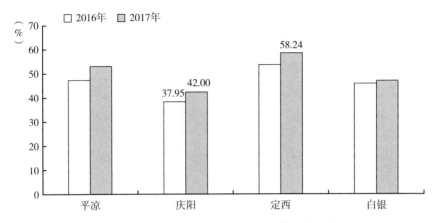

图4 2016～2017年陇东陇中地区各市第三产业占比

（3）区域发展差异明显

从2017年陇东陇中地区黄土高原各市人均GDP可知，庆阳市人均GDP最高，为30864元；白银次之，为26113元；平凉较少，为18450元；定西市为四市中最少，仅为12360元。从各市的服务业增加值所占比重来看，庆阳市为0.11%，也是四市中最高的。从各市人口密度来看，庆阳市远高于其他各市，为8145人/平方公里，平凉市为四市最低，仅为1291人/平方公里，由此可见，陇东陇中地区各市不论人口还是经济发展都表现出明显的区域差异。

3. 生态社会问题

陇东陇中地区各市水资源极为匮乏，严重影响了经济的发展。此外，各市的资源分布不尽相同，且都距离市场较远，交通条件极为不便，加上市政基础设施不齐全，因而各市发展的产业链联系不紧密，资源的利用率较低，产业无法实现利益最大化。

四 陇东陇中地区黄土高原生态安全屏障建设的对策建议

陇东陇中黄土高原生态安全屏障建设是一项功在当代、利在千秋的伟大

创举。当前，要以经济建设是根本、政治建设是保证、文化建设是灵魂、社会建设是条件、生态文明建设是基础的"五位一体"总体布局和全面建成小康社会、全面深化改革、全面从严治党、全面依法治国"四个全面"战略布局为指引，从生态经济、生态社会、生态环境三个角度全面建设生态安全屏障，促进陇东陇中黄土高原生态安全屏障的可持续发展。

（一）生态环境治理措施

1. 封山育林、植草种树，提高森林覆盖率

提高森林覆盖率的有效措施是植草种树、封山育林。陇东陇中黄土高原地区的山地面积占80%，采用封山育林的措施可以加快天然林的培养，它可以以人工造林1/10的成本在短时间里使山区的绿化率大幅度提升。

退耕还林、植树造林可以有效缓解水土流失，种草植树能在短时间内提高山区的绿化率，而且种植的树木一般较大，成活率较高，在几年内便可以改善局地小气候，起到涵养水源、防风固沙、保持水土的作用。在种草植树时必须要因地制宜，选用适合当地水土条件的经济苗木，苗木必须是良种壮苗，在干旱地区要注意密植，同时要实时浇水、施肥等，以保证成活率。

2. 调整土地利用结构，改善土壤状况

如今，随着人口的剧增，城市用地面积不断扩大，耕地资源不断减少，需要因地制宜，提高土地集约程度，发展规模化经营，将荒地也利用起来，种植牧草或其他作物。城市规划和村镇规划时应尽量选择少占耕地，多利用闲置地，使得每一块土地都能发挥出最大作用。

3. 加强小流域综合治理，调节小区域生态环境

为解决定西和会宁地区居民的生存和发展问题，甘肃省积极开展了引洮工程，实现水资源的优化调度，对引区的城乡生活供水、生态环境用水、农业灌溉、发电、防洪、养殖等建设项目均有极大的益处。在小流域综合治理上，要遵循先治坡后治沟的顺序，在治理时需要在坡面上栽种乔木，截蓄地表径流，保持水土。同时对小流域要进行管护，对已建成的沟头沟道、淤地坝、坡面工程、塘坝等及时检查维修，保证工作正常运行。

（二）生态经济对策措施

1. 调整产业结构，促进可持续发展

甘肃省作为一个农业大省，再加上耕地后备资源有限，需要加快发展二、三产业。首先，要大力培育创新精神，推进大众创业、万众创新；其次，要加快实施"产学研金介"协同创新计划；最后，深化人才激励机制和人才引培机制。[1]

2. 加快发展特色产业，促进区域协调发展

陇东陇中黄土高原生态安全屏障建设区位于"丝绸之路"经济带，要加快发展特色产业，将资源优势转化为经济优势。各市区要积极引进先进技术，提高本地技术水平，并加快发展外向型经济，促进区域协调发展。

（三）生态社会对策措施

1. 改善基础设施，缓解市场与资源环境矛盾

为了缓解市场与资源之间的矛盾，应大力建设陇东陇中黄土高原地区的交通体系，政府要积极参与基础设施建设，尽量给予资金补助和技术支持。资源型产业要把市场建在资源地附近，方便产品交易，形成集聚效应，带来商机。同时要大力发展高附加值产品，提高单位产品的利润，增加居民收入。

2. 完善法律制度体系，加大执法力度

要完善法律制度体系，加大执法力度，结合当地实际状况，针对生态安全屏障建设做出具体的规划，逐层划分权责利。

3. 保障改善民生，维护社会公平正义

为构建和谐社会，实现共同富裕以及全面建设小康社会，必须要致力于保障改善民生，维护社会公平正义。包括改善甘肃省医疗保障制度，深入实

---

[1] 孔凡斌、陈胜东：《新时代我国实施区域协调发展战略的思考》，《企业经济》2018年第3期。

施补助金救济政策；对农村地区加大教育资源的投入力度；落实当地民生政策，依据当地资源环境实时调整相应政策；在提高农民生活水平的同时要关注农民的精神文化需求。

（四）建立健全生态文明体制机制

当前，要加快建立健全生态文明体制机制，紧紧围绕甘肃省国家生态安全屏障综合试验区建设，建立生态文明制度体系，促进甘肃省生态环境改善，加快推进生态文明建设进程。

1. 国土空间开发保护制度

落实国家和甘肃省省级主体功能区规划，突出主体功能区定位和发展方向，加强空间管制，规范开发秩序，完善产业政策，依法对禁止开发区进行强制性保护，引导限制开发区和禁止开发区内不符合主体功能定位的产业向重点开发区转移，加快园区建设，重点生态功能区要实行产业准入负面清单制度。加大对重点生态功能区转移支付支持力度，严格转移支付资金使用投向，逐步完善甘肃省生态功能区转移支付绩效评估考核机制，建立转移支付资金安排与绩效考核挂钩的分配制度。制定甘肃自然生态空间用途管制实施细则，划定基本农田保护区、重点生态功能区、生态环境敏感区和脆弱区等区域的管制边界，以及林地和森林、湿地、沙地植被等生态红线范围，逐步建立覆盖全部国土空间的监测系统。探索空间规划编制，支持市县推进"多规合一"，合理划定城镇、农业、生态三类空间比例，农产品主产区市县的农业空间占比要高于50%，重点生态功能区市县的生态空间占比要高于50%。按照国家公园体制总体方案，改革自然保护区、风景名胜区、文化自然遗产、地质公园、森林公园等多头设置、各自为政的管理体制，对上述保护地进行功能重组，积极争取国家公园体制试点。

2. 自然资源资产产权制度

清晰界定国土空间各类自然资源资产的产权主体，对所有自然生态空间建立统一的确权登记系统，明确国土空间的自然资源资产所有者、监管者及其责任，组建各类自然资源统一行使所有权的机构，全面建立覆盖各类全民所有自然资源资产的有偿出让制度，建设自然资源资产交易平台，探索研究地方政府分级代理行使所有权职责的体制，开展水流和湿地产权确权工作。严守资源消耗上限，强化能源消耗强度控制，进一步落实水资源开发利用控制、用水效率控制、水功能区限制纳污三条红线管理制度。严守环境质量底线，将大气、水、土壤等环境质量作为各级政府环保责任红线。开展生态功能红线基础调查试点工作，科学划定重点生态功能区、生态环境敏感区、脆弱区等区域和林地、森林、草原、湿地、沙区植被、物种等领域生态红线，实施生态环境分区分级管控和分层次用途管制。

3. 资源有偿使用制度

加快自然资源及其产品价格改革，建立自然资源开发使用成本评估机制，将资源所有者权益和生态环境损害等纳入自然资源及其产品价格形成机制。建立有利于节能减排的价格体系，逐步使能源价格充分反映环境治理成本，推动低碳循环发展、绿色发展。健全土地有偿使用制度，扩大国有土地有偿使用范围，减少非公益性用地划拨，改革工业用地供应方式，完善地价形成机制和评估机制，健全国有农用地有偿使用制度，研究建立矿产资源国家权益金制度，加快推进资源税从价计征改革。

4. 生态补偿制度

探索建立多元化补偿机制，引导生态受益地区与保护地区之间、流域上游与下游之间，通过资金补助、产业转移、人才培训、共建园区等方式创新补偿机制。探索政府购买生态产品及其服务，鼓励生态损益双方自主协商补偿方式。逐步实现森林、草原、湿地、荒漠、水流、耕地等重点领域和禁止开发区域、重点生态功能区等重要区域生态保护补偿全覆盖。完善水资源有偿使用制度，统筹安排部分水权收益用于生态建设。争取国家在甘肃开展生态补偿标准体系、生态补偿资源渠道和建立利益双方责权相配套政策框架的试点工作，探索建立渭河流域上下游间补偿机制。

5. 环境治理制度

完善污染物排放许可证制度，完成排污许可证管理系统建设，实行企事业单位污染物排放总量控制制度，全面开展企业标准化建设和环境信用评价

工作。建立污染防治区域联动机制，推进污染产业密集、风险隐患较大的区域综合整治，巩固和扩大渭河跨界流域水污染防治工作成果，协调周边省份共同构建跨界河流水污染联防联控机制。着力解决损害农民群众的突出环境问题，积极探索建立运行管护的长效机制，强化农村环境治理事前、事中、事后监管，建立符合甘肃省省情的农村环境治理体制。健全环境治理和生态保护市场体系，推行用能权、用水权、排污权、碳排放权交易制度。严格执行规划和建设项目环境影响评价制度，加强环境监测预警和节能减排统计监测，健全节能减排市场化机制和激励约束机制。健全环境信息公开制度，建设多元化的环境保护举报信息渠道，完善听证、舆论监督等制度。

严格土地及耕地、水、草原、湿地、矿产等资源管理，建立健全生态保护制度。实施最严格的耕地保护、土地节约集约利用和水资源管理制度；强化矿产资源开发利用管理，推进绿色矿业发展示范区建设，完善矿山地质环境恢复治理保证金制度并与矿产资源采矿许可证制度挂钩；全面落实节能减排目标责任考核制度，严格实行节能减排一票否决制度，建立能源消费总量管理和节约制度。

中部沿黄河生态走廊安全屏障建设评价报告

李明涛　王翠云*

摘　要： 中部沿黄河地区是甘肃省国家生态安全屏障建设的重要试验区之一，沿黄河生态走廊不仅对改善当地生态环境，加快社会经济可持续发展具有重要作用，也是国家"两屏三带"生态屏障的重要组成部分。本报告在构建区域生态安全屏障建设评价指标体系的基础上，对兰州、白银、永靖3市县的生态安全屏障建设进行了综合评价。在此基础上，对其资源环境承载力以及生态建设侧重度、难度、综合度进行综合评价，并对中部沿黄河地区生态安全屏障建设中的问题进行了分析，提出了可行性对策建议，以期为区域的生态保护和可持续发展提供参考。

关键词： 中部沿黄河生态走廊　生态安全屏障　资源环境承载力　可持续发展

　　甘肃中部沿黄河生态走廊的范围由兰州市、白银市大部分县（区）及临夏州的永靖县组成，面积约2.9万平方公里，是甘肃省以兰州都市圈为核心的重要生态保护区。中部沿黄河生态走廊地处黄土高原、青藏

---

* 李明涛，博士，副教授，主要从事城市生态环境的教学与科研工；王翠云，女，博士，副教授，主要从事城市生态环境的教学与科研工作。

高原、内蒙古高原三大高原交接处，地形兼有黄土丘陵、石质山地、河谷阶地以及川台平地组合的特征条件，海拔高度为 1500～2600 米。按地貌形态及构造成因，分别划属西秦岭山地、兴隆山 - 马衔山山地和陇西黄土高原三个区域。区域气候属于典型的温带大陆性气候，终年干旱少雨，多年平均降雨量为 300～500 毫米，旱灾频繁发生。

一 甘肃中部沿黄河地区生态安全屏障与资源环境承载力建设评价

本研究选取甘肃中部沿黄河地区的兰州市、白银市、永靖县 3 个主要市（县）为研究对象，在借鉴相关研究成果的基础上，构建区域生态安全评价的指标体系。

（一）中部沿黄河地区生态安全屏障评价

1. 评价指标体系构建

本报告以国家生态安全屏障试验区建设指标①为基础，从甘肃中部沿黄河生态走廊的自然环境、经济社会发展现状条件出发，在考虑数据可得性的前提下，构建中部沿黄河生态走廊生态安全屏障评价的指标体系。指标体系包括自然生态安全、经济生态安全和社会生态安全 3 个特征变量指标，每一个特征变量指标又由相应的三级指标组成，共包括 18 个核心指标，如表 1 所示。

2. 数据来源及处理

（1）数据来源

本报告数据来源于《2017 中国环境统计年鉴》《2017 中国城市统计年鉴》

---

① 《甘肃省人民政府办公厅关于印发〈甘肃省建设国家生态安全屏障综合试验区"十三五"实施意见〉的通知》，甘肃省人民政府网，http：//www.gansu.gov.cn/art/2016/8/26/art_4827_284437.html。

表 1　中部沿黄河生态走廊安全屏障评价指标体系

核心指标				
一级指标	二级指标	序号	三级指标	单位
中部沿黄河生态走廊安全屏障	生态环境	X1	森林覆盖率	%
		X2	湿地面积	10^4公顷
		X3	河流湖泊面积	平方公里
		X4	农田耕地保有量	平方公里
		X5	城市建成区绿地面积	%
		X6	未利用土地面积	平方公里
		X7	PM2.5(空气质量优良天数)	天
		X8	人均绿地面积	平方米
	生态经济	X9	人均 GDP	元
		X10	单位 GDP 耗水量	立方米/万元
		X11	二氧化硫(SO_2)排放量	千克/万元
		X12	一般工业固体废物综合利用率	%
		X13	第三产业占比	%
	生态社会	X14	城市燃气普及率	%
		X15	R&D 研究和试验发展费占 GDP 比重	%
		X16	信息化基础设施(互联网宽带接入用户数/年末总人口)	户/百人
		X17	城市人口密度	人/平方公里
		X18	普通高等学校在校学生数	人

《2017 中国城市建设统计年鉴》《2017 甘肃发展年鉴》以及各市的国民经济和社会发展统计公报等。其中，永靖县数据根据区内实际情况，采用其所属的临夏州的平均数据。各指标原始数据结果见表2。

表 2　中部沿黄河生态走廊安全屏障评价各指标原始数据

指标	兰州市	白银市	永靖县
X1	28.00	34.82	16.77
X2	0.99	1.46	2.42

续表

指标	兰州市	白银市	永靖县
X3	32.14	61.62	5.43
X4	2841.28	5180.39	424.02
X5	30.93	32.51	11.98
X6	7572.65	991.25	1156.75
X7	232.00	304.00	298.00
X8	12.76	9.51	5.26
X9	67269.26	26149.73	18676.34
X10	11.34	4.07	7.19
X11	1.25	2.65	2.58
X12	0.88	0.62	1.00
X13	63.21	47.04	68.10
X14	95.24	83.70	58.77
X15	1.94	1.00	0.12
X16	44.26	18.88	17.19
X17	7313.00	4445.00	6342.00
X18	325405.00	3763.00	288.00

（2）评价方法

由于各评价指标具有不同量纲单位，为了使各数据指标具有可比性，本研究采用极差法对数据进行标准化处理，以消除各评价指标间的量纲影响。并进一步利用熵值法计算指标权重值，以反映各指标的重要程度，各指标权重值如表3所示。

表3 各指标权重值

三级指标	权重	三级指标	权重
X1	0.0575	X10	0.0753
X2	0.0732	X11	0.0770
X3	0.0604	X12	0.0593
X4	0.0583	X13	0.0354
X5	0.0453	X14	0.0449
X6	0.0435	X15	0.0561
X7	0.0246	X16	0.0798
X8	0.0638	X17	0.0602
X9	0.0789	X18	0.0063

3. 中部沿黄河生态走廊生态安全屏障建设评价

本报告对生态安全屏障建设状况采用区域的生态安全度反映，具体通过生态安全综合指数进行表征。生态安全评价综合指数能够反映该地区的生态安全度以及生态安全级别，其计算公式如下：

$$E = \sum_{i=1}^{n} W_i \times X_i$$

式中，E 为生态安全综合指数；W_i 为指标 i 的权重值；X_i 为指标 i 的标准化处理结果；n 表示指标的总数。

表4 中部沿黄河生态走廊安全评价指数值

地区	兰州市	白银市	永靖县	中部沿黄河地区
生态安全综合指数	0.7524	0.7702	0.4938	0.6722

表5 生态安全级别标准

	生态安全综合指数				
	0 ~ 0.2	0.2 ~ 0.4	0.4 ~ 0.6	0.6 ~ 0.8	0.8 ~ 1
生态安全状态 生态安全度	恶劣 严重危险	较差 危险	一般 预警	良好 较安全	理想 安全

由表4可知，中部沿黄河地区的生态安全综合指数为0.6722，其中，白银市的生态安全综合指数最高，达到0.7702，其次是兰州市，生态安全综合指数为0.7524，永靖县的生态安全综合指数值最低，为0.4938。

从表5的生态安全分级标准来看，中部沿黄河生态走廊生态安全状态为良好，处于较安全状态。其中白银市和兰州市均处于较安全状态，而临夏州的永靖县生态安全状态为一般，生态安全度处于预警水平。这说明中部沿黄河生态走廊区域内各市县生态安全状态差别不大，生态环境状况的总体水平一般，生态问题较多，生态灾害时有发生。

（二）中部沿黄河生态走廊生态安全屏障资源环境承载力评价

资源环境承载力反映了区域内的资源环境条件对其人口规模和经济总量

的承载能力。本报告以区域内 2017 年的经济统计数据为基础，构建资源环境承载力评价指标体系，对中部沿黄河生态走廊的资源环境承载力进行综合评价。

1. 评价指标体系

从中部沿黄河生态走廊的自然资源、环境现状和社会经济发展现状出发，本研究构建了由资源可承载指标和环境安全指标构成的指标体系（见表 6）。

表 6　资源环境承载力评价指标体系

目标层（A）	准则层（B）	系数层（C）		指标层（D）		单位
中部沿黄河生态走廊资源环境的可持续发展	B1 资源可承载指标	C1	土地资源系数	D1	人均耕地面积	公顷
		C2	粮食资源系数	D2	人均粮食产量	吨
		C3	水资源系数	D3	人均水资源	立方米
		C4	大气环境安全系数	D4	每万元 GDP 二氧化硫排放量	吨·10^{-4}元
				D5	每万元 GDP 工业粉烟尘排放量	吨·10^{-4}元
	B2 环境安全指标	C5	水环境安全系数	D6	每万元 GDP 工业废水排放量	吨·10^{-4}元
				D7	每万元 GDP 化学需氧量排放量	吨·10^{-4}元
				D8	水旱灾成灾率	%
		C6	土地环境安全系数	D9	每万元 GDP 固体废弃物产生量	吨·10^{-4}元
				D10	人均公园绿地面积	平方米
				D11	城镇化率	%

2. 评价方法

本报告中涉及的基础数据主要来源于《2018 甘肃统计年鉴》《2017 甘肃发展年鉴》以及各地市网站相关数据资料。经过对统计年鉴、文献等途径获取研究对象的具体数据进行整理，进而计算出其资源环境承载力的大小。各评价指标的原始数据结果见表 7。

表 7 中部沿黄河生态走廊资源环境承载力评价指标值

指标	兰州市	白银市	永靖县
D1	0.08	0.30	0.23
D2	0.12	0.46	0.40
D3	720.00	161.00	100.00
D4	0.00	0.01	0.00
D5	0.00	0.00	0.00
D6	1.48	0.90	0.93
D7	0.00	0.00	0.00
D8	53.76	52.78	55.41
D9	0.13	1.41	0.04
D10	9.17	9.71	5.10
D11	81.02	49.32	34.47

（1）数据归一化与权重确定

由于原始指标数据间存在的量纲不同，本研究通过极差法将评价指标归一化值映射到（0，1]范围内，归一化后数据如表8所示。

表 8 中部沿黄河生态走廊指标数据归一化后数值

指标	兰州市	白银市	永靖县
D1	0.2533	1.0000	0.7633
D2	0.1531	1.0000	0.8053
D3	1.0000	0.2236	0.1389
D4	0.1538	0.6667	1.0000
D5	1.0000	0.5000	0.3529
D6	1.0000	0.9982	0.7098
D7	1.0000	0.1852	0.1000
D8	0.7552	1.0000	0.6846
D9	0.3047	0.0347	1.0000
D10	1.0000	0.7453	0.4122
D11	1.0000	0.6087	0.4255

3. 资源环境承载力评价

本报告进一步运用客观赋权法——熵值法，计算各个指标的权重，计算得到资源可承载力和环境安全各指标的权重值，如表9所示。

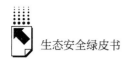

表9　中部沿黄河生态走廊资源环境承载力评价指标权重值

指标	D1	D2	D3				
B1	0.0941	0.0785	0.1035				
指标	D4	D5	D6	D7	D8	D9	D10	D11
B2	0.0949	0.1213	0.0416	0.0922	0.0801	0.0814	0.0993	0.1131

表10　中部沿黄河生态走廊资源可承载力和环境安全计算结果

指标	兰州市	白银市	永靖县
资源可承载力	8.6332	4.0906	3.2256
环境安全	7.8397	5.4915	5.4030

由表10可以看出，中部沿黄河生态走廊内部资源可承载力差异较大，白银市、永靖县的资源可承载力都较低，兰州市最高，表明资源对该地区社会经济的发展所提供的支撑能力较高。从环境安全指数看，兰州市为7.8397，处于基本安全水平，白银市和永靖县则处于黄色较安全水平。

（三）中部沿黄河生态走廊生态安全屏障建设评价指导

1. 建设侧重度、难度、综合度的计算

根据前文生态安全屏障建设侧重度、难度和综合度的定义及计算方法，计算中部沿黄河生态走廊3个市（县）的生态安全屏障建设侧重度、难度和综合度。

（1）建设侧重度

建设侧重度数值越大，排名越靠前，表示越应该优先考虑，侧重建设。甘肃中部沿黄河生态走廊3个市（县）的生态安全屏障建设侧重度结果如表11所示。

从表11可以看出，28个指标中，兰州市建设侧重度排位前10的是：人均绿地面积、人均GDP、城市燃气普及率、R&D研究和试验发展费占GDP比重、信息化基础设施、普通高等学校在校学生数、人均水资源、万元GDP工业烟粉尘排放量、万元GDP工业废水排放量、万元GDP化学需氧量排放量；白银市建设侧重度排位前 10 的是：森林覆盖率、河流湖泊面积、农田耕地保有量、城市建成区绿地面积、未利用土地、PM2.5、单位 GDP 耗水量、一般工业固体废物综合利用率、城市人口密度、人均耕地面积；永靖县市建设侧重度排位前 10 的有：湿地面积、第三产业占比、万元 GDP 二氧化硫排放量、万元 GDP 固体废弃物产生量、PM2.5、未利用土地、人均粮食产量、人均耕地面积、万元 GDP 工业废水排放量、城市人口密度。

（2）建设难度

建设难度数值越大，排名越靠前，则意味着下一个年度该地区这项指标的建设难度越大，越难以取得建设成效。中部沿黄河生态走廊的生态安全屏障建设难度结果如表 12 所示。

从表 12 可以看出，28 个指标中，兰州市生态安全屏障建设难度排位前 10 的是：普通高等学校在校学生数、人均粮食产量、万元 GDP 化学需氧量排放量、人均耕地面积、万元 GDP 二氧化硫排放量、万元 GDP 工业烟粉尘排放量、河流湖泊面积、农田耕地保有量、万元 GDP 固体废弃物产生量、城市人口密度；白银市建设难度排位前 10 的有：未利用土地、人均水资源、单位 GDP 耗水量、人均 GDP、信息化基础设施、R&D 研究和试验发展费占 GDP 比重、城镇化率、一般工业固体废物综合利用率、人均绿地面积、水旱灾成灾率；永靖县建设难度排位前 10 的有：万元 GDP 固体废弃物产生量、R&D 研究和试验发展费占 GDP 比重、农田耕地保有量、河流湖泊面积、人均水资源、未利用土地、人均 GDP、城市建成区绿地面积、信息化基础设施、人均绿地面积。

（3）建设综合度

生态安全屏障建设综合度反映了在下一年度建设中的投入力度，其值为 0~1，表 13 是中部沿黄河生态走廊生态安全屏障建设的综合度。

28 个指标中，兰州市建设综合度排位前 10 的是：人均绿地面积、人均 GDP、城市燃气普及率、R&D 研究和试验发展费占 GDP 比重、信息化基础设施、普通高等学校在校学生数、人均水资源、万元 GDP 工业烟粉尘排放量、

表11 中部沿黄河生态走廊生态安全屏障建设侧重度

地区	指标	森林覆盖率(%)	湿地面积(10⁴公顷)	河流湖泊面积(平方公里)	农田耕地保有量(平方公里)	城市建成区绿地面积(%)	未利用土地(平方公里)	PM2.5(空气质量优良天数)(天)	人均绿地面积(平方米)	人均GDP(元)	单位GDP耗水量(立方米/万元)
兰州市	得分	0.040	0.020	0.026	0.027	0.047	0.006	0.038	0.049	0.049	0.018
	排名	15	22	21	20	13	28	16	1	2	23
白银市	得分	0.049	0.030	0.049	0.049	0.049	0.049	0.049	0.037	0.019	0.049
	排名	1	20	2	3	4	5	6	15	24	7
永靖县	得分	0.032	0.067	0.006	0.005	0.025	0.058	0.066	0.028	0.019	0.038
	排名	15	1	25	26	20	6	5	17	22	14

地区	指标	一般工业固体废物综合利用率(%)	第三产业占比(%)	城市燃气普及率(%)	R&D研究和试验发展费占GDP比重(%)	信息化基础设施(户/百人)	城市人口密度(人/平方公里)	普通高等学校在校学生数(人)	人均耕地面积(公顷)	人均粮食产量(吨)	人均水资源(立方米)
兰州市	得分	0.035	0.046	0.049	0.049	0.049	0.030	0.049	0.012	0.008	0.049
	排名	18	14	3	4	5	19	6	25	27	7
白银市	得分	0.049	0.034	0.043	0.025	0.021	0.049	0.001	0.049	0.049	0.011
	排名	8	17	14	21	23	9	28	10	11	25
永靖县	得分	0.042	0.067	0.041	0.004	0.026	0.047	0.000	0.051	0.054	0.009
	排名	12	2	13	27	19	10	28	8	7	23

续表

地区	指标	万元GDP二氧化硫排放量（吨·10⁻⁴元）	工业烟粉尘排放量（吨·10⁻⁴元）	万元GDP工业废水排放量（吨·10⁻⁴元）	万元GDP化学需氧量排放量（吨·10⁻⁴元）	水旱灾成灾率（%）	万元GDP固体废弃物产生量（吨·10⁻⁴元）	人均公园绿地面积（平方米）	城镇化率（%）
兰州市	得分	0.008	0.049	0.049	0.049	0.037	0.015	0.049	0.049
	排名	26	8	9	10	17	24	11	12
白银市	得分	0.033	0.025	0.049	0.009	0.049	0.002	0.037	0.030
	排名	18	22	13	26	12	27	16	19
永靖县	得分	0.067	0.024	0.048	0.007	0.046	0.067	0.028	0.029
	排名	3	21	9	24	11	4	18	16

表 12　中部沿黄河生态走廊生态安全屏障建设难度

地区	指标	森林覆盖率（%）	湿地面积（10⁴公顷）	河流湖泊面积（平方公里）	农田耕地保有量（平方公里）	城市建成区绿地面积（%）	未利用土地（平方公里）	PM2.5（空气质量优良天数）（天）	人均绿地面积（平方米）	人均GDP（元）	单位GDP耗水量（立方米/万元）
兰州市	得分	0.033	0.034	0.039	0.039	0.031	0.030	0.034	0.030	0.030	0.030
	排名	14	12	7	8	15	17	13	18	19	20
白银市	得分	0.031	0.031	0.031	0.031	0.031	0.056	0.031	0.036	0.045	0.046
	排名	12	13	14	15	16	1	17	9	4	3
永靖县	得分	0.038	0.023	0.052	0.052	0.041	0.046	0.028	0.040	0.044	0.032
	排名	12	28	4	3	8	6	19	10	7	16

续表

地区	指标	一般工业固体废物综合利用率（%）	第三产业占比（%）	城市燃气普及率（%）	R&D研究和试验发展费占GDP比重（%）	信息化基础设施（户/百人）	城市人口密度（人/平方公里）	普通高等学校在校学生数（人）	人均耕地面积（公顷）	人均粮食产量（吨）	人均水资源（立方米）
兰州市	得分	0.030	0.034	0.030	0.030	0.030	0.037	0.059	0.048	0.052	0.030
	排名	21	11	22	23	24	10	1	4	2	25
白银市	得分	0.037	0.031	0.033	0.041	0.044	0.031	0.031	0.031	0.031	0.051
	排名	8	18	11	6	5	19	20	21	22	2
永靖县	得分	0.027	0.033	0.035	0.053	0.041	0.033	0.028	0.032	0.031	0.049
	排名	22	14	13	2	9	15	20	17	18	5

地区	指标	万元GDP二氧化硫排放量（吨·10⁻⁴元）	万元GDP工业烟粉尘排放量（吨·10⁻⁴元）	万元GDP工业废水排放量（吨·10⁻⁴元）	万元GDP化学需氧量排放量（吨·10⁻⁴元）	水旱灾成灾率（%）	万元GDP固体废弃物产生量（吨·10⁻⁴元）	人均公园绿地面积（平方米）	城镇化率（%）
兰州市	得分	0.043	0.040	0.030	0.050	0.030	0.038	0.030	0.030
	排名	5	6	16	3	26	9	27	28
白银市	得分	0.031	0.031	0.031	0.031	0.036	0.031	0.031	0.039
	排名	23	24	25	26	10	27	28	7
永靖县	得分	0.023	0.025	0.024	0.026	0.027	0.054	0.023	0.039
	排名	26	24	25	23	21	1	27	11

表13 中部沿黄河生态走廊生态安全屏障建设综合度

地区	指标	森林覆盖率（%）	湿地面积（10⁴公顷）	河流湖泊面积（平方公里）	农田耕地保有量（平方公里）	城市建成区绿地面积（%）	未利用土地（平方公里）	PM2.5（空气质量优良）天数（天）	人均绿地面积（平方米）	人均GDP（元）	单位GDP耗水量（立方米/万元）
兰州市	得分	0.040	0.020	0.026	0.027	0.047	0.006	0.038	0.049	0.049	0.018
	排名	15	22	21	20	13	28	16	1	2	23

续表

地区	指标	森林覆盖率(%)	湿地面积(10⁴公顷)	河流湖泊面积(平方公里)	农田耕地保有量(平方公里)	城市建成区绿地面积(%)	未利用土地(平方公里)	PM2.5(空气质量优良天数)(天)	人均绿地面积(平方米)	人均GDP(元)	单位GDP耗水量(立方米/万元)
白银市	得分	0.049	0.030	0.049	0.049	0.049	0.049	0.049	0.037	0.019	0.049
	排名	1	20	2	3	4	5	6	15	24	7
永靖县	得分	0.032	0.067	0.006	0.005	0.025	0.058	0.066	0.028	0.019	0.038
	排名	15	1	25	26	20	6	5	17	22	14

地区	指标	一般工业固体废物综合利用率(%)	第三产业占比(%)	城市燃气普及率(%)	R&D研究和试验发展费占GDP比重(%)	信息化基础设施(户/百人)	城市人口密度(人/平方公里)	普通高等学校在校学生数(人)	人均耕地面积(公顷)	人均粮食产量(吨)	人均水资源(立方米)
兰州市	得分	0.035	0.046	0.049	0.049	0.049	0.030	0.049	0.012	0.008	0.049
	排名	18	14	3	4	5	19	6	25	27	7
白银市	得分	0.049	0.034	0.043	0.025	0.021	0.049	0.001	0.049	0.049	0.011
	排名	8	17	14	21	23	9	28	10	11	25
永靖县	得分	0.042	0.067	0.041	0.004	0.026	0.047	0.000	0.051	0.054	0.009
	排名	12	2	13	27	19	10	28	8	7	23

地区	指标	万元GDP二氧化硫排放量(吨·10⁻⁴元)	万元GDP工业烟粉尘排放量(吨·10⁻⁴元)	万元GDP工业废水排放量(吨·10⁻⁴元)	万元GDP化学需氧量排放量(吨·10⁻⁴元)	水旱灾成灾率(%)	万元GDP固体废弃物产生量(吨·10⁻⁴元)	人均公园绿地面积(平方米)	城镇化率(%)
兰州市	得分	0.008	0.049	0.049	0.049	0.037	0.015	0.049	0.049
	排名	26	8	9	10	17	24	11	12
白银市	得分	0.033	0.025	0.049	0.009	0.049	0.002	0.037	0.030
	排名	18	22	13	26	12	27	16	19
永靖县	得分	0.067	0.024	0.048	0.007	0.046	0.067	0.028	0.029
	排名	3	21	9	24	11	4	18	16

万元 GDP 工业废水排放量、万元 GDP 化学需氧量排放量；白银市建设综合度排位前 10 的有：森林覆盖率、河流湖泊面积、农田耕地保有量、城市建成区绿地面积、未利用土地、PM2.5、单位 GDP 耗水量、一般工业固体废物综合利用率、城市人口密度、人均耕地面积；永靖县建设综合度排位前 10 的是：湿地面积、第三产业占比、万元 GDP 二氧化硫排放量、万元 GDP 固体废弃物产生量、PM2.5、未利用土地、人均粮食产量、人均耕地面积、万元 GDP 工业废水排放量、城市人口密度。

从甘肃中部沿黄河生态走廊 3 个市（县）生态安全屏障建设的侧重度、难度、综合度可以看出，该区域的生态安全屏障建设已经进入攻坚期，应在河流保护、河流治理、第三产业发展、科技创新、人才培养等方面继续加大投入力度，突破重点，攻克难点，推进甘肃中部沿黄河地区生态安全屏障建设。

二 中部沿黄河生态走廊生态安全屏障建设的实践与探索

近年来，中部沿黄河地区以水土流失防治和流域综合治理为重点，进行了一系列生态安全屏障建设的实践与探索，其中兰州市山水城市生态建设成效显著。

（一）兰州山水城市条件分析

兰州市作为西北地区典型的河谷型城市，地势西高东低，黄河穿越兰州，在两岸发育出明显的五级阶地，形成了峡谷与盆地相间的串珠形河谷地形特征。兰州市城市的发展也是基于盆地城市的地形特征，依山傍水，形成明显的"两山夹一川"的山水城市格局。

兰州市地形兼有黄土丘陵、石质山地、河谷阶地以及川台平地组合的特征，海拔高度为 1500～2600 米。区域气候属于典型的温带大陆性气候，终年干旱少雨，多年平均降雨量为 300～350 毫米，降水年际分配变率高达40%，旱灾频繁发生。年内降水受东亚季风气候的影响，相对集中于 6～9 月（占全年总降水量的 60% 以上），且降水形式以大雨、暴雨为主，短时间、高强度的降水是造成水土流失的主要原因。气温年较差、日较差大，多年平均气温为 6～9.1℃，且蒸发强烈，多年平均蒸发量为 1446.4 毫米。区内土壤类型以黑垆土和灰钙土为主。植被类型是森林草原向荒漠草原的过渡类型，南北两山分布的植物 270 种，其中以菊科、豆科、蔷薇科为优势类群。

兰州的山水城市建设具有明显的依山傍河的特点，表现为基于南北两山和黄河滨河沿岸轴向发展。兰州市南北两山环境绿化工程区，分布在兰州市城区周围，东西长 60 千米，南北宽 10～55 千米。南山区坡度由东向西趋于平缓，西部有较大面积的台地和平地。土壤质地多为暗灰钙土，土层较厚，肥力中等。北山区地势北高南低，由西向东方向逐渐倾斜。土壤颗粒较粗，结构差，肥力偏低。区域内地形破碎，沟壑纵横，水土流失现象严重。

（二）兰州山水城市生态建设现状

1. 绿化面积逐年增大

兰州市建成区绿地面积逐年增加，"十二五"期间，已达到 6615.6 公顷，绿地率和绿化覆盖率分别达到 33.2% 和 39.1%，人均公园绿地面积增加到 11.08 平方米。多年来，兰州市在城市建设中实施"增容扩绿"工程，通过地面绿化、屋顶绿化、垂直绿化等多途径，构建城市综合绿地体系，2018 年，全市的公园绿地服务半径覆盖率达 81.2%，城市道路绿化普及率达 98%，绿地达标率为 92%，实现了从"省级园林城市"到"国家园林城市"的转型。

2. 生态城市的景观格局逐渐形成

兰州市的生态景观特征体现为"山、水、川、城"四个方面。兰州市在生态建设快速发展过程中，城市绿地生态体系构建主要从山、河、路三条主线展开，形成包括以南北两山为生态屏障、以城市主次干道和黄河风情线为绿化骨架的城市生态景观新格局。南北两山是贯穿整个兰州市的"背景"，为了进一步提升南北两山景观，2016 年以来，兰州市制定了"1234"总体发展战略，大力发展森林公园，全力提升景观效果。同时，南北两山的

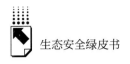

生态工程与黄河风情线、市内道路系统的绿化工程有机结合，已形成综合性的生态环境保护区。

3. 生态服务价值显著

城市绿化系统具有维持大气平衡、涵养水源、保护生物多样性等生态服务功能。中国科学院寒区与旱区环境工程研究所以兰州市南北两山绿化工程为对象的研究表明，南北两山人工森林生态系统总服务价值为 15.59 亿元/年。[①] 城市人工生态系统对 CO_2 减排的可持续性具有重要意义。

三　中部沿黄河生态走廊生态安全屏障建设的对策建议

甘肃中部沿黄河地区的水资源极度匮乏，缺水成为制约该地区改善人民生活、发展社会经济的重要瓶颈。水资源开发利用是否合理，生态环境是否良性发展，不仅关系到本地区经济社会发展，而且还影响了黄河中下游地区的发展。本报告针对区域城市水资源短缺的症结所在，基于水资源可持续利用的用水模式，提出科学解决策略。

（一）跨流域调水

资源型缺水城市在节约用水的同时，要积极实施跨流域调水，确保城市发展用水。引洮工程的目的是解决区域内部的干旱性用水问题，对调水区和供水区的水资源进行优化配置，从根本上解决甘肃中部沿黄河地区水资源短缺的矛盾，缓解生态环境压力。

（二）统一管理水资源

通过区域水资源质量的调查，可以建立水资源数据库和动态监测系统，为区域水资源的开发和管理提供数据支持。同时，合理分配用水比

---

① 谭明亮、段争虎、陈小红、张瑞君：《半干旱区城市人工森林生态系统服务价值评估——以兰州市南北曲干环境绿化工程为例》，《中国沙漠》2012 年第 1 期。

例，监督用水分配方案，实现以水定地，以水定人，以水定产业的水资源管理体系。

（三）做好节约用水工作

建立节水为主、开源为辅的节约型城市发展模式。按照城市人口、资源、环境和社会经济发展的基本要求，通过产业结构调整、经济手段调控、加强水资源管理和推广新技术新工艺、强化公众节水意识等措施，建设节水型社会，推动经济社会的可持续发展。

（四）城市废污水资源化

城市污水是水量稳定、供给可靠的一种潜在水资源。城市污水经回用处理后可用于水质要求不高的领域，如城市绿化、景观用水等，能够有效开辟"城市第二水源"。对城市废污水资源化处理不但可以扩大水源，减少因缺水造成的损失，而且还减少了污水排放量，避免了环境污染。

G.8
内蒙古鄂尔多斯市库布其沙漠地区
生态安全屏障建设评价报告

林龙圳　王庭秦　张鹏　马名扬　郑佳*

摘　要： 内蒙古鄂尔多斯市库布其沙漠是我国第七大沙漠，其生态功能区主要包括杭锦旗、达拉特旗和准格尔旗，生态地位十分重要。近年来，库布其沙漠地区的生态治理取得了举世瞩目的成就，形成了"库布其沙漠治理模式"，成为全世界沙漠化治理的成功典范。本报告对库布其沙漠地区生态安全屏障建设及其资源环境承载力进行了评价，介绍了鄂尔多斯市造林总场开展库布其沙漠治理的典型案例，最后提出了进一步建设库布其沙漠地区生态安全屏障的对策建议。

关键词： 库布其沙漠地区　生态安全屏障　资源环境承载力　生态环境　生态安全

　　库布其沙漠位于内蒙古鄂尔多斯市域内，总面积约1.863万平方公里，其西起杭锦旗，经达拉特旗，东至准格尔旗，自西向东以带状延展300公里，南北向宽度不均，自西向东逐渐减小，西端宽可达100公里左右，东部

---

　*　林龙圳，男，汉族，副研究员，北京林业大学博士研究生，研究方向为生态文明建设与管理；王庭秦，男，汉族，讲师，中央民族大学博士研究生，研究方向为民族生态学；张鹏，男，汉族，博士，中国林业科学研究院木材工业研究所工程师，研究方向为木材科学；马名扬，女，汉族，北京林业大学硕士研究生，研究方向为生态文明建设；郑佳，女，汉族，北京林业大学硕士研究生，研究方向为大数据与智能商务系统开发。

宽仅 20～30 公里，地势南高北低。[1] 据史料记载，库布其沙漠最初形成于汉代，随着自然环境的变迁和人类活动的破坏，在以传统农牧业为主导的生产方式影响下，库布其沙漠地区的生态环境日益恶化，沙漠面积逐渐由小变大，导致了较为严重的生态退化，荒漠化不断发展，成为我国第七大沙漠。[2] 库布其沙漠也是距离北京、天津最近的沙漠，被称为"悬在首都头上的一盆沙"，是京津冀地区的三大风沙源之一。[3]

库布其沙漠地区的生态安全屏障建设，不仅影响到区域内经济社会发展和群众生产生活，还影响到西北地区乃至京津冀地区的生态安全。改革开放以来，中央和内蒙古自治区党委、政府对库布其沙漠地区的生态环境问题给予了高度重视，鄂尔多斯市历任党委、政府领导库布其地区各族群众万众一心，积极推进生态安全屏障建设，经过坚持不懈的努力奋斗，库布其沙漠治理取得了举世瞩目的成就：有效治理沙区超过 6400 平方公里，绿化超过 3200 平方公里，涵养水源超过 240 亿立方米，近三分之一的沙漠完成了由"沙进人退"到"绿进沙退"的历史性转变，生物多样性逐步恢复，生态环境得到明显改善，区域沙尘天气比 20 年前减少了 95%。在各界的共同努力下，库布其沙漠成为迄今为止世界上唯一被整体治理的沙漠，更加难能可贵的是，库布其人在积极改善自身生存环境的同时，探索形成了"库布其沙漠治理模式"，走出了一条沙漠地区生态与经济协同可持续发展之路，为世界上其他国家和地区的沙漠治理和生态安全屏障建设提供了中国经验。[4]

库布其沙漠的成功治理为构建我国北方重要的生态安全屏障做出了积极贡献，其治理成效也得到了高度认可。2017 年，习近平总书记在给第六届

---

① 《库布其沙漠基本情况》，杭锦旗人民政府网，http：//hjq. gov. cn/qq－hjzc－0001/ly/jq/20/202/t20120222－588746. html。

② 吴泽群：《内蒙古河套地区晚第四纪库布齐沙漠的形成和演化》，硕士学位论文，中国地质大学，2017。

③ 梁佩韵、那非丁：《库布其沙漠治理的时代价值与深远意义》，《实践》（思想理论版）2018年第 9 期。

④ 《内蒙古杭锦旗库布其沙漠治理创新实践》，生态环境部网站，http：//www. mee. gov. cn/xxgk2018/xxgk/xxgk15/201909/t20190910－733158. html。

库布其国际沙漠论坛的贺信中指出，中国历来高度重视荒漠化防治工作，取得了显著成效，为推进美丽中国建设作出了积极贡献，为国际社会治理生态环境提供了中国经验。库布其治沙就是其中的成功实践。[①] 2018 年，习近平总书记在全国生态环境保护大会上指出，库布其沙漠经过三十年治理变成了绿洲，治理面积达到 6000 多平方公里，让沙区十几万人受益。2019 年，习近平总书记再次致信第七届库布其国际沙漠论坛，指出库布其沙漠治理为国际社会治理生态环境、落实 2030 年议程提供了中国经验。

一　库布其沙漠地区生态安全屏障与资源环境承载力评价

（一）库布其沙漠地区生态安全屏障评价

1. 生态安全屏障评价指标体系的构建

为客观反映库布其沙漠地区生态安全屏障建设现状，遵循全面性、综合性、可比性、独立性、简明性、稳定性等原则，结合生态安全屏障建设主要指标，本报告在充分考虑库布其沙漠地区的自然环境、经济社会发展状况、生态安全内涵以及数据可得性的前提下，从自然生态安全、经济生态安全和社会生态安全三个方面出发，建立包含生态环境、生态经济和生态社会 3 个二级指标在内的库布其沙漠地区生态安全屏障评价指标体系（见表 1），以评价库布其沙漠地区生态安全屏障建设现状及其发展趋势。[②]

2. 数据的获取及处理

（1）数据的获取

本报告中涉及的数据主要来自 2016～2018 年《内蒙古统计年鉴》《鄂尔多斯统计年鉴》《杭锦旗统计年鉴》《达拉特旗统计年鉴》《准格尔旗统

---

① 《习近平向第六届库布其国际沙漠论坛致贺信》，新华网，http：//xinhuanet.com//politics/2017－07/29/c_ 1121400593. htm。

② 刘举科、喜文华主编《甘肃国家生态安全屏障建设发展报告（2017）》，社会科学文献出版社，2017。

计年鉴》以及各旗县的《国民经济和社会发展统计公报》《政府工作报告》等资料，经过分析和整理，2015～2017 年库布其沙漠地区各评价指标的原始数据分别见表2、表3、表4 所示。

表1　库布其沙漠地区生态安全屏障评价指标体系

一级指标	二级指标	序号	三级指标
库布其沙漠地区生态安全屏障评价指标体系	生态环境	1	农作物总播种面积(公顷)
		2	化肥施用折纯量(吨)
		3	水土流失综合治理面积(万亩)
		4	林业生态工程(万亩)
		5	生态绿化建设(万亩)
		6	节水灌溉面积(万亩)
		7	森林覆盖率(%)
	生态经济	8	生产总值(亿元)
		9	人均生产总值(元)
		10	农、林、牧、渔业总产值(万元)
		11	农牧民纯收入(元)
		12	规模以上工业总产值(亿元)
		13	旅游收入(亿元)
		14	城镇化率(%)
	生态社会	15	住户存款余额(万元)
		16	公路里程(公里)
		17	高中在校生数(人)
		18	卫生技术人员数(人)
		19	地方财政总收入(万元)
		20	社会消费品零售总额(亿元)
		21	一般公共预算支出(万元)

表2　2015 年库布其沙漠地区生态安全屏障评价各指标原始数据

三级指标	序号	杭锦旗	达拉特旗	准格尔旗
农作物总播种面积(公顷)	1	79264	136687	65154
化肥施用折纯量(吨)	2	23141	62420	9541
水土流失综合治理面积(万亩)	3	18	32.5	16.65
林业生态工程(万亩)	4	375	12.7	81.02
生态绿化建设(万亩)	5	41	43.5	30.4
节水灌溉面积(万亩)	6	5.6	37	12.6

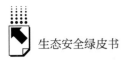

续表

三级指标	序号	杭锦旗	达拉特旗	准格尔旗
森林覆盖率(%)	7	17.8	28.6	34.39
生产总值(亿元)	8	89.61	471.8	1107.78
人均生产总值(元)	9	62937.65	129523.9	341696.48
农、林、牧、渔业总产值(万元)	10	296093	551066	158444
农牧民纯收入(元)	11	14258	14341	14459
规模以上工业总产值(亿元)	12	27.86	634.8	1015.09
旅游收入(亿元)	13	19.2	49.2	20.48
城镇化率(%)	14	50.1	56.07	68.22
住户存款余额(万元)	15	362002	1120554	2536526
公路里程(公里)	16	2862	2586	3500
高中在校生数(人)	17	1412	4820	5374
卫生技术人员数(人)	18	626	1640	2108
地方财政总收入(万元)	19	156330	213612	1574000
社会消费品零售总额(亿元)	20	35.81	58.1	99.11
一般公共预算支出(万元)	21	321118	518688	931981

表3　2016年库布其沙漠地区生态安全屏障评价各指标原始数据

三级指标	序号	杭锦旗	达拉特旗	准格尔旗
农作物总播种面积(公顷)	1	78591	137080	67108
化肥施用折纯量(吨)	2	23634	55658	9419
水土流失综合治理面积(万亩)	3	22	27	24.06
林业生态工程(万亩)	4	7	24	14.1
生态绿化建设(万亩)	5	38.7	13.8	38.4
节水灌溉面积(万亩)	6	4	30.7	1
森林覆盖率(%)	7	18.1	28.61	34.9
生产总值(亿元)	8	100.23	490.8	1143.2
人均生产总值(元)	9	69827.2	132898	350138
农、林、牧、渔业总产值(万元)	10	318621	592993	170499
农牧民纯收入(元)	11	15354	15359	15500
规模以上工业总产值(亿元)	12	55.4	700.2	1083.55
旅游收入(亿元)	13	23.8	64.5	22.5
城镇化率(%)	14	55.69	56.36	68.2
住户存款余额(万元)	15	407698	1280653	2678829
公路里程(公里)	16	5347	3267	4422
高中在校生数(人)	17	1305	5096	5748
卫生技术人员数(人)	18	608	1767	2111
地方财政总收入(万元)	19	159450	222750	160610
社会消费品零售总额(亿元)	20	39.18	64.7	109.5
一般公共预算支出(万元)	21	261910	409325	967876

表4   2017年库布其沙漠地区生态安全屏障评价各指标原始数据

三级指标	序号	杭锦旗	达拉特旗	准格尔旗
农作物总播种面积(公顷)	1	89562	148100	65908
化肥施用折纯量(吨)	2	24911	68482	9696
水土流失综合治理面积(万亩)	3	23	27	24.68
林业生态工程(万亩)	4	70.5	14.5	11.59
生态绿化造林建设(万亩)	5	38.4	13.8	13.76
节水灌溉面积(万亩)	6	5	18.4	16.4
森林覆盖率(%)	7	18.5	28.6	35.1
生产总值(亿元)	8	94.8	333.84	922.4
人均GDP(元)	9	65785.36	90163.43	280791.5
农、林、牧、渔业总产值(万元)	10	328166	610758	175607
农牧民纯收入(元)	11	16644	16618	16800
规模以上工业总产值(亿元)	12	72.62	231.7573	946.62
旅游收入(亿元)	13	25.7	75.3	25.4
城镇化率(%)	14	55.69	56.58	68.6
住户存款余额(万元)	15	441028	1282490	2852451
公路里程(公里)	16	5384	3281	4435
高中在校生数(人)	17	1179	4565	5317
卫生技术人员数(人)	18	743	1945	2294
地方财政总收入(万元)	19	73753	130103	2332400
社会消费品零售总额(亿元)	20	46.24498	79.9974	125.82
一般公共预算支出(万元)	21	271577	353430	720927

（2）数据的归一化处理

由于选取的指标不同，量纲单位也不同，无法进行数据之间的分析比较，因此，为了消除各个指标之间的量纲影响，需要进行数据的标准化处理，以解决数据指标之间的可比性问题。本文主要采用归一化处理，具体公式如下：

$$正向指标：X = X_i / X_{max}$$

$$负向指标：X = X_{max} / X_i$$

上式中，X代表参评因子的标准化赋值；X_i代表实测值；X_{max}代表实测最大值；X_{min}代表实测最小值。

计算结果使所有因子由有量纲表达变为无量纲表达，数据映射到（0，1]范围内，2015～2017年库布其沙漠地区生态安全屏障评价各指标归一化处理后结果如表5、表6、表7所示。

表5　2015年库布其沙漠地区生态安全屏障评价各指标归一化处理数据

三级指标	序号	杭锦旗	达拉特旗	准格尔旗
农作物总播种面积(公顷)	1	0.579894	1.000000	0.476666
化肥施用折纯量(吨)	2	0.370731	1.000000	0.152852
水土流失综合治理面积(万亩)	3	0.553846	1.000000	0.512308
林业生态工程(万亩)	4	1.000000	0.033867	0.216053
生态绿化建设(万亩)	5	0.942529	1.000000	0.698851
节水灌溉面积(万亩)	6	0.151351	1.000000	0.340541
森林覆盖率(%)	7	0.517592	0.831637	1.000000
生产总值(亿元)	8	0.080892	0.425897	1.000000
人均生产总值(元)	9	0.184192	0.379061	1.000000
农、林、牧、渔业总产值(万元)	10	0.537310	1.000000	0.287523
农牧民纯收入(元)	11	0.986099	0.991839	1.000000
规模以上工业总产值(亿元)	12	0.027446	0.625363	1.000000
旅游收入(亿元)	13	0.390244	1.000000	0.416260
城镇化率(%)	14	0.734389	0.821900	1.000000
住户存款余额(万元)	15	0.142716	0.441767	1.000000
公路里程(公里)	16	0.817714	0.738857	1.000000
高中在校生数(人)	17	0.262747	0.896911	1.000000
卫生技术人员数(人)	18	0.296964	0.777989	1.000000
地方财政总收入(万元)	19	0.099320	0.135713	1.000000
社会消费品零售总额(亿元)	20	0.361316	0.586217	1.000000
一般公共预算支出(万元)	21	0.344554	0.556544	1.000000

表6　2016年库布其沙漠地区生态安全屏障评价各指标归一化处理数据

三级指标	序号	杭锦旗	达拉特旗	准格尔旗
农作物总播种面积(公顷)	1	0.573322	1.000000	0.489554
化肥施用折纯量(吨)	2	0.424629	1.000000	0.169230
水土流失综合治理面积(万亩)	3	0.814815	1.000000	0.891111
林业生态工程(万亩)	4	0.291667	1.000000	0.587500
生态绿化建设(万亩)	5	1.000000	0.356589	0.992248
节水灌溉面积(万亩)	6	0.130293	1.000000	0.032573
森林覆盖率(%)	7	0.518625	0.819771	1.000000
生产总值(亿元)	8	0.087675	0.429321	1.000000

续表

三级指标	序号	杭锦旗	达拉特旗	准格尔旗
人均生产总值(元)	9	0.199428	0.379559	1.000000
农、林、牧、渔业总产值(万元)	10	0.537310	1.000000	0.287523
农牧民纯收入(元)	11	0.990581	0.990903	1.000000
规模以上工业总产值(亿元)	12	0.051128	0.646209	1.000000
旅游收入(亿元)	13	0.368992	1.000000	0.348837
城镇化率(%)	14	0.816569	0.826393	1.000000
住户存款余额(万元)	15	0.152193	0.478064	1.000000
公路里程(公里)	16	1.000000	0.610997	0.827006
高中在校生数(人)	17	0.227035	0.886569	1.000000
卫生技术人员数(人)	18	0.288015	0.837044	1.000000
地方财政总收入(万元)	19	0.715825	1.000000	0.721033
社会消费品零售总额(亿元)	20	0.357808	0.590868	1.000000
一般公共预算支出(万元)	21	0.270603	0.422911	1.000000

表7 2017年库布其沙漠地区生态安全屏障评价各指标归一化处理数据

三级指标	序号	杭锦旗	达拉特旗	准格尔旗
农作物总播种面积(公顷)	1	0.604740	1.000000	0.445024
化肥施用折纯量(吨)	2	0.363760	1.000000	0.141585
水土流失综合治理面积(万亩)	3	0.851852	1.000000	0.914074
林业生态工程(万亩)	4	1.000000	0.205674	0.164397
生态绿化造林建设(万亩)	5	1.000000	0.359375	0.358333
节水灌溉面积(万亩)	6	0.271739	1.000000	0.891304
森林覆盖率(%)	7	0.527066	0.814815	1.000000
生产总值(亿元)	8	0.102775	0.361925	1.000000
人均生产总值(元)	9	0.102775	0.361925	1.000000
农、林、牧、渔业总产值(万元)	10	0.234285	0.321105	1.000000
农牧民纯收入(元)	11	0.537309	1.000000	0.287523
规模以上工业总产值(亿元)	12	0.990714	0.989167	1.000000
旅游收入(亿元)	13	0.076715	0.244826	1.000000
城镇化率(%)	14	0.341301	1.000000	0.337317
住户存款余额(万元)	15	0.811808	0.824781	1.000000
公路里程(公里)	16	0.154614	0.449610	1.000000
高中在校生人数(人)	17	1.000000	0.609398	0.823737
卫生技术人员数(人)	18	0.221742	0.858567	1.000000
地方财政总收入(万元)	19	0.323888	0.847864	1.000000
社会消费品零售总额(亿元)	20	0.031621	0.055781	1.000000
一般公共预算支出(万元)	21	0.367549	0.635808	1.000000

3. 指标权重的确定

相对于整个评价体系来说，指标体系中每个指标的重要程度不同，指标权重也各不相同。本报告采用熵值法计算各个指标的权重，计算过程如下：

（1）通过上述指标标准化后，各标准值都在（0，1］区间内，计算各指标的熵值：

$$U_j = - \sum_{i=1}^{m} X_{ij} \ln X_{ij} ,$$

其中 m 为样本数；

（2）熵值逆向化：

$$S_j = \frac{\max U_j}{U_j}$$

（3）确定权重：

$$W_j = \frac{S_j}{\sum_{j=1}^{n} S_j}$$

通过以上公式计算得到 2015 ～ 2017 年各指标的权重值，分别见表 8、表 9、表 10 所示。

表 8　2015 年库布其沙漠地区生态安全屏障评价指标权重值

三级指标	权重
农作物总播种面积（公顷）	0.017912
化肥施用折纯量（吨）	0.018301
水土流失综合治理面积（万亩）	0.017893
林业生态工程（万亩）	0.026894
生态绿化建设（万亩）	0.039146
节水灌溉面积（万亩）	0.018367
森林覆盖率（%）	0.024255
生产总值（亿元）	0.021142
人均生产总值（元）	0.017645
农、林、牧、渔业总产值（万元）	0.017318
农牧民纯收入（元）	0.546531

续表

三级指标	权重
规模以上工业总产值(亿元)	0.030559
旅游收入(亿元)	0.016374
城镇化率(%)	0.030899
住户存款余额(万元)	0.018765
公路里程(公里)	0.030879
高中在校生数(人)	0.026710
卫生技术人员数(人)	0.021564
地方财政总收入(万元)	0.023953
社会消费品零售总额(亿元)	0.017604
一般公共预算支出(万元)	0.017290

表9　2016年库布其沙漠地区生态安全屏障评价指标权重值

三级指标	权重
农作物总播种面积(公顷)	0.015895
化肥施用折纯量(吨)	0.015997
水土流失综合治理面积(万亩)	0.039420
林业生态工程(万亩)	0.015818
生态绿化建设(万亩)	0.028308
节水灌溉面积(万亩)	0.028185
森林覆盖率(%)	0.021111
生产总值(亿元)	0.018437
人均生产总值(元)	0.015420
农、林、牧、渔业总产值(万元)	0.015355
农牧民纯收入(元)	0.576648
规模以上工业总产值(亿元)	0.024478
旅游收入(亿元)	0.014454
城镇化率(%)	0.032898
住户存款余额(万元)	0.016623
公路里程(公里)	0.023200
高中在校生人数(人)	0.023971
卫生技术人员数(人)	0.020946
地方财政总收入(万元)	0.022367
社会消费品零售总额(亿元)	0.015660
一般公共预算支出(万元)	0.014809

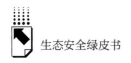

表10　2017年库布其沙漠地区生态安全屏障评价指标权重值

三级指标	权重
农作物总播种面积(公顷)	0.016678
化肥施用折纯量(吨)	0.017191
水土流失综合治理面积(万亩)	0.050669
林业生态工程(万亩)	0.017814
生态绿化造林建设(万亩)	0.015066
节水灌溉面积(万亩)	0.024270
森林覆盖率(%)	0.021970
生产总值(亿元)	0.018419
人均生产总值(元)	0.015724
农、林、牧、渔业总产值(万元)	0.016011
农牧民纯收入(元)	0.553627
规模以上工业总产值(亿元)	0.020465
旅游收入(亿元)	0.015109
城镇化率(%)	0.033772
住户存款余额(万元)	0.017101
公路里程(公里)	0.024010
高中在校生数(人)	0.023836
卫生技术人员数(人)	0.021942
地方财政总收入(万元)	0.041011
社会消费品零售总额(亿元)	0.016898
一般公共预算支出(万元)	0.016678

4. 综合指数的计算

本报告采用综合指数 *EQ* 来表示区域生态安全度，具体计算公式如下：

$$EQ(t) = \sum_{i=1}^{n} W_i(t) \times X_i(t)$$

式中，X_i 代表评价指标的标准化值；W_i 为生态安全评价指标 i 的权重；n 为指标总项数。

生态安全综合指数值越大，表示其生态安全度越高，生态状况越安全。

生态安全评价综合指数反映了该地区的生态安全度以及生态预警级别，根据本书课题组研究，将生态安全综合指数分为5个级别，分别反映不同程度的生态安全度和预警级别。[①]

根据表11中的生态安全分级标准，2015~2017年库布其沙漠地区生态安全屏障评价结果分别如表12、表13、表14所示。

表11　生态安全分级标准

综合指数	状态	生态安全度	指标特征
0~0.2	恶劣	严重危险	生态环境破坏较大，生态系统服务功能严重退化，生态恢复与重建困难，生态灾害较多
0.2~0.4	较差	危险	生态环境破坏较大，生态系统服务功能严重退化，生态恢复与重建困难，生态灾害较多
0.4~0.6	一般	预警	生态环境受到一定破坏，生态系统服务功能已经退化，生态恢复与重建有一定困难，生态问题较多，生态灾害时有发生
0.6~0.8	良好	较安全	生态环境受破坏较小，生态系统服务功能较完善，生态恢复与重建容易，生态安全不显著，生态破坏不常出现
0.8~1	理想	安全	生态环境基本未受到干扰破坏，生态系统服务功能基本完善，系统恢复再生能力强，生态问题不明显，生态灾害少

表12　2015年库布其沙漠地区生态安全屏障评价结果

地区	综合指数	生态安全状态	生态安全度
杭锦旗	0.7454	良好	较安全
达拉特旗	0.8637	理想	安全
准格尔旗	0.8995	理想	安全

表13　2016年库布其沙漠地区生态安全屏障评价结果

地区	综合指数	生态安全状态	生态安全度
杭锦旗	0.7760	良好	较安全
达拉特旗	0.8995	理想	安全
准格尔旗	0.9097	理想	安全

[①] 刘举科、喜文华主编《甘肃国家生态安全屏障建设发展报告（2017）》，社会科学文献出版社，2017。

表14 2017年库布其沙漠地区生态安全屏障评价结果

地区	综合指数	生态安全状态	生态安全度
杭锦旗	0.7558	良好	较安全
达拉特旗	0.8402	理想	安全
准格尔旗	0.9188	理想	安全

由表12～14可知，近年来，随着库布其沙漠的持续深入治理，库布其沙漠地区的生态安全综合指数较高，生态安全状况良好，整体处于较安全或安全状态，这说明库布其沙漠地区的生态安全屏障建设取得了重大进展。此外，就各区县来说，杭锦旗由于地处库布其沙漠地区西段荒漠化最严重的区域，所以其生态安全综合指数低于其他两个旗县，下一步，应将生态安全屏障建设重点放在该区域。

（二）库布其沙漠地区资源环境承载力评价

1. 资源环境承载力评价指标体系

库布其沙漠地区资源环境承载力评价指标体系见表15所示。

表15 库布其沙漠地区资源环境承载力评价指标体系

目标层	准则层	系数层	指标层	指标方向
资源环境可持续发展	资源承载力	土地资源系数	人均耕地面积（公顷）	+
		粮食资源系数	人均粮食产量（吨）	+
		水资源系数	人均水资源（立方米）	+
		生物资源系数	森林覆盖率（%）	+
	环境安全	大气环境安全系数	二氧化硫排放量（吨）	－
			工业粉烟尘排放量（吨）	－
		水资源安全系数	工业废水排放量（吨）	－
			化学需氧量排放量（吨）	+
		土地资源安全系数	固体废弃物产生量（吨）	－
			人均公园绿地面积（平方米）	+
			城镇化率（%）	+

2. 数据的获取及处理

本报告数据主要来自2016～2018年《内蒙古统计年鉴》《鄂尔多斯统

计年鉴》《准格尔旗统计年鉴》《达拉特旗统计年鉴》《杭锦旗统计年鉴》
以及各旗县《国民经济和社会发展统计公报》《政府工作报告》等资料，个
别县级年鉴未统计的数据使用市级数据的算术平均值。各评价指标的原始数
据见表16。

表16　库布其沙漠地区资源环境承载力评价指标原始数据

地区\指标	杭锦旗			达拉特旗			准格尔旗		
	2015 年	2016 年	2017 年	2015 年	2016 年	2017 年	2015 年	2016 年	2017 年
人均耕地面积（公顷）	0.56	0.55	0.55	0.23	0.22	0.22	0.20	0.21	0.20
人均粮食产量（吨）	2.66	2.69	2.63	1.60	1.58	1.57	0.25	0.29	0.25
人均水资源（立方米）	1650.52	1616.27	1609.94	494.16	487.40	486.14	169.65	168.45	167.43
森林覆盖率（％）	17.80	18.1	18.50	28.60	28.60	28.60	34.39	34.90	35.10
二氧化硫排放量（吨）	16613.15	4793.16	3614.03	28348.00	4793.16	3614.03	34761.27	10217.85	9787.12
工业粉烟尘排放量（吨）	3832.85	3808.26	1404.06	6953.79	3808.26	1404.06	7512.34	7512.34	3057.99
工业废水排放量（万吨）	246.38	303.39	287.14	826.95	303.39	287.14	312.26	392.96	717.85
化学需氧量排放量（吨）	143.66	220.97	241.86	437.00	220.97	241.86	143.66	400.52	278.35
固体废弃物产生量（万吨）	608.51	549.44	630.44	206.74	549.44	630.44	4086.70	3028.36	3263.48
人均公园绿地面积（平方米）	13.20	13.40	13.50	12.71	12.75	12.87	14.30	17.39	18.00
城镇化率（％）	50.1	55.69	55.69	56.07	56.36	56.58	68.22	68.2	68.6

（1）数据的归一化处理

为了消除各指标之间的量纲影响，本报告采用极差法对数据进行归一化
处理，来解决数据指标之间的可比性问题。具体公式为：

$$正向指标：X = X_i / X_{max}$$
$$负向指标：X = X_{min} / X_i$$

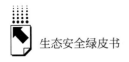

表 17 库布其沙漠地区资源环境承载力评价指标原始数据归一化处理结果

指标 分类	杭锦旗			达拉特旗			准格尔旗		
	2015 年	2016 年	2017 年	2015 年	2016 年	2017 年	2015 年	2016 年	2017 年
人均耕地面积（公顷）	1.000000	1.000000	1.000000	0.410570	0.405799	0.408809	0.355271	0.375354	0.354871
人均粮食产量（吨）	1.000000	1.000000	1.000000	0.600036	0.587164	0.597462	0.094481	0.109442	0.094375
人均水资源（立方米）	1.000000	1.000000	1.000000	0.299394	0.301558	0.301964	0.102785	0.104223	0.103996
自然保护区覆盖率（%）	0.517592	0.572841	0.527066	0.831637	0.831637	0.814815	1.000000	1.000000	1.000000
万元 GDP 二氧化硫排放量（吨）	1.000000	1.000000	1.000000	0.586043	1.000000	1.000000	0.477921	0.469096	0.369264
万元 GDP 工业粉尘排放量（吨）	1.000000	1.000000	1.000000	0.551188	1.000000	1.000000	0.510207	0.506934	0.459144
万元 GDP 工业废水排放量（吨）	1.000000	1.000000	1.000000	0.297943	1.000000	1.000000	0.789035	0.772053	0.400006
万元 GDP 化学需氧量排放量（吨）	0.328734	0.551712	0.868884	1.000000	0.551712	0.868884	0.328734	1.000000	1.000000
万元 GDP 固体废弃物产生量（吨）	0.339749	1.000000	1.000000	1.000000	1.000000	1.000000	0.050588	0.181433	0.193182
人均公园绿地面积（平方米）	0.923077	0.770558	0.750000	0.888811	0.733180	0.715000	1.000000	1.000000	1.000000
城镇化率（%）	0.734389	0.816569	0.811808	0.821900	0.826393	0.824781	1.000000	1.000000	1.000000

上式中，X 代表参评因子的标准化赋值；X_i 代表实测值；X_{max} 代表实测最大值；X_{min} 代表实测最小值。通过计算使所有因子由有量纲表达变为无量纲表达，数据映射到（0，1]范围内，具体计算结果见表17。

（2）指标权重的确定

指标权重的确定是确定单个评价指标对整个指标评价体系的重要程度。本报告利用客观赋权法——熵值法计算各个指标的权重，计算得到库布其沙漠地区资源可承载力和环境安全各指标的权重值，如表18所示。

表18　库布其沙漠地区资源环境承载力评价指标权重

准则层	指标层	权重		
		2015 年	2016 年	2017 年
资源可承载力	人均耕地面积(公顷)	0.0587	0.0489	0.0493
	人均粮食产量(吨)	0.0813	0.0647	0.0682
	人均水资源(立方米)	0.0723	0.0601	0.0606
	森林覆盖率(%)	0.0870	0.0760	0.0717
环境安全	二氧化硫排放量(吨)	0.0646	0.1011	0.0984
	工业粉烟尘排放量(吨)	0.0640	0.1042	0.1012
	工业废水排放量(吨)	0.0785	0.1797	0.0987
	化学需氧量排放量(吨)	0.0588	0.0547	0.1482
	工业固体废弃物产生量(万吨)	0.0831	0.1159	0.1139
	人均公园绿地面积(平方米)	0.2408	0.0838	0.0794
	城镇化率(%)	0.1109	0.1111	0.1103

（3）资源可承载力和环境安全综合指数的计算

资源承载力和环境安全综合指数计算采用综合评价法。

资源可承载力：

$HI = \sqrt{P \times N}$，其中 P 为积极指标组指数，N 为消极指标组指数。

积极指标组指数：

$$P = \sum_{i=1}^{n} W_i \times C_i;$$

消极指标组指数：

$$N = \sum_{i=1}^{n} W_i \times C_i$$

其中，W_i 对应各指标的指标值，C_i 对应各指标的指标权重，n 为指标总项数。根据上述评价方法，得到库布其沙漠地区资源可承载力和环境安全计算结果（见表19）。

表19 库布其沙漠地区资源可承载力和环境安全计算结果

指标＼地区	2015 年			2016 年			2017 年		
	杭锦旗	达拉特旗	准格尔旗	杭锦旗	达拉特旗	准格尔旗	杭锦旗	达拉特旗	准格尔旗
资源可承载力	11.01	6.19	3.91	9.94	5.62	3.57	9.96	5.62	3.56
环境安全	7.51	9.62	9.03	7.20	7.20	9.29	7.62	7.62	9.71

（4）分级评价

根据资源环境承载力的评价指标体系，综合考虑各个指标及其相对应的评价标准，本报告采用分级评价法，对库布其沙漠地区资源可承载力和环境安全进行总体评价。

一级评价为资源承载力评价。资源可承载力主要反映的是资源对当地社会经济发展提供的支撑能力，因此 HI 值越大，则资源可承载力越高，对社会经济发展的支撑作用越大；反之，HI 值越小，表示资源的可承载力越低，对社会的经济发展提供的支撑能力越小。

二级评价为环境安全评价。环境安全表示环境对人类社会、经济和生态的协调或者胁迫强度，因此 HI 值越大，表示环境安全度越高，HI 值越小，表示环境安全度越低。本文设定的环境安全分级标准为 0~2（红，不安全）、2~4（橙，脆弱）、4~6（黄，较安全）、6~8（蓝，基本安全）、8~10（绿，安全）五个级别的建议标准。[1]

3. 评价结果分析

根据上述资源可承载力和环境安全分级标准，2015~2017 年库布其沙漠地区资源可承载力和环境安全评价结果见表20、表21、表22 所示。

---

[1] 刘举科、喜文华主编《甘肃国家生态安全屏障建设发展报告（2017）》，社会科学文献出版社，2017。

表 20　2015 年库布其沙漠地区资源可承载力和环境安全评价结果

地区	资源可承载力	环境安全	资源可承载力状态	环境安全状态
杭锦旗	11.01	7.51	最高	安全
达拉特旗	6.19	9.62	高	安全
准格尔旗	3.91	9.03	较低	安全

表 21　2016 年库布其沙漠地区资源可承载力和环境安全评价结果

地区	资源可承载力	环境安全	资源可承载力状态	环境安全状态
杭锦旗	9.94	7.20	最高	安全
达拉特旗	5.62	7.20	中等	安全
准格尔旗	3.57	9.29	较低	安全

表 22　2017 年库布其沙漠地区资源可承载力和环境安全评价结果

地区	资源可承载力	环境安全	资源可承载力状态	环境安全状态
杭锦旗	9.96	7.62	最高	安全
达拉特旗	5.62	7.62	中等	安全
准格尔旗	3.56	9.71	较低	安全

根据表 20～22 的计算结果可以看出，与 2015 年相比，2016 年和 2017 年杭锦旗的资源可承载力有所下降，环境安全指标数值虽略有波动，但整体处于安全状态；与 2015 年相比，2016 年和 2017 年达拉特旗的资源可承载力有所下降，环境安全指标值也有所下降，但整体处于安全状态；2015～2017 年，准格尔旗的资源可承载力逐年下降，整体属于较低水平，环境安全水平逐年提升，整体属于安全状态。

二　库布其沙漠地区生态安全屏障建设的重要基础

（一）得天独厚的自然条件

1. 地理位置适宜

库布其沙漠地处黄河"几"字弯，其北、西、东三面都被黄河包围，

地理位置近于封闭。北部狼山、西部桌子山、东部大青山以及南部与毛乌素沙地的分水岭将库布其沙漠隔离成了相对封闭的孤立沙漠，易于集中治理。此外，库布其沙漠本身呈带状分布，南北宽度较小，东西水量分配明显不均匀，源于鄂尔多斯高台地上的10条季节性河流将库布其沙漠横向切割成数块，适合实施分段分块治理，逐步改造。①

2. 水资源丰富

库布其沙漠区有现成的水泡和水库，并且地下水资源充沛，易使生物存活，可以充分利用地下水资源，降低治理难度。② 更为重要的是，库布其沙漠地区紧邻黄河，洪水资源十分丰富。虽然黄泛、洪涝灾害等造成了大量的经济损失，但也为引入洪水治理沙漠提供了可行空间，在时机和技术成熟的情况下，巧妙借用大自然的力量，可以达到事半功倍的效果。从2013年开始，库布其沙漠地区西段杭锦旗采取科学方法，实施重点水生态综合治理项目，借助凌汛期将黄河凌水引入库布其沙漠腹地，形成了近20平方公里的水面和近60平方公里的生态湿地，促使20多种植物恢复自然生长、10多种水鸟长期栖息，形成沙水相连的自然生态格局，促进自然生态系统的全面恢复，达到了变水害为水利、推进荒漠化治理的双重目的。

（二）各级政府大力支持

我国政府一直高度重视荒漠化防治工作，从中央到地方，各级政府、部门始终关注、支持库布其沙漠治理工作，出台了一系列政策文件，并先后在库布其沙漠地区实施了"三北"防护林工程、退耕还林还草工程、天然林资源保护工程、京津风沙源治理工程及水土保持、草原生态保护等重大生态治理工程，有效推动了库布其沙漠地区的防沙治沙工作。③ 鄂尔多斯市历届

---

① 《鄂尔多斯林业志》编委会编《鄂尔多斯林业志》，内蒙古人民出版社，2011。

② 迟悦春、辛静、聂琴：《对库布齐沙漠治理模式的思考》，载白宝玉主编《科技创新与经济结构调整——第七届内蒙古自治区自然科学学术年会优秀论文集》，内蒙古人民出版社，2012，第3页。

③ 白洁：《筑牢祖国北疆生态安全屏障——我市推进生态文明制度建设综述》，《鄂尔多斯日报》2018年11月26日。

党委、政府始终把防沙治沙工作摆在突出的重要位置，采取了多种措施，着力推进库布其沙漠治理，加快了沙区治理步伐。经过几十年的建设，库布其沙漠地区的防沙治沙工作取得了显著成效，生态状况实现了由过去严重恶化到整体好转的历史性飞跃。[1]

（三）引导企业投资，参与生态治理

生态环境问题归根结底是经济发展方式的问题。在库布其沙漠的治理过程中，鄂尔多斯市积极引导企业投资来解决沙漠治理问题，坚持推行产业生态化和生态产业化政策，鼓励企业积极参与生态治理，在促进经济发展的同时，形成了独特的绿色发展模式。治沙龙头企业（如亿利、伊泰、东达等）也探索出了产业与治沙结合的生产方式，在创造经济效益的同时，利用库布其沙漠地区独特的自然地理条件打造出立体的生态产业体系，逐步形成以沙漠治理为基础的生态修复、生态农牧、生态旅游、生态光伏、生态工业等产业，既持续推动了当地经济发展，又在一定程度上解决了环境治理、经济发展与就业创业等问题，为缓解经济社会发展与自然环境之间的矛盾提供了新的思路与途径。

（四）当地民众积极参与

当地居民是库布其沙漠地区防风治沙的最大利益相关者。随着当地环境的不断恶化、"沙逼人退"场景的不断上演，沙区居民的环保意识也随之不断增强，许多民众自发投入沙漠治理中。此外，鄂尔多斯市政府出台的各种补贴政策、基金支持政策及引入企业治沙等措施调整了当地的经济结构，吸引民众广泛参与防风治沙，提升了当地居民的生活质量。目前，仅在杭锦旗地区，就活跃着232个治沙民工联队，近1500户农牧民从事沙漠旅游业，近万人直接从事生态建设工作，他们成为库布其沙漠治理最直接的参与者和受益者。[2]

---

[1] 《鄂尔多斯林业志》编委会编《鄂尔多斯林业志》，内蒙古人民出版社，2011。
[2] 王占义：《世界防治荒漠化的"中国方案"——库布其模式解析（上）》，《北方经济》2017年第12期。

（五）科学技术的持续创新

长期以来，库布其沙漠地区在治理沙漠化方面不断加强科技创新，逐步形成了系统化的防沙治沙技术，总结出包括"全面攻击、逐个击破"，"锁边"治理、"切隔"治理、"点缀"治理以及农用林业治理、防护林体系治理、乔灌并举治理、封沙育林治理、飞播造林种草治理等先进的治理方法。此外，亿利集团等治沙企业在长期的实践中，还研发了包括气流植树、无人机植树、甘草平移栽种等100余项沙漠生态技术成果，有效提升了沙漠治理的科技水平。

三　典型案例：鄂尔多斯市造林总场40年扎根库布其沙漠地区开展生态建设

（一）整体情况

1978年，国家正式实施"三北"防护林建设工程，鄂尔多斯市造林总场应运而生。作为国家确立的"三北"防护林重点建设单位和内蒙古自治区规模较大的国有人工公益型林场，40多年来，鄂尔多斯市造林总场在生态建设方面取得了显著成效，对库布其沙漠地区生态安全屏障建设做出了重要贡献。

1. 地理位置

鄂尔多斯市造林总场经营区分布在黄河中上游"几"字弯南岸，位于鄂尔多斯高原北部库布其沙漠的中东段，自鄂尔多斯市准格尔旗十二连城乡三十顷地村到达拉特旗中和西镇官井村，东西长约148公里，南北宽约14公里。

2. 区域区划

鄂尔多斯市造林总场下设7个分场，总经营面积为126.6万亩。与准格尔旗、达拉特旗的9个苏木（乡镇）、22个行政村（嘎查）、114个合作社相邻相伴。[①]　具体情况见表23。

---

① 《鄂尔多斯市造林总场志》编委会编《鄂尔多斯市造林总场志》，内蒙古人民出版社，2015。

表 23　鄂尔多斯市造林总场分场情况

分场	面积(万亩)	涉及村
三十顷地分场	0.12	准格尔旗十二连城乡三十顷地村
沟心召分场	23.30	达拉特旗吉格斯太镇沟心召村、柳沟村、大红奎村、乌兰壕村
白泥井分场	18.38	达拉特旗白泥井镇侯家营子村、白泥井村、柴登村、大纳林村,吉格斯太镇柳沟村、三眼井村
九大渠分场	12.78	达拉特旗王爱召镇新民堡村、生成永村,树林召镇新建村
树林召分场	2.58	达拉特旗王爱召镇圪旦村
展旦召分场	44.19	达拉特旗展旦召苏木展旦召嘎查村、苣几塔村,树林召镇石拉台村、沙坝子村、关碾房村
万太兴分场	25.25	达拉特旗恩格贝镇五大仓村、黄母花村、中和西镇万太兴村、牧业村、官井村

3. 自然特征

鄂尔多斯市造林总场经营区域东西横跨干旱、半干旱两个气候带,属于典型的温带大陆性干旱、半干旱季风气候,干旱少雨,风大沙多,水热同期,蒸发量大,降水集中。年日照时数为 2900~3200 小时,年太阳总辐射量为 139.4~143.3 千卡/平方厘米,年降雨量为 200~300 毫米,年平均蒸发量为 2100~2700 毫米,年平均气温为 7.4℃,年平均风速为 3 米/秒。

该区域东部的土壤为栗钙土地带性土壤,西部为棕钙土地带性土壤。由于干旱缺水,形成了以风沙土为主的隐域性分布规律。造林总场经营区域水文条件主要为地表水和地下水,主要由大气降水补给,以及过境黄河水、库布其沙漠十大孔兑汛期补水。

建场 40 多年来,造林总场依托"三北"防护林体系建设、退耕还林、天然林资源保护和京津风沙源治理等国家林业生态重点工程,采取人工造林、封山(沙)育林、飞播造林、工程固沙等生态恢复措施,在库布其沙漠腹地建成了 156.41 万亩乔灌草、网带片相结合的防护林体系,有效遏制了库布其沙漠北侵、南扩、东移,有效保护了母亲河—黄河和呼包鄂榆城市圈生态安全,有效减少了京津地区风沙来源。[①]

① 包青松:《坚定防沙治沙　筑牢生态屏障——写在市造林总场建场 40 周年之际》,《鄂尔多斯日报》2019 年 4 月 12 日。

造林总场创新森林经营模式，以国有林场改革为动力，重点抓好林业生态建设、资源林政管理、产业发展、森林草原防火、林业有害生物防治等工作，解决好富民与强场、生态与产业、保护与利用、林场与农牧民四大关系，着力培育主导产业"一场一策"，全面推进依法治场、服务美丽鄂尔多斯建设。[①]

目前，造林总场生态系统全面升级；经营区内农牧民生产生活水平不断提高，各项条件明显改善；地方经济和社会得到极大发展，探索了一条生态效益、经济效益、社会效益共赢的有效路径。

（二）造林总场生态建设生态效益情况

1. 森林资源情况

2018 年，造林总场总经营面积达 126.6 万亩，占鄂尔多斯市国有林场（站）总经营面积的 1/3 以上。其中林业用地 126.5 万亩、非林地 0.1 万亩；森林覆盖率达 59.99%，比 20 世纪 70 年代建场时提高了 53.69 个百分点；有林面积 77.87 万亩，比建场时增加了 8.8 倍；植被覆盖度达到 80%，比建场初期增加了 72 个百分点（见表 24）。

表 24　鄂尔多斯市造林总场生态资源对比表

项目	2018 年	1999 年	1979 年
森林覆盖率(%)	59.99	21.80	6.30
有林面积(万亩)	77.87	35.01	7.91
植被覆盖度(%)	80	—	8

2. 林业重点工程

（1）"三北"防护林体系建设工程

"三北"防护林体系建设工程于 1978 年经国务院批准正式启动，工程规划建设周期自 1978 年开始，预计 2050 年结束，总时长跨度为 73 年，项

---

① 吕广林：《建设精品工程提高国有林场森林质量——以鄂尔多斯市造林总场为例》，《内蒙古林业调查设计》2019 年第 2 期。

目分为三个阶段实施，共计八期工程进行建设。截至目前，造林总场已经承担了一至五期工程建设，总投入 2373.14 万元（见表 25）。

（2）退耕还林工程

我国从 1999 年开始，选择退耕还林试点，到 2001 年全国先后有 20 个省级单位和新疆生产建设兵团进行了试点，2002 年全面启动。工程建设范围包括 25 个省（自治区、直辖市）和新疆生产建设兵团共 1897 个县（市、区、旗）。退耕还林的主要措施：一是国家无偿向退耕农户提供生活费补助；二是国家向退耕农户提供种苗造林补助；三是退耕还林必须坚持生态优先。

造林总场从 2000 年开始启动退耕还林工程，2008 年又增加了封山（沙）育林项目。2000～2018 年，累计投资 790 万元，完成退耕还林任务 12 万亩，项目效果显著。

表 25　1979～2019 年鄂尔多斯市造林总场林业重点工程专项资金

单位：万元

重点工程	金额
"三北"防护林体系建设工程一至五期	2373.14
退耕还林工程	790.00
天然林资源保护工程	3379.48
种苗工程	270.00
天保财政资金	10012.14
其他专项	2086.79
国有林场扶贫及森林草原防火	529.50
林业有害生物防治	110.00
造林补贴试点	844.00
沙化土地封禁保护项目	2000.00
森林抚育	750.00

资料来源：《鄂尔多斯市造林总场志》。

（3）天然林资源保护工程

2000 年，国务院批准实施天然林资源保护工程，工程范围包括长江上游地区、黄河上中游地区、东北地区、内蒙古等地的重点国有林区，共涉及 17 个省（自治区），724 个县，160 个重点企业，14 个自然保护区。主要政策措施：一是加大对森林资源管护力度；二是加快生态公益林建设；三是对森工企业职工养老保险社会统筹给予补助；四是对森工企业社会性支出实行补助；五是对森工企业下岗职工基本生活保障费用实行补助；六是企业减产后对部分富余人员采取一次性安置措施。[①]

自 2000 年列入黄河上中游天然林资源保护工程区建设范围以来，造林总场仅在一期工程中就全面完成了生态公益林建设、国家级公益林森林生态效益补偿、天然林资源管护、木材限额采伐、富余职工分流安置、职工技能培训等各项工程建设任务，取得了显著的生态效益、经济效益和社会效益。

截至目前，造林总场共完成林业生态建设 156.41 万亩，其中"三北"防护林体系建设工程一至五期 54.06 万亩；退耕还林工程 12 万亩；天然林资源保护工程 55.73 万亩；京津风沙源治理二期工程 8.12 万亩；造林补贴试点 4 万亩；沙化土地封禁保护项目 15 万亩；森林抚育 7.5 万亩（见表26）。林木资产与固定资产分别达到 4880.40 万元和 2246.90 万元，职工家庭人均纯收入 3.86 万元。[②]

表 26　鄂尔多斯市造林总场林业重点工程生态建设面积

单位：万亩

重点工程	面积
"三北"防护林体系建设工程一至五期	54.06
退耕还林工程	12.00
天然林资源保护工程	55.73
京津风沙源治理二期工程	8.12
造林补贴试点	4.00
沙化土地封禁保护项目	15.00
森林抚育	7.50

资料来源：《鄂尔多斯市造林总场志》。

---

① 《鄂尔多斯市造林总场志》编委会编《鄂尔多斯市造林总场志》，内蒙古人民出版社，2015。

② 《鄂尔多斯市造林总场志》编委会编《鄂尔多斯市造林总场志》，内蒙古人民出版社，2015。

4. 治沙情况

造林总场在沙漠地区建设经营，治沙成绩显著。经营区宛如一条绿色长城，保护当地人民生产生活，促进农民增收，控制京津风沙源，保护黄河，有效遏制了曾经北侵、南扩、东移的库布其沙漠，一条乔灌草、带网片相结合的绿色生态屏障在沙漠中悄然建成。曾经的"沙进人退"变成了"绿进沙退"。依据国家林业局西北林业规划设计院的监测结果显示：在造林总场经营治理区域内，库布其沙漠流动沙地较建场初期减少了75%，固定沙地较建场初期增加了6倍，入黄泥沙量比建场初期减少了21.05%。根据科学推算，目前防风固沙价值突破了1亿元。[①]

造林总场坚持科技治沙，先后应用推广了大量得到实践证明行之有效的沙漠实用造林技术。比如，前挡后拉、撵沙造林、飞播造林、沙障固沙造林、机械打孔深栽保湿抗旱、截干深栽保湿抗旱等一系列造林技术的运用，使治沙造林取得了显著成效。[②] 同时，造林总场结合空间监测技术和传统监测手段，为治沙造林事业提供了全方位、多角度的立体化资源管护体系，实现林区监测全覆盖。

（三）造林总场生态建设经济效益情况

1. 农民增收

所驻旗县粮食产量达10亿公斤，牲畜达185.7万头，农牧民人均收入达16618元，较建场初期增长了138.6倍。

2. 产业兴农

造林总场遵循生态建设产业化、产业发展生态化的原则，结合林场的发展实际和林业产业特点，依托丰富的资源，凭借政策优势，探索出林沙产业发展的致富路。

---

① 《鄂尔多斯市造林总场志》编委会编《鄂尔多斯市造林总场志》，内蒙古人民出版社，2015。
② 《鄂尔多斯市造林总场志》编委会编《鄂尔多斯市造林总场志》，内蒙古人民出版社，2015。

（1）种苗产业

作为林业建设最基础的生产资料，种苗是确保林业发展和提高林业生态建设质量的关键，是促进林业资源增长，实现可持续发展的关键。

造林总场的种苗产业起步于20世纪80年代，经历了从自给自足、品种单一、经济价值低到市场化发展、品种众多、质量上乘、经济效益可观的发展过程。苗圃数量从4处发展到11处，苗圃面积从2300亩发展到4443亩，育苗树种从10余个发展到60多个，生产的苗木从满足自身建设需要发展到远销自治区内外，为自治区其他地市和周边5个省级单位提供了优质的种苗。

2010年以来，造林总场在原有苗圃的基础上，进行基础设施修建工作，形成了"田成方、林成网、路相通、管灌溉、机电井"五配套的高标准育苗基地。造林总场大力发展节水灌溉工程，改造苗圃4000多亩，铺设节水管道46.24公里，新打机电井22眼，新增改造苗圃防护林2.3万米，共计1万余株。大力发展电力电网工程，新增线路24.17公里，变压器10台。大力发展公路基础设施建设工程，修建砂石路27.71公里。[①]

2013年，在各个分场确定主导产业的基础上，造林总场加快间作育苗、容器育苗、乡土优良树种培养、特色品种培育等一系列种苗产业发展，以市场为导向，实行供给侧改革，调整种苗产业结构，优化育苗机制，创建苗木花卉交易市场，取得了显著经济效益。1979～2018年造林总场累计实现苗木产值2046.37万元（见表27）。

表27　鄂尔多斯市造林总场1979～2018年累计苗木产值统计表

单位：万元

单位＼类别	合计	其中	
		乔木育苗	灌木育苗
造林总场	2046.37	1781.58	264.79
三十顷地分场	690.52	537.23	153.29
沟心召分场	11.44	10.17	1.27

---

① 《鄂尔多斯市造林总场志》编委会编《鄂尔多斯市造林总场志》，内蒙古人民出版社，2015。

单位 ＼ 类别	合计	其中	
		乔木育苗	灌木育苗
白泥井分场	887.77	821.39	66.38
九大渠分场	13.04	11.93	1.11
树林召分场	3.69	2.53	1.16
展旦召分场	227.86	217.99	9.87
万太兴分场	212.05	180.34	31.71

资料来源：《鄂尔多斯市造林总场志》。

2. 林产品加工产业

20 世纪 80 年代，造林总场开始兴办林产品加工业，以柳制品编制为主，在改革开放初期创造了较好的经济效益，但是随着市场经济的快速发展，在总场经营中，沙柳原料利用率低、科技含量低、附加值低的"三低"缺陷慢慢显露，在资金、技术、市场等多因素的影响下，造林总场的沙柳经营仍停留在初级加工阶段，亟须转型升级。

3. 沙产业

目前造林总场的沙产业发展重点为旅游服务业，近年来，沙漠旅游的同质化现象越来越严重，沙漠旅游业竞争越发激烈。经过 20 多年的努力，经营区内响沙湾已成为国家 5A 级旅游景区，同时国家沙漠森林公园也在申请中。造林总场利用发展全域旅游的契机，大力发展林下经济和庭院经济，兴办"林家乐""休闲旅游""生态旅游"以及家禽家畜养殖等特色产业，不断提高职工收入。

（四）造林总场生态建设社会效益情况

1. 科技发展

在 40 多年的奋斗中，造林总场通过积极与林业科研院所合作，围绕林业生态资源开展科学研究，设立科研项目，在培养了一大批林业专业科技人才的同时，也为农牧民生产生活、沙漠生态治理提供了新经验、新方法、新

技术、新途径。①

造林总场现有职工 450 人，其中在职职工 218 人、离休职工 5 人、退休职工 227 人。在职职工中，大专以上学历者占 20%，具有高级专业技术职称人员 27 名、中级和初级专业技术职称人员共 39 名。

2. 社会保障

40 年来，造林总场始终坚持以人为本，把职工当作事业发展的生力军、富民强场的主力军。一切从实现好、维护好、发展好广大职工的根本利益出发，坚持发展共建，成果共享，共同进步，共同致富。近 10 年来，造林总场积极争取国有林场扶贫项目，为职工改善工作条件和生活条件。先后改造改建了 7 个分场的办公场所，增修扩建了职工宿舍，修建打通各个分场到地方的公路，新修增建林区柏油马路 90 公里，砂石路 140 公里。②

同时，造林总场多方筹措资金，完成职工养老保险、医疗保险缴纳和补缴，造林总场在职职工 218 人全部参加基本养老保险、城镇职工基本医疗保险、失业保险、工伤保险、生育保险。退休职工 227 人，全部享受基本养老保险和基本医疗保险。自 1997 年开始，造林总场陆续为职工缴纳住房公积金，2007 年为在编人员发放住房补贴，取得了较好的社会效益。

四 进一步加强库布其沙漠地区生态安全屏障建设的对策建议

（一）优先保护恢复原生生态环境

人与自然是生命共同体，人类必须尊重自然，顺应自然，保护自然。库布其沙漠地区生态安全屏障建设应本着尊重自然、顺应自然、保护自然的根

---

① 《鄂尔多斯市造林总场志》编委会编《鄂尔多斯市造林总场志》，内蒙古人民出版社，2015。
② 《鄂尔多斯市造林总场志》编委会编《鄂尔多斯市造林总场志》，内蒙古人民出版社，2015。

本原则，坚持科学适度合理治理，着力恢复原生生态环境，重点保护现有植被不被破坏，减少景观碎片化程度，尽量做到"三个有利于"，即有利于对沙漠区生态现状的保持和维护，有利于生物种群的恢复和繁衍，有利于提升沙漠地区的生态抵抗能力。

（二）因地制宜推进生态安全屏障建设

沙漠化防治是全社会共同关心的生态环境问题，但由于受到地域、自然条件、经济发展、社会人文等诸多因素的影响，不可能找到一劳永逸的方法进行大批量复制。库布其沙漠地区在生态安全屏障建设中应坚持因地制宜，充分考虑各种因素，实施分类治理，尤其是针对不同自然地理条件，要在充分调查研究的基础上进行合理设计，坚持以灌木为主，宜乔则乔，宜灌则灌，宜草则草，宜荒则荒的防治策略。[1] 除此之外，应尽量改变单一化种植的模式，在立体空间上多维度种植共生性植物与原有植物，尽可能模拟自然状态，努力恢复生物多样性。

（三）大力发展生态产业，实现防沙治沙与精准扶贫相结合

库布其沙漠地区推出一系列利好政策，打造了一大批防风治沙龙头企业，为库布其沙漠的有效治理提供了坚实的保障。这种生态与产业相结合的治理模式成绩斐然，应继续大力推进，加大政府扶持力度，吸引更多企业与项目入驻，推广实施生态产业。同时，积极探索经济社会与生态环境协同发展新模式，积极吸取其他地区的先进经验，将生态产业发展与精准扶贫脱贫紧密结合起来，提高沙漠地区居民的生活水平，持续推动防风治沙项目的落实，增强沙漠地区经济与社会的可持续发展能力和循环发展能力。

---

[1] 《东胜式生态逆袭：从"地球癌症"到"花海城市"》，半月谈网，http://banyuetan.org/chcontent/zc/dc/2017725/232430.shtml。

G.9
秦岭生态安全屏障建设评价报告

李广文 鲍 锋*

摘　要： 秦岭生态功能区是我国中线调水的重要水源补给区，是中国
南北地质、气候、生物、水系、土壤五大自然地理要素的天
然分界线。本报告从生态环境、生态经济、生态社会三个方
面对秦岭生态功能区生态安全屏障分别进行评价，最终得
出：各区域生态安全综合指数最低为0.6443，生态安全状况
良好，生态安全度为较安全。部分地区尽管存在一些问题，
但总体来说，生态环境受破坏小，生态服务功能较完善；部
分区域的生态环境保护好，生态环境基本未受到干扰破坏，
生态系统服务功能基本完善，没有明显生态环境问题。

关键词： 秦岭生态安全屏障　资源环境承载力　生态环境　生态安全

　　秦岭一般分为狭义上的秦岭和广义上的秦岭。广义上的秦岭即我们所说
的大秦岭，其范围在地理学界还没有统一的定论，但范围较大，不仅包括嘉
陵江以西的西秦岭以及蟒岭、伏牛山、熊耳山等平行谷岭的东秦岭，还包括
汉江干流以南的大巴山。狭义上的秦岭是对陕西省境内秦岭的统称，是秦岭
的主体部分。陕西境内的秦岭西起宝鸡—凤县—略阳线，南以汉江与大巴山

* 李广文，男，汉族，博士，西安文理学院生物与环境工程学院讲师，主要从事土壤污染治理
与水文过程研究；鲍锋，男，藏族，博士，西安市政协委员，西安文理学院党委委员、宣传
部部长，生物与环境工程学院院长，教授，主要从事水土保持与荒漠化研究。

为界，北坡直达润河干流和黄河干流，向东以蟒岭、流岭、鹘岭等平行支脉的山界为最东界线。

《国家重点生态功能保护区规划纲要》指出，生态功能保护区是指在涵养水源、保持水土、调蓄洪水、防风固沙、维系生物多样性等方面具有重要作用的重要生态功能区内，有选择地划定一定面积予以重点保护和限制开发建设的区域。建立生态功能保护区，保护区域重要生态功能，对于防止和减轻自然灾害，协调流域及区域生态保护与经济社会发展，保障国家和地方生态安全具有重要意义。

秦岭是中国南北地质、气候、生物、水系、土壤五大自然地理要素的天然分界线，其生物种类非常丰富，被称为世界罕见的"生物基因库"，同时也是中国首批十二个国家级生态功能保护区之一。秦岭生态功能区不仅是中国南北的分界线，也是南北结合部，还是国家南水北调中线工程的重要水源地，具有非常重要的生态地位。

秦岭是南北气候的分界线，以南属于亚热带气候，以北则为暖温带气候，相对于秦岭以南，秦岭以北降水相对较少，气温相对较低。秦岭基本上与1月0℃等温线、2000小时日照时数线以及800毫米等雨量线一致。作为"中央水库"的秦岭地区，为中线调水的水源补给区，区域内的地质环境条件直接影响着流域生态安全及经济社会的可持续发展。秦岭地区以崩塌、滑坡、泥石流为主的突发性地质灾害点多面广，发生频繁。据2001年的统计资料，区内威胁30人以上的地质灾害点有986处，其中滑坡821处，泥石流104处，崩塌52处，地面塌陷9处。矿产资源开采等大规模人类活动依然威胁着秦岭生态环境安全。截至2016年8月，生态环境部卫星遥感监测的秦岭6市38县（区）依然有1750个疑似采矿点位，其中有557个破坏面积较大。由于矿产资源破坏性开采与开采区植被覆盖度降低，加之秦岭南坡降水较多，地势陡峭，使得秦岭地区崩塌、滑坡、泥石流和洪涝等灾害频发。本文在充分了解灾害特征的基础上，通过对地形地貌、地层岩性、地质构造、降雨、地震、人类活动、气温变化、降水变化及超载和过牧等地质灾害诱发因子以及影响水源涵养功能因素分析，结合层次分析法和ArcGIS软

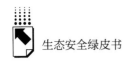

件，对研究区进行风险评价，分别提出了对不同等级风险区的防治对策，为地方防灾减灾工作提供借鉴和参考。

一 秦岭生态功能区生态安全屏障的评价

自20世纪50年代以来，由于连续采伐和盲目的毁林开荒，秦岭山地森林面积下降到247.5×10⁴公顷，较新中国成立初期减少了12.3×10⁴公顷，森林覆盖率由64%降到46%。主要的森林类型被次生林所代替，蓄积量下降了70%以上。森林的破坏直接导致了其水源涵养作用的下降，自20世纪70年代以后，秦岭北坡有80%的河流成为间歇河，如作为西安市重要水源地的黑河年径流量下降了2.44×10⁸立方米。森林的破坏加剧了山区的水土流失，陕西省近30年新增水土流失面积为1.2×10⁴平方千米，其中50%以上分布在秦岭地区。

近年来，随着中线调水工程、引汉济渭等工程的上马，国家及陕西省出台了很多保护措施，比如通过天然保护林、生态移民、退耕还林等措施，使得陕西秦岭地区水土流失综合治理取得较大成就，有效遏制了水土流失，2018年秦岭地区植被指数较2000年有明显提高，生态状况明显好转。

2017年，陕西秦岭地区林草覆盖率在90%以上的县（区）有陈仓区、周至县、户县、留坝县、长安区、太白县和渭滨区，共7个（按林草覆盖率从高至低排序），最高的是陈仓区，达到94.0%。森林覆盖率在80%以上的有渭滨区、留坝县、太白县、眉县、陈仓区和凤县，草地覆盖率较高的县（市）有户县、山阳县和华阴市。西乡县、紫阳县和勉县的湿地面积较大。良好的植被环境为秦岭发挥其生态屏障功能奠定了基础。

本报告主要选取宁强县、略阳县、留坝县、佛坪县、宁陕县、商州区、洛南县、丹凤县、商南县、山阳县和柞水县为代表，对秦岭生态功能区生态安全屏障进行评价，选取汉滨区、汉阴县、石泉县和宁陕县进行生态安全屏障案例评价。

（一）生态安全屏障评价指标体系的构成

1. 秦岭生态功能区生态安全屏障评价指标体系

为了反映秦岭生态功能区生态安全屏障建设的现状和进程，遵循全面性、综合性、可比性、独立性、简明性、稳定性以及可行性等原则，结合国家生态安全屏障试验区建设主要指标，本报告在充分考虑了秦岭的自然环境、经济社会发展状况、生态安全内涵以及数据可得性的前提下，采用统一指标进行生态安全屏障评价。主要指标有：年底总人口、生产总值、人均生产总值、农村居民人均纯收入、常用耕地面积、粮食产量、普通中学在校学生数等13项指标。

2. 秦岭安康生态功能区生态安全屏障评价指标体系

为了反映秦岭安康生态功能区生态安全屏障建设的现状和进程，遵循全面性、综合性、可比性、独立性、简明性、稳定性以及可行性等原则，结合国家生态安全屏障试验区建设主要指标，本报告在充分考虑秦岭的自然环境、经济社会发展状况、生态安全内涵以及数据可得性的前提下，从自然生态安全、经济生态安全和社会生态安全三个方面出发建立包含生态环境、生态经济和生态社会3个二级指标、24个三级指标的生态安全屏障评价指标体系（见表1），以评价秦岭安康生态功能区生态安全屏障建设现状和发展趋势。

表1 2015~2017年秦岭安康生态功能区生态安全屏障评价指标体系

一级指标	二级指标	序号	三级指标
秦岭安康生态功能区生态安全屏障	生态环境	1	化学需氧量污染物排放（吨）
		2	氨氮污染物排放（吨）
		3	二氧化硫污染物排放（吨）
		4	氮氧化物污染物排放（吨）
		5	一般工业固体废物产生量（万吨）
		6	工业废水处理量（万吨）
		7	工业废水排放量（万吨）
		8	工业废气排放量（亿立方米）

续表

一级指标	二级指标	序号	三级指标
秦岭安康生态功能区生态安全屏障	生态环境	9	工业二氧化硫排放量(吨)
		10	工业氮氧化物排放量(吨)
		11	工业烟尘排放量(吨)
	生态经济	12	工业增加值(亿元)
		13	第一产业生产总值(亿元)
		14	第二产业生产总值(亿元)
		15	第三产业生产总值(亿元)
		16	人均生产总值(元)
		17	农林牧渔业总产值(万元)
	生态社会	18	农村居民人均纯收入(元)
		19	城镇居民人均可支配收入(元)
		20	年底总人口(万人)
		21	普通中学在校学生数(人)
		22	常用耕地面积(公顷)
		23	粮食产量(吨)
		24	农林牧渔业总产值(万元)

(二)数据的获取及处理

1. 数据的获取

本报告中数据主要来自 2015～2017 年《陕西统计年鉴》《陕西区域统计年鉴》《安康统计年鉴》《汉中统计年鉴》《商洛统计年鉴》等资料,表 2、表 3、表 4 分别为 2015 年、2016 年、2017 年秦岭生态功能区生态安全屏障各指标的原始数据。

(1)秦岭生态功能区生态安全屏障评价指标原始数据

表 2　2015 年秦岭生态功能区生态安全屏障评价各指标原始数据

指　标	单位	宁强县	略阳县	留坝县	佛坪县	宁陕县
年底总人口	(万人)	30.94	20.22	4.35	3.03	7.10
生产总值	(亿元)	64.13	50.46	12.77	7.33	24.11
第一产业	(亿元)	18.19	8.94	2.99	1.25	4.20

续表

指　标	单位	宁强县	略阳县	留坝县	佛坪县	宁陕县
第二产业	（亿元）	18.25	15.74	3.21	2.45	13.08
第三产业	（亿元）	27.69	25.78	6.57	3.63	6.83
工业增加值	（亿元）	11.78	8.79	1.51	0.66	7.81
人均生产总值	（元）	20746	24983	29392	24216	34023
农村居民人均纯收入	（元）	8068	8043	8015	8030	7625
城镇居民人均可支配收入	（元）	23602	23357	23242	23257	23338
常用耕地面积	（公顷）	21267	10046	3061	1883	3403
粮食产量	（吨）	85233	48168	12072	9063	19423
农林牧渔业总产值	（万元）	315377	162582	52745	23135	77333
普通中学在校学生数	（人）	16095	6470	1855	1192	2818

指　标	单位	商州区	洛南县	丹凤县	商南县	山阳县	柞水县
年底总人口	（万人）	53.52	44.45	29.71	22.34	42.47	15.47
生产总值	（亿元）	121.90	98.17	78.62	68.92	103.05	66.17
第一产业	（亿元）	13.20	20.61	10.92	11.72	17.46	6.30
第二产业	（亿元）	53.24	48.91	38.80	35.00	53.24	41.53
第三产业	（亿元）	55.46	28.65	28.90	22.20	32.35	18.34
工业增加值	（亿元）	31.10	33.17	22.94	26.50	39.74	35.21
人均生产总值	（元）	22808	22118	26602	30893	24535	42831
农村居民人均纯收入	（元）	7614	7705	7701	7739	7850	7622
城镇居民人均可支配收入	（元）	24010	23476	23571	23250	23245	23236
常用耕地面积	（公顷）	20972	31892	12163	14126	23992	8481
粮食产量	（吨）	106420	162334	60140	56538	101365	40946
农林牧渔业总产值	（万元）	241200	368882	209831	226022	300646	126000
普通中学在校学生数	（人）	24282	19608	14255	10867	19703	6862

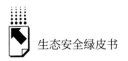

表3　2016年秦岭生态功能区生态安全屏障评价各指标原始数据

指　　标	单位	宁强县	略阳县	留坝县	佛坪县	宁陕县
年底总人口	（万人）	30.88	20.02	4.34	3.02	7.11
生产总值	（亿元）	71.54	55.94	14.11	8.56	25.85
第一产业	（亿元）	19.49	9.55	3.17	1.32	4.34
第二产业	（亿元）	21.15	18.63	3.73	2.84	13.81
第三产业	（亿元）	30.90	27.76	7.21	4.40	7.70
工业增加值	（亿元）	13.77	10.84	1.78	0.79	8.07
人均生产总值	（元）	23144	27805	32510	28311	36379
农村居民人均纯收入	（元）	8746	8714	8712	8745	8270
城镇居民人均可支配收入	（元）	25599	25282	25125	25094	25358
常用耕地面积	（公顷）	21249	10046	3131	1854	3404
粮食产量	（吨）	85656	48421	12113	9099	19611
农林牧渔业总产值	（万元）	337556	173098	56014	24469	80355
普通中学在校学生数	（人）	15658	6161	1768	1164	2878

指　　标	单位	商州区	洛南县	丹凤县	商南县	山阳县	柞水县
年底总人口	（万人）	53.86	44.78	29.85	22.46	42.66	15.66
生产总值	（亿元）	135.11	112.64	86.06	75.59	120.42	72.27
第一产业	（亿元）	13.95	21.70	11.04	12.32	19.24	6.63
第二产业	（亿元）	59.87	59.59	43.20	38.88	65.19	45.68
第三产业	（亿元）	61.29	31.36	31.82	24.40	35.99	19.96
工业增加值	（亿元）	36.68	42.58	26.40	30.55	50.34	41.41
人均生产总值	（元）	25347	25248	29102	34067	28498	48052
农村居民人均纯收入	（元）	8230	8375	8340	8420	8501	8277
城镇居民人均可支配收入	（元）	26016	25421	25569	25215	25135	25141
常用耕地面积	（公顷）	20967	31974	12090	14038	23975	8667
粮食产量	（吨）	105291	164437	61124	57209	102559	41450
农林牧渔业总产值	（万元）	257463	389686	218054	238841	330490	131341
普通中学在校学生数	（人）	24044	19340	13444	11204	20001	6635

表4　2017年秦岭生态功能区生态安全屏障评价各指标原始数据

指　标	单位	宁强县	略阳县	留坝县	佛坪县	宁陕县
年底总人口	（万人）	30.91	20.03	4.35	3.02	7.13
生产总值	（亿元）	83.30	67.54	15.69	9.80	30.16
第一产业	（亿元）	19.84	9.78	3.28	1.36	4.60
第二产业	（亿元）	29.31	26.90	4.35	3.58	16.62
第三产业	（亿元）	34.15	30.86	8.06	4.86	8.93
工业增加值	（亿元）	20.65	17.75	2.02	1.11	9.95
人均生产总值	（元）	26960	33729	36119	32472	42356
农村居民人均纯收入	（元）	9555	9485	9535	9563	9061
城镇居民人均可支配收入	（元）	27788	27545	27246	27188	27427
常用耕地面积	（公顷）	21296	10046	3144	1849	3404
粮食产量	（吨）	87409	49104	12323	9264	19667
农林牧渔业总产值	（万元）	343467	177005	57788	25142	85387
普通中学在校学生数	（人）	15122	5950	1681	1156	3019

指　标	单位	商州区	洛南县	丹凤县	商南县	山阳县	柞水县
年底总人口	（万人）	54.08	44.96	29.97	22.55	42.83	15.72
生产总值	（亿元）	147.80	129.63	91.83	81.96	137.09	69.03
第一产业	（亿元）	14.25	21.88	11.30	12.29	19.65	6.62
第二产业	（亿元）	64.00	72.23	44.33	42.58	77.12	40.22
第三产业	（亿元）	69.56	35.52	36.20	27.10	40.32	22.19
工业增加值	（亿元）	36.47	52.75	24.53	37.91	58.92	32.49
人均生产总值	（元）	27345	28913	32507	38896	32069	43994
农村居民人均纯收入	（元）	8975	9160	9116	9200	9280	9070
城镇居民人均可支配收入	（元）	28250	27530	27840	27330	27268	27328
常用耕地面积	（公顷）	21112	32018	12118	14080	23971	8684
粮食产量	（吨）	97768	159840	60907	58938	107437	42561
农林牧渔业总产值	（万元）	262074	388553	222008	247066	333186	139276
普通中学在校学生数	（人）	23765	18785	14171	11462	11898	6400

　　结合表2、表3以及表4可知，从2015年到2017年，佛坪县、山阳县的常用耕地面积均呈下降趋势，而粮食产量略有增加；略阳县、宁陕县常用耕地面积较为稳定，而粮食产量略有增加；部分区县常用耕地面积呈缓慢上

升趋势，三年增加值不超过100公顷，在粮食产量方面，除商州区、洛南县有所下降外，其余区县均有所增加。各区县人均生产总值、农村居民人均纯收入、农林牧渔业总产值、第三产业产值均呈增加趋势；略阳县、佛坪县年底总人口数有所下降，其余各区县呈增加趋势；商南县、宁陕县普通中学在校学生数有所增加，其余各区县均呈下降趋势。

（2）秦岭安康生态功能区生态安全屏障评价指标原始数据

表5　2015年秦岭安康生态功能区生态安全屏障评价各指标原始数据

指　标	汉滨区	汉阴县	石泉县	宁陕县
年底总人口（万人）	87.6734	24.7932	17.2525	7.0977
生产总值	224.69	77.51	60.37	24.11
第一产业（亿元）	22.71	12.26	6.5495	4.20
第二产业（亿元）	94.45	43.43	38.93	13.08
第三产业（亿元）	107.53	19.82	14.89	6.83
工业增加值（亿元）	56.33	37.42	32.58	7.81
人均生产总值（元）	25667	30501	35046	34023
农村居民人均纯收入（元）	7849.4628	8062.78	8011.3	7625.3
城镇居民人均可支配收入（元）	24332	23995	23905	23338
常用耕地面积（公顷）	41938	22947	13111	3403
粮食产量（吨）	214262	101208	69911	19423
农林牧渔业总产值（万元）	387029	208869	115214	77333
普通中学在校学生数（人）	56686	13310	7302	2818
化学需氧量污染物排放（吨）	11448.11	2341.47	2062.89	818.77
氨氮污染物排放（吨）	1593.88	380.41	293.55	99.33
二氧化硫污染物排放（吨）	3786.02	1540.98	1064.79	228.2
氮氧化物污染物排放（吨）	1664.85	276.59	353.68	36.36
一般工业固体废物产生量（万吨）	7.31	29.03	8.41	14.44
工业废水处理量（万吨）	87.53	112.51	43.56	117.5
工业废水排放量（万吨）	76.40	68.26	49.77	48.20
工业废气排放量（亿立方米）	75.83	28.10	22.08	0.43
工业二氧化硫排放量（吨）	2854.59	1410.57	669.12	67
工业氮氧化物排放量（吨）	1572.25	241.65	314.18	11
工业烟尘排放量（吨）	1699.48	1795.27	1567.87	42.6

表6 2016年秦岭安康生态功能区生态安全屏障评价各指标原始数据

指　标	汉滨区	汉阴县	石泉县	宁陕县
年底总人口(万人)	87.87	24.85	17.29	7.11
生产总值	253.91	83.98	68.51	25.85
第一产业(亿元)	23.70	12.78	6.96	4.34
第二产业(亿元)	108.74	48.48	43.71	13.81
第三产业(亿元)	121.47	22.72	17.84	7.70
工业增加值(亿元)	67.19	41.94	36.77	8.07
人均生产总值(元)	28929	33834	39665	36379
农村居民人均纯收入(元)	8506	8745	8753	8270
城镇居民人均可支配收入(元)	26389	26000	25854	25358
常用耕地面积(公顷)	41582	22901	13118	3404
粮食产量(吨)	215201	101647	70668	19611
农林牧渔业总产值(万元)	403961	218373	122292	80355
普通中学在校学生数(人)	57606	13965	7460	2878
化学需氧量污染物排放(吨)	4813.96	1784.21	1085.67	653.5
氨氮污染物排放(吨)	772.87	248.21	114.06	76.83
二氧化硫污染物排放(吨)	1726.44	870.6	1045.58	221.03
氮氧化物污染物排放(吨)	309.86	262.01	334.39	24.21
一般工业固体废物产生量(万吨)	2.68	29.08	0.84	11.72
工业废水处理量(万吨)	40.21	90.23	39.03	61.60
工业废水排放量(万吨)	35.69	44.21	42.09	23.60
工业废气排放量(亿立方米)	15.27	16.64	19.31	11.36
工业二氧化硫排放量(吨)	786.44	735.43	649.88	54.1
工业氮氧化物排放量(吨)	219.87	237.91	296.03	8.8
工业烟尘排放量(吨)	862.94	605.43	505.43	31

表7 2017年秦岭安康生态功能区生态安全屏障评价各指标原始数据

指　标	汉滨区	汉阴县	石泉县	宁陕县
年底总人口(万人)	88.04	24.90	17.32	7.13
生产总值	290.92	95.1915	80.9563	30.16
第一产业(亿元)	24.74	13.44	7.262	4.60
第二产业(亿元)	126.58	55.35	52.6392	16.62
第三产业(亿元)	139.60	26.40	21.0551	8.93
工业增加值(亿元)	79.48	47.94	44.9015	9.95
人均生产总值(元)	33076	38271	46774	42356

指　标	汉滨区	汉阴县	石泉县	宁陕县
农村居民人均纯收入(元)	9311	9529	9555	9061
城镇居民人均可支配收入(元)	28569	28252	28145	27427
常用耕地面积(公顷)	40841	22919	13129	3404
粮食产量(吨)	212784	100412	71180	19667
农林牧渔业总产值(万元)	421483	230978	126860	85387
普通中学在校学生数(人)	58498	15157	7571	3019
化学需氧量污染物排放(吨)	4516.1	1755.53	901	608.66
氨氮污染物排放(吨)	593.66	201.93	108.09	72.65
二氧化硫污染物排放(吨)	1480.38	732.63	421.25	221.84
氮氧化物污染物排放(吨)	220.3	2092	119.34	25.98
一般工业固体废物产生量(万吨)	1.29	13.93	0.25	0.01
工业废水处理量(万吨)	38.08	67.90	32.53	0.32
工业废水排放量(万吨)	34.38	34.76	34.62	0.40
工业废气排放量(亿立方米)	30.82	13.70	10.40	1.00
工业二氧化硫排放量(吨)	575.13	459.85	148.45	52.86
工业氮氧化物排放量(吨)	118.80	186.31	91.92	11.83
工业烟尘排放量(吨)	919.23	274.44	146.86	4.17

结合表5、表6以及表7可知，从2015年到2017年，秦岭安康生态功能区各区县人均生产总值、农村居民人均纯收入、农林牧渔业总产值、第三产业产值、普通中学在校学生数均呈增加趋势；各区县污染物排放、一般工业固体废弃物产生量和工业废气排放量总体均呈下降趋势。

2. 数据的归一化处理

由于选取的评价指标多样，量纲单位也不同，无法进行数据的分析比较，因此为了消除指标之间的量纲影响，需要进行数据标准化处理，以此来增加数据指标之间的可比性。本文中主要采用归一化处理，具体公式为：

$$正向指标：X = X_i/X_{max}$$
$$负向指标：X = X_{min}/X_i$$

式中，X表示参评因子的标准化赋值；X_i表示实测值；

X_{max}表示实测最大值；X_{min}表示实测最小值。

（1）秦岭生态功能区生态安全屏障评价各指标归一化处理数据

2015～2017 年秦岭生态功能区生态安全屏障评价各指标归一化处理数据如表8、表9、表10 所示。

表8 2015 年秦岭生态功能区生态安全屏障评价各指标归一化处理数据

指　标	宁强县	略阳县	留坝县	佛坪县	宁陕县
年底总人口（万人）	0.5781	0.3778	0.0812	0.0565	0.1326
生产总值	0.5260	0.4139	0.1048	0.0600	0.1978
第一产业（亿元）	0.8827	0.4338	0.1451	0.0605	0.2038
第二产业（亿元）	0.3427	0.2956	0.0603	0.0459	0.2457
第三产业（亿元）	0.4992	0.4648	0.1185	0.0654	0.1232
工业增加值（亿元）	0.2964	0.2212	0.0380	0.0166	0.1965
人均生产总值（元）	0.4844	0.5833	0.6862	0.5654	0.7944
农村居民人均纯收入（元）	1.0000	0.9969	0.9934	0.9953	0.9451
城镇居民人均可支配收入（元）	0.9830	0.9728	0.9680	0.9686	0.9720
常用耕地面积（公顷）	0.6668	0.3150	0.0960	0.0590	0.1067
粮食产量（吨）	0.5250	0.2967	0.0744	0.0558	0.1196
农林牧渔业总产值（万元）	0.8550	0.4407	0.1430	0.0627	0.2096
普通中学在校学生数（人）	0.6628	0.2665	0.0764	0.0491	0.1161
指　标	商州区	洛南县	丹凤县	商南县	山阳县	柞水县
年底总人口（万人）	1.0000	0.8305	0.5551	0.4174	0.7935	0.2891
生产总值	1.0000	0.8053	0.6450	0.5654	0.8454	0.5428
第一产业（亿元）	0.6405	1.0000	0.5298	0.5687	0.8473	0.3057
第二产业（亿元）	1.0000	0.9187	0.7288	0.6574	1.0000	0.7801
第三产业（亿元）	1.0000	0.5166	0.5211	0.4003	0.5833	0.3307
工业增加值（亿元）	0.7826	0.8347	0.5773	0.6668	1.0000	0.8860
人均生产总值（元）	0.5325	0.5164	0.6211	0.7213	0.5728	1.0000
农村居民人均纯收入（元）	0.9437	0.9550	0.9545	0.9592	0.9730	0.9447
城镇居民人均可支配收入（元）	1.0000	0.9778	0.9817	0.9683	0.9681	0.9678
常用耕地面积（公顷）	0.6576	1.0000	0.3814	0.4429	0.7523	0.2659
粮食产量（吨）	0.6556	1.0000	0.3705	0.3483	0.6244	0.2522
农林牧渔业总产值（万元）	0.6539	1.0000	0.5688	0.6127	0.8150	0.3416
普通中学在校学生数（人）	1.0000	0.8075	0.5871	0.4475	0.8114	0.2826

表9　2016年秦岭生态功能区生态安全屏障评价各指标归一化处理数据

指标	宁强县	略阳县	留坝县	佛坪县	宁陕县
年底总人口（万人）	0.5733	0.3717	0.0806	0.0561	0.1320
生产总值	0.5295	0.4140	0.1044	0.0634	0.1913
第一产业（亿元）	0.8982	0.4401	0.1461	0.0608	0.2000
第二产业（亿元）	0.3244	0.2858	0.0572	0.0436	0.2118
第三产业（亿元）	0.5042	0.4529	0.1176	0.0718	0.1256
工业增加值（亿元）	0.2736	0.2153	0.0354	0.0157	0.1603
人均生产总值（元）	0.4816	0.5786	0.6766	0.5892	0.7571
农村居民人均纯收入（元）	1.0000	0.9963	0.9961	0.9999	0.9456
城镇居民人均可支配收入（元）	0.9840	0.9718	0.9658	0.9646	0.9747
常用耕地面积（公顷）	0.6646	0.3142	0.0979	0.0580	0.1065
粮食产量（吨）	0.5209	0.2945	0.0737	0.0553	0.1193
农林牧渔业总产值（万元）	0.8662	0.4442	0.1437	0.0628	0.2062
普通中学在校学生数（人）	0.6512	0.2562	0.0735	0.0484	0.1197

指标	商州区	洛南县	丹凤县	商南县	山阳县	柞水县
年底总人口（万人）	1.0000	0.8314	0.5542	0.4170	0.7921	0.2908
生产总值	1.0000	0.8337	0.6370	0.5595	0.8913	0.5349
第一产业（亿元）	0.6429	0.9998	0.5088	0.5677	0.8866	0.3055
第二产业（亿元）	0.9184	0.9141	0.6627	0.5964	1.0000	0.7007
第三产业（亿元）	1.0000	0.5116	0.5192	0.3981	0.5872	0.3257
工业增加值（亿元）	0.7286	0.8458	0.5244	0.6069	1.0000	0.8226
人均生产总值（元）	0.5275	0.5254	0.6056	0.7090	0.5931	1.0000
农村居民人均纯收入（元）	0.9410	0.9576	0.9536	0.9627	0.9720	0.9464
城镇居民人均可支配收入（元）	1.0000	0.9771	0.9828	0.9692	0.9661	0.9664
常用耕地面积（公顷）	0.6558	1.0000	0.3781	0.4390	0.7498	0.2711
粮食产量（吨）	0.6403	1.0000	0.3717	0.3479	0.6237	0.2521
农林牧渔业总产值（万元）	0.6607	1.0000	0.5596	0.6129	0.8481	0.3370
普通中学在校学生数（人）	1.0000	0.8044	0.5591	0.4660	0.8318	0.2760

表10 2017年秦岭生态功能区生态安全屏障评价各指标归一化处理数据

指标	宁强县	略阳县	留坝县	佛坪县	宁陕县
年底总人口(万人)	0.5716	0.3704	0.0804	0.0558	0.1318
生产总值	0.5636	0.4570	0.1062	0.0663	0.2041
第一产业(亿元)	0.9068	0.4470	0.1499	0.0622	0.2102
第二产业(亿元)	0.4058	0.3724	0.0602	0.0496	0.2301
第三产业(亿元)	0.4909	0.4436	0.1159	0.0699	0.1284
工业增加值(亿元)	0.3505	0.3013	0.0343	0.0188	0.1689
人均生产总值(元)	0.6128	0.7667	0.8210	0.7381	0.9628
农村居民人均纯收入(元)	0.9992	0.9918	0.9971	1.0000	0.9475
城镇居民人均可支配收入(元)	0.9836	0.9750	0.9645	0.9624	0.9709
常用耕地面积(公顷)	0.6651	0.3138	0.0982	0.0577	0.1063
粮食产量(吨)	0.5469	0.3072	0.0771	0.0580	0.1230
农林牧渔业总产值(万元)	0.8840	0.4555	0.1487	0.0647	0.2198
普通中学在校学生数(人)	0.6363	0.2504	0.0707	0.0486	0.1270

指标	商州区	洛南县	丹凤县	商南县	山阳县	柞水县
年底总人口(万人)	1.0000	0.8314	0.5542	0.4170	0.7920	0.2907
生产总值	1.0000	0.8771	0.6213	0.5545	0.9275	0.4670
第一产业(亿元)	0.6512	1.0000	0.5165	0.5615	0.8979	0.3026
第二产业(亿元)	0.8860	1.0000	0.6137	0.5895	1.0677	0.5568
第三产业(亿元)	1.0000	0.5106	0.5204	0.3896	0.5797	0.3190
工业增加值(亿元)	0.6190	0.8952	0.4163	0.6434	1.0000	0.5514
人均生产总值(元)	0.6216	0.6572	0.7389	0.8841	0.7289	1.0000
农村居民人均纯收入(元)	0.9385	0.9579	0.9533	0.9620	0.9704	0.9484
城镇居民人均可支配收入(元)	1.0000	0.9745	0.9855	0.9674	0.9652	0.9674
常用耕地面积(公顷)	0.6594	1.0000	0.3785	0.4398	0.7487	0.2712
粮食产量(吨)	0.6117	1.0000	0.3810	0.3687	0.6722	0.2663
农林牧渔业总产值(万元)	0.6745	1.0000	0.5714	0.6359	0.8575	0.3584
普通中学在校学生数(人)	1.0000	0.7904	0.5963	0.4823	0.5007	0.2693

（2）秦岭安康生态功能区生态安全屏障评价各指标归一化处理数据

表 11　2015 年秦岭安康生态功能区生态安全屏障评价各指标归一化处理数据

指标	汉滨区	汉阴县	石泉县	宁陕县
年底总人口（万人）	1.0000	0.2828	0.1968	0.0810
生产总值	1.0000	0.3450	0.2687	0.1073
第一产业（亿元）	1.0000	0.5399	0.2884	0.1849
第二产业（亿元）	1.0000	0.4598	0.4122	0.1385
第三产业（亿元）	1.0000	0.1843	0.1385	0.0635
工业增加值（亿元）	1.0000	0.6643	0.5784	0.1386
人均生产总值（元）	0.7324	0.8703	1.0000	0.9708
农村居民人均纯收入（元）	0.9736	1.0000	0.9937	0.9458
城镇居民人均可支配收入（元）	1.0000	0.9861	0.9825	0.9591
常用耕地面积（公顷）	1.0000	0.5472	0.3126	0.0811
粮食产量（吨）	1.0000	0.4724	0.3263	0.0907
农林牧渔业总产值（万元）	1.0000	0.5397	0.2977	0.1998
普通中学在校学生数（人）	1.0000	0.2348	0.1288	0.0497
化学需氧量污染物排放（吨）	0.0715	0.3497	0.3969	1.0000
氨氮污染物排放（吨）	0.0623	0.2611	0.3384	1.0000
二氧化硫污染物排放（吨）	0.0603	0.1481	0.2143	1.0000
氮氧化物污染物排放（吨）	0.0218	0.1315	0.1028	1.0000
一般工业固体废物产生量（万吨）	1.0000	0.2518	0.8692	0.5062
工业废水处理量（万吨）	0.7449	0.9575	0.3707	1.0000
工业废水排放量（万吨）	0.6309	0.7061	0.9685	1.0000
工业废气排放量（亿立方米）	0.0057	0.0153	0.0195	1.0000
工业二氧化硫排放量（吨）	0.0235	0.0475	0.1001	1.0000
工业氮氧化物排放量（吨）	0.0070	0.0455	0.0350	1.0000
工业烟尘排放量（吨）	0.0251	0.0237	0.0272	1.0000

表 12　2016 年秦岭安康生态功能区生态安全屏障评价各指标归一化处理数据

指标	汉滨区	汉阴县	石泉县	宁陕县
年底总人口（万人）	1.0000	0.2828	0.1968	0.0809
生产总值	1.0000	0.3307	0.2698	0.1018
第一产业（亿元）	1.0000	0.5392	0.2937	0.1831
第二产业（亿元）	1.0000	0.4458	0.4020	0.1270
第三产业（亿元）	1.0000	0.1870	0.1469	0.0634

指标	汉滨区	汉阴县	石泉县	宁陕县
工业增加值（亿元）	1.0000	0.6242	0.5473	0.1201
人均生产总值（元）	0.7293	0.8530	1.0000	0.9172
农村居民人均纯收入（元）	0.9718	0.9991	1.0000	0.9448
城镇居民人均可支配收入（元）	1.0000	0.9853	0.9797	0.9609
常用耕地面积（公顷）	1.0000	0.5507	0.3155	0.0819
粮食产量（吨）	1.0000	0.4723	0.3284	0.0911
农林牧渔业总产值（万元）	1.0000	0.5406	0.3027	0.1989
普通中学在校学生数（人）	1.0000	0.2424	0.1295	0.0500
化学需氧量污染物排放（吨）	0.1358	0.3663	0.6019	1.0000
氨氮污染物排放（吨）	0.0994	0.3095	0.6736	1.0000
二氧化硫污染物排放（吨）	0.1280	0.2539	0.2114	1.0000
氮氧化物污染物排放（吨）	0.0781	0.0924	0.0724	1.0000
一般工业固体废物产生量（万吨）	0.3134	0.0289	1.0000	0.0717
工业废水处理量（万吨）	0.4456	1.0000	0.4326	0.6827
工业废水排放量（万吨）	0.6613	0.5338	0.5607	1.0000
工业废气排放量（亿立方米）	0.7439	0.6827	0.5883	1.0000
工业二氧化硫排放量（吨）	0.0688	0.0736	0.0832	1.0000
工业氮氧化物排放量（吨）	0.0400	0.0370	0.0297	1.0000
工业烟尘排放量（吨）	0.0359	0.0512	0.0613	1.0000

表 13　2017 年秦岭安康生态功能区生态安全屏障评价各指标归一化处理数据

指标	汉滨区	汉阴县	石泉县	宁陕县
年底总人口（万人）	1.0000	0.2828	0.1967	0.0810
生产总值	1.0000	0.3272	0.2783	0.1037
第一产业（亿元）	1.0000	0.5433	0.2935	0.1859
第二产业（亿元）	1.0000	0.4373	0.4159	0.1313
第三产业（亿元）	1.0000	0.1891	0.1508	0.0640
工业增加值（亿元）	1.0000	0.6032	0.5649	0.1252
人均生产总值（元）	0.7071	0.8182	1.0000	0.9055
农村居民人均纯收入（元）	0.9745	0.9973	1.0000	0.9483
城镇居民人均可支配收入（元）	1.0000	0.9889	0.9852	0.9600
常用耕地面积（公顷）	1.0000	0.5612	0.3215	0.0833
粮食产量（吨）	1.0000	0.4719	0.3345	0.0924
农林牧渔业总产值（万元）	1.0000	0.5480	0.3010	0.2026

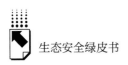

续表

指标	汉滨区	汉阴县	石泉县	宁陕县
普通中学在校学生数(人)	1.0000	0.2591	0.1294	0.0516
化学需氧量污染物排放(吨)	0.1348	0.3467	0.6755	1.0000
氨氮污染物排放(吨)	0.1224	0.3598	0.6721	1.0000
二氧化硫污染物排放(吨)	0.1499	0.3028	0.5266	1.0000
氮氧化物污染物排放(吨)	0.1179	0.0124	0.2177	1.0000
一般工业固体废物产生量(万吨)	0.0078	0.0007	0.0400	1.0000
工业废水处理量(万吨)	0.5608	1.0000	0.4791	0.0047
工业废水排放量(万吨)	0.0116	0.0115	0.0116	1.0000
工业废气排放量(亿立方米)	0.0324	0.0730	0.0962	1.0000
工业二氧化硫排放量(吨)	0.0919	0.1150	0.3561	1.0000
工业氮氧化物排放量(吨)	0.0996	0.0635	0.1287	1.0000
工业烟尘排放量(吨)	0.0045	0.0152	0.0284	1.0000

(三)指标权重的确立

指标体系中的每个指标相对整个评价体系来说,其重要程度不同,其指标权重也不同。本报告利用熵值法计算各个指标的权重。

1. 秦岭生态功能区生态安全屏障评价指标权重值

表14 秦岭生态功能区生态安全屏障评价指标权重值

指　标	2015 年	2016 年	2017 年
年底总人口(万人)	0.0340	0.0340	0.0341
生产总值	0.0343	0.0350	0.0357
第一产业(亿元)	0.0341	0.0348	0.0350
第二产业(亿元)	0.0425	0.0393	0.0391
第三产业(亿元)	0.0295	0.0294	0.0294
工业增加值(亿元)	0.0410	0.0394	0.0356
人均生产总值(元)	0.0311	0.0308	0.0448
农村居民人均纯收入(元)	0.2776	0.2869	0.2834
城镇居民人均可支配收入(元)	0.3431	0.3368	0.3309

续表

指　标	2015 年	2016 年	2017 年
常用耕地面积(公顷)	0.0324	0.0324	0.0325
粮食产量(吨)	0.0310	0.0310	0.0311
农林牧渔业总产值(万元)	0.0340	0.0345	0.0351
普通中学在校学生数(人)	0.0355	0.0356	0.0333

2. 秦岭安康生态功能区生态安全屏障评价指标权重值

表 15　秦岭安康生态功能区生态安全屏障评价指标权重值

指标	2015 年	2016 年	2017 年
年底总人口(万人)	0.0176	0.0204	0.0163
生产总值	0.0162	0.0188	0.0150
第一产业(亿元)	0.0155	0.0179	0.0143
第二产业(亿元)	0.0156	0.0181	0.0145
第三产业(亿元)	0.0204	0.0233	0.0185
工业增加值(亿元)	0.0180	0.0204	0.0162
人均生产总值(元)	0.0411	0.0403	0.0288
农村居民人均纯收入(元)	0.1827	0.2176	0.1835
城镇居民人均可支配收入(元)	0.2181	0.2455	0.2211
常用耕地面积(公顷)	0.0173	0.0200	0.0160
粮食产量(吨)	0.0166	0.0191	0.0153
农林牧渔业总产值(万元)	0.0153	0.0176	0.0142
普通中学在校学生数(人)	0.0206	0.0236	0.0187
化学需氧量污染物排放(吨)	0.0168	0.0190	0.0159
氨氮污染物排放(吨)	0.0174	0.0209	0.0161
二氧化硫污染物排放(吨)	0.0198	0.0191	0.0146
氮氧化物污染物排放(吨)	0.0266	0.0294	0.0225
一般工业固体废物产生量(万吨)	0.0191	0.0274	0.0837
工业废水处理量(万吨)	0.0247	0.0182	0.0204
工业废水排放量(万吨)	0.0274	0.0192	0.0928
工业废气排放量(亿立方米)	0.0913	0.0226	0.0272
工业二氧化硫排放量(吨)	0.0335	0.0307	0.0172
工业氮氧化物排放量(吨)	0.0530	0.0504	0.0215
工业烟尘排放量(吨)	0.0556	0.0405	0.0759

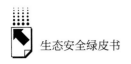

（四）综合指数计算

本报告采用生态安全综合指数评价区域生态安全度，用指标标准化值乘以该指标权重，将所有指标计算值求和作为区域生态安全综合指数。

1. 秦岭生态功能区生态安全综合指数（见表16）

表16　秦岭生态功能区生态安全综合指数

区县	2015 年	2016 年	2017 年
宁强县	0.8296	0.8316	0.8410
略阳县	0.7496	0.7502	0.7650
留坝县	0.6611	0.6635	0.6704
佛坪县	0.6443	0.6481	0.6535
宁陕县	0.6793	0.6779	0.6900
商州区	0.9151	0.9082	0.9008
洛南县	0.9211	0.9232	0.9290
丹凤县	0.8141	0.8071	0.8066
商南县	0.8028	0.7998	0.8076
山阳县	0.9058	0.9100	0.9050
柞水县	0.7815	0.7747	0.7603

2. 秦岭安康生态功能区生态安全综合指数（见表17）

表17　秦岭安康生态功能区生态安全综合指数

年份	汉滨区	汉阴县	石泉县	宁陕县
2015 年	0.6609	0.5770	0.5671	0.8166
2016 年	0.7468	0.6476	0.6531	0.7658
2017 年	0.6062	0.5349	0.5386	0.8169

（五）秦岭生态功能区生态安全屏障建设评价与分析

依据张淑莉等人的研究成果[①]，结合秦岭生态功能区实际情况，将秦岭

---

① 张淑莉、张爱国：《临汾市土地生态安全度的县域差异研究》，《山西师范大学学报（自然科学版）》2012 年第 2 期。

生态功能区生态安全等级划分为严重危险、危险、预警、较安全、安全五个等级（见表18）。

表18　生态安全等级划分

综合指数	状态	生态安全度	指标特征
0～0.2	恶劣	严重危险	生态破坏较大，生态灾害多
0.2～0.4	较差	危险	生态破坏较大，生态灾害较多
0.4～0.6	一般	预警	生态环境受到一定破坏，生态问题较多
0.6～0.8	良好	较安全	生态环境破坏较小，生态破坏不常出现
0.8～1	理想	安全	生态环境基本未受到干扰，生态问题不明显

1. 秦岭生态功能区生态安全屏障评价与分析

根据表18中的生态安全分级标准，2015～2017年秦岭生态功能区生态安全屏障评价结果见表19所示。

表19　2015～2017年秦岭生态功能区生态安全屏障评价结果

地区	2015 年			2016 年			2017 年		
	综合指数	状态	生态安全度	综合指数	状态	生态安全度	综合指数	状态	生态安全度
宁强县	0.8296	理想	安全	0.8316	理想	安全	0.8410	理想	安全
略阳县	0.7496	良好	较安全	0.7502	良好	较安全	0.7650	良好	较安全
留坝县	0.6611	良好	较安全	0.6635	良好	较安全	0.6704	良好	较安全
佛坪县	0.6443	良好	较安全	0.6481	良好	较安全	0.6535	良好	较安全
宁陕县	0.6793	良好	较安全	0.6779	良好	较安全	0.6900	良好	较安全
商州区	0.9151	理想	安全	0.9082	理想	安全	0.9008	理想	安全
洛南县	0.9211	理想	安全	0.9232	理想	安全	0.9290	理想	安全
丹凤县	0.8141	理想	安全	0.8071	理想	安全	0.8066	理想	安全
商南县	0.8028	理想	安全	0.7998	良好	较安全	0.8076	理想	安全
山阳县	0.9058	理想	安全	0.9100	理想	安全	0.9050	理想	安全
柞水县	0.7815	良好	较安全	0.7747	良好	较安全	0.7603	良好	较安全

从整个评价结果来看，2017年秦岭生态功能区各县区综合指数最低为0.6535，生态安全状况良好，生态安全度为较安全；综合指数最高为0.9290，

生态安全状况理想，生态安全度为安全。整个秦岭生态功能区生态安全屏障
处于良好和理想状态，部分地区尽管存在一些生态环境问题，但总体来说，
生态环境受破坏程度小，生态服务功能较完善；部分区域的生态环境保护好，
生态环境基本未受到干扰，生态系统服务功能基本完善，没有明显生态问题。

2. 秦岭安康生态功能区生态安全屏障评价与分析

根据表 18 中的生态安全分级标准，2015～2017 年秦岭安康生态功能区
生态安全综合指数及生态安全度见表 20 所示。

表 20　2015～2017 年秦岭安康生态功能区生态安全屏障评价结果

地区	2015 年			2016 年			2017 年		
	综合指数	状态	生态安全度	综合指数	状态	生态安全度	综合指数	状态	生态安全度
汉滨区	0.6609	良好	较安全	0.7468	良好	较安全	0.6062	良好	较安全
汉阴县	0.5770	一般	预警	0.6476	良好	较安全	0.5349	一般	预警
石泉县	0.5671	一般	预警	0.6531	良好	较安全	0.5386	一般	预警
宁陕县	0.8166	理想	安全	0.7658	良好	较安全	0.8169	理想	安全

由表 20 可知，2015 年秦岭安康生态功能区中，宁陕县的生态安全综合
指数最高，达到 0.8166，生态安全状态理想，生态安全度为安全，说明这
个区域的生态环境保护好，生态环境基本未受到干扰，生态系统服务功能基
本完善，生态问题不明显；汉滨区生态安全综合指数为 0.6609，生态安全
度为较安全，说明这个地区尽管存在一些生态环境问题，但总体来说，生态
环境受破坏程度小，生态服务功能较完善。汉阴县和石泉县的生态安全综合
指数分别为 0.5770、0.5671，生态安全度为预警，生态安全状态为一般。

2016 年秦岭安康生态功能区中，宁陕县的生态安全综合指数有所下降，
综合指数为 0.7658，生态安全状态良好，生态安全度为较安全；汉滨区、
汉阴县和石泉县的生态安全综合指数分别为 0.7468、0.6476、0.6531，生
态安全度为较安全。

2017 年秦岭安康生态功能区中，宁陕县的生态安全综合指数为 0.8169，
生态安全状态为理想，生态安全度为安全，说明这个区域的生态环境保护

好，生态环境基本未受到干扰，生态系统服务功能基本完善，生态问题不明显；汉滨区生态安全综合指数为 0.6062，生态安全度为较安全，说明这个地区的生态安全屏障尽管存在一些问题，但总体来说，生态环境受破坏程度小，生态服务功能较完善。汉阴县和石泉县的生态安全综合指数分别为0.5349、0.5386，生态安全度为预警。

总体来说，整个代表区域生态安全状态良好，生态安全度为较安全，处于预警状态的区县其生态安全综合指数也接近 0.6，尽管存在一些生态环境问题，但总体来说，生态环境受破坏程度较小，生态服务功能较完善。

二　生态功能区自然地理特征

（一）地形特征

秦岭生态功能区涉及宝鸡市（陈仓区南部、清滨区南部、岐山县南部、眉县南部、凤县嘉陵江以东和太白县全境）、西安市（周至县南部、户县南部、长安区南部、蓝田县南部、临潼区南部、灞桥区东部）、渭南市（临渭区南部、华县南部、华阴市南部、潼关县南部）、商洛市（洛南县北部、商州区西部、商南县西部、丹凤县东南、山阳县北部、镇安县全境和柞水县全境）、安康市（旬阳县北部、汉滨区北部、汉阴县北部、紫阳县北部、石泉县北部、宁陕县全境）、汉中市（佛坪县全境、洋县北部、城固县北部、西乡县东北部、汉台区北部、留坝县全部、勉县北部、宁强县北部、略阳县嘉陵江以东）等陕西省中南部6市共38区县。[①] 该区域地处渭河与汉江之间，处于亚热带与暖温带的过渡地带，区域内主要为山地，岭脊海拔约 2000 米，北坡山麓短急，地形陡峭，又多峡谷，南坡山麓缓长，坡势较缓，但是因河流多为横切背斜或向斜，故河流中上游也多峡谷，地势复杂。秦岭生态功能区也是陕西省内海拔最高的自然区。

---

① 李旭辉：《陕西秦岭生态功能区划及保护对策研究》，硕士学位论文，西北大学，2011。

（二）气候特征

秦岭生态功能区不仅是南北气候的分界线，也是结合部，基本上与 1 月 0℃ 等温线、2000 小时日照时数线以及 800 毫米等雨量线一致。南部属于亚热带气候，降水多，气温高，太阳辐射较少。北部为暖温带气候，相对于秦岭以南，其降水相对较少，气温相对较低。秦岭生态功能区的相对高差大，其垂直分布上的气温差异、降水差异也比较大。年平均气温最低在 0℃ 左右，最高可达 10℃ 左右；降水量为 650～1000 毫米。

（三）水文特征

秦岭生态功能区地形变化大，河流密布。据统计，区内有大小河流及山沟多达 20 多万条，长度在 40 公里以上的河流共 86 条，流域面积在 100 平方公里以上的河流共 195 条，流域面积在 1000 平方公里以上的有 22 条，水系形态呈羽毛状、树枝状格局。有 70% 以上的面积属于长江流域，有近 30% 的面积属于黄河流域，其中以汉江水系的范围最广，占陕西秦岭地区总面积的 60% 多，渭河水系的范围次之，占陕西秦岭地区总面积的 24% 左右，嘉陵江和南洛河两个水系的范围很小，合计占陕西秦岭地区总面积的 14%。

（四）植被特征

秦岭生态功能区是陕西省最大的林区，有林地 247.5 万公顷，占全省林地面积的 54%，绝大部分为次生林，少部分原始林主要分布在秦岭高山区。其中，苔藓植物有 70 科 182 属 440 种 4 亚种 21 变种 1 变型；蕨类及石松类植物有 33 科 83 属 312 种 20 变种 8 变型，约占全国蕨类总数的 12%。秦岭植物区系所包含的物种数，较东北、华北及西北等地区均居前列。由此可见，秦岭植物资源十分丰富，且在全国植物区系中占有相当重要的地位。受海拔的影响，垂直自然带特征明显：南坡以落叶阔叶和常绿混交林为基带，随着海拔的升高，依次分布着常绿落叶阔叶混交林、落叶阔叶林、针阔叶混交林，呈现北亚热带森林植被景观；北坡自山脚至山顶分布着落叶栎林带、桦木林带、针叶林带和高山灌丛草甸带，构成了典型的暖温带山地森林植被景观。丰富的植物种类构成了秦岭多种多样的植被类型，这些森林植被在固碳释氧、净化空气、涵养水源、生物多样性保护等生态功能方面发挥着不可替代的作用。

（五）土壤特征

在地形、水源和气候等一系列因素的影响下，秦岭生态功能区的土壤类型垂直分布显著且南北差异明显。南坡山麓至山脊依次分布着黄棕壤、棕壤、暗棕壤、草甸土及原始土壤；北坡自下而上依次分布着褐土、棕壤、暗棕壤、草甸土及原始土壤。

三　秦岭生态功能区地质灾害概述

（一）地质灾害概况

秦岭生态功能区东西长约 400 公里，南北宽约 200 公里，面积约 5791610 平方公里。秦岭山体高大，山脊一般海拔都在 2000 米以上，主峰太白山海拔 3767 米。受新构造运动影响，山体北仰南俯，北坡窄陡，南坡宽缓，主峰偏北，构成不对称水系，北坡支流短小，南坡支流源远流长。地形起伏大，断裂发育，各种侵蚀与剥蚀作用非常强烈。地层自元古界至第四系均有分布，岩浆活动强烈，山体多由多种变质岩类和侵入岩类组成，第四系松散堆积物广布于斜坡沟谷地带。秦岭区属大陆性季风气候，北坡属暖温带，南坡属亚热带。平均气温为 5.9～15.7℃。降雨量为 340～1240 毫米，南多北少，6～9 月为雨季，是崩塌、滑坡和泥石流的频发期。秦岭地区以崩塌、滑坡、泥石流为主的突发性地质灾害点多面广，发生频繁。据 2001 年的统计资料，区内威胁 30 人以上的地质灾害点有 986 处，其中滑坡 821 处，泥石流 104 处，崩塌 52 处，地面塌陷 9 处。①

---

① 焦喜丽：《陕西秦岭生态功能保护区地质灾害特征及其防治措施》，《陕西地质》2004 年第 1 期。

秦岭威胁30人以上的泥石流有104条，主要分布在中山区和亚高山区，位于汉江和嘉陵江上游的宁强、略阳、凤县地区。泥石流一般集中发生于每年的7~9月，多由暴雨或大暴雨所引发。

（二）不同类型地质灾害概述

秦岭生态功能区的地质灾害类型主要是滑坡、崩塌、泥石流等。该区内山体陡峭、南坡降水丰富，再加上外在因素的影响，使得其成为地质灾害的多发区。表21、表22、表23以略阳、留坝、柞水三县为例，说明不同类型地质灾害状况。

1. 滑坡

表21 略阳、留坝、柞水县滑坡灾害统计

地质灾害类型		略阳		留坝		柞水	
		数量（处）	占灾害点总数比例（%）	数量（处）	占灾害点总数比例（%）	数量（处）	占灾害点总数比例（%）
物质组成	黄土滑坡	35	18.8				
	堆积层滑坡	148	79.6	70	75.3	85	100.0
	岩质滑坡	3	1.6	23	24.7	0	0.0
滑体规模（10^4立方米）	小型（<10）	90	48.4	67	72.0	76	89.4
	中型（10~100）	79	47.5	24	25.8	9	10.6
	大型（100~1000）	17	9.1	2	2.2	0	0.0

资料来源：袁蒲菁著《柞水县地质灾害风险评价》，硕士学位论文，长安大学，2015；孙佳伟著《略阳县地质灾害风险评价研究》，硕士学位论文，长安大学，2012；成琳著《留坝县地质灾害危险性区划研究》，硕士学位论文，长安大学，2010。

2015年8月12日0时30分许，位于陕西省商洛市山阳县中村镇的陕西五洲矿业股份有限公司山阳分公司生活区突发特大山体滑坡，共造成65人失踪。[①]

[①] 徐永强：《陕西省山阳县"8·12"山体滑坡》，《中国地质灾害与防治学报》2015年第3期。

2. 崩塌

略阳、柞水县崩塌灾害统计如表 22 所示。

表 22　略阳、柞水县崩塌灾害统计

	地质灾害类型	柞水		地质灾害类型	略阳	
		数量（处）	占灾害点总数比例（%）		数量（处）	占灾害点总数比例（%）
崩塌	土质崩塌	4	44.4	岩质崩塌	23	88.5
	岩质崩塌	5	55.6	堆积层崩塌	3	11.5
规模（10⁴立方米）	小型（<10）	7	77.8	小型（<10）	17	65.4
	中型（10~100）	2	22.2	中型（10~100）	9	34.6

3. 泥石流

由于研究区内具有丰富的固体松散物质、陡峻的地形和充足的突发水源，为泥石流的爆发提供了物质条件，也使泥石流成为秦岭生态功能区的主要地质灾害类型。略阳、留坝、柞水县泥石流灾害统计如表 23 所示。

表 23　略阳、留坝、柞水县泥石流灾害统计

	发育类型	柞水		略阳		留坝	
		数量（处）	占本县泥石流总数比例（%）	数量（处）	占本县泥石流总数比例（%）	数量（处）	占本县泥石流总数比例（%）
类别	泥石流	0	0	11	91.7	2	50
	水石流	10	100	1	8.3	2	50
堆积体规模（10⁴立方米）	巨型（>50）	0	0			0	0
	大型（20~50）	1	10			0	0
	中型（2~20）	3	30			4	100
	小型（<2）	6	60			0	0

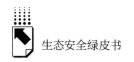

（三）研究区地质灾害形成条件及主要影响因素

1. 地质灾害的基础条件①

（1）地形地貌

秦岭生态功能区地形起伏较大，因地面上升，河流下切不断增加，形成峡谷与陡峻山岭相间的地形，山坡纵向形态一般呈：上靠陡壁或陡斜坡，下临河谷，本身就具备了滑坡、滑崩、泥石流产生的自然条件。

（2）地层岩性

该研究区的地层主要为泥土层，且地质疏松破碎，在降水的冲刷下会相溶于水，长时间的软化会使该地层崩塌。此外，该地层掩埋于黄土下，其剥蚀面岩层在各种地质构造作用力下易发生松散，产生滑动。

（3）地质构造

该区域地质构造复杂，地处秦岭东西复杂构造褶皱地带的西边，其构造单元是背斜和向斜，构造线多由南向北、由北向东及东西向分布。此区域内有发育极多的褶皱和断裂。构造面两端容易受到强烈的挤压，产生相互交错的裂隙，使得境内岩体更加破碎，这为地质灾害的发生提供了物质条件。调查发现，区内发育于背斜和向斜处的灾害点共有297处，占总数的85.8%。

2. 影响因素

（1）降水的变化

研究区降水量主要集中在7~8月，连续性的降水或者暴雨天气是该地区发生地质灾害最主要的诱发因子。根据调查发现，降雨量的高低与地质灾害的频次呈正相关关系，即降水集中期，也是地质灾害的多发期。首先，连绵阴雨天气会改变地下水的下渗强度，使地下水位升高，从而改变坡体的稳定程度，引发不稳定的斜坡滑动灾害。其次，暴雨天气的降水量强度

---

① 王滔、吴增养、赵学理：《陕西省山阳县地质灾害发育特征与移民选址原则》，《地质灾害与环境保护》2012年第3期；黄玉华、武文英、冯卫等：《秦岭山区南秦河流域崩滑地质灾害发育特征及主控因素》，《地质通报》2015年第11期；焦喜丽：《陕西秦岭生态功能保护区地质灾害特征及其防治措施》，《陕西地质》2004年第1期。

很大，但是持续时间短，降雨无法快速渗入地下，只能沿着斜坡流动，而研究区地形破碎，在强降雨的冲刷下，极易发生泥石流、滑坡等地质灾害。

（2）地震

研究区地处西秦岭构造带上，有褶皱发育，地形复杂多样，山高谷深，新构造运动强烈隆升，地震活动频繁，这使得该区域的岩土体结构遭到巨大破坏，土体松动、坡体失稳，引发滑坡、崩塌、泥石流等地质灾害，造成各种人员伤害和经济社会损失。

（3）人类活动

秦岭生态功能区资源丰富，为了满足日益增加的社会需求，各种破坏生态环境的行为随处可见。如对土地的肆意开发、滥砍滥伐、削坡建房现象不断加重；对森林的不合理利用、斜坡耕种、炸山开矿等加剧了水土流失。这些不合理的人类活动进一步加剧了地质灾害的发生。

（四）策略

目前国内对地质灾害风险评价研究虽然还没有形成统一的理论体系，但是面对地质灾害的频频发生，防灾减灾工作已刻不容缓，可在以下几个方面采取行动。

第一，禁止滥砍滥挖，合理利用土地，植树造林，提高植被覆盖率，防止水土流失，完善水体流动系统。

第二，构建合理的地质灾害防治指标体系，加大灾害监管力度，加强灾害汛期的巡查。

第三，组织成立地质灾害防治的领导小组，大到各市县，小到各乡镇，以人为本，切实加强灾害预警机制建设。

第四，提高公众的地质灾害预防意识，各部门应进行定期培训，学校应对学生进行灾害防治演练，以便能提升公众的灾害应对能力。

专 题 篇

Special Report

G.10

西部特色生态城市安全
屏障建设发展报告

王金相　常国华　张伟涛*

摘　要：　本报告对西部地区 84 个重点城市生态城市安全屏障建设情况
进行深入分析，并以生态城市健康指数（ECHI）排名居西部
地区之首的南宁市为例，总结了其生态城市建设成果，就南
宁市如何进一步推进生态城市及国家生态安全屏障建设，从
垃圾分类、生态农业、可再生能源推广、绿色消费等方面提
出了对策和建议。

＊　王金相，汉族，博士，兰州城市学院地理与环境工程学院讲师，主要从事大气污染控制方面
的教学与研究；常国华，女，汉族，博士，兰州城市学院地理与环境工程学院副院长、副教
授，主要从事环境科学方面的教学与研究；张伟涛，汉族，西北师范大学地理与环境科学学
院硕士，主要从事自然地理学方面的教学与研究。

关键词： 生态安全屏障　生态城市健康指数　生态城市　南宁智慧城市

一　西部生态城市建设

中国西部地区包括西南五省区市（重庆、四川、云南、贵州、西藏）、西北五省区（陕西、甘肃、宁夏、青海、新疆）、中南地区的广西和华北地区的内蒙古，共12个省（自治区、直辖市），总面积约686万平方公里，占全国总面积的72%。西部地区地理条件复杂多样、气候差异性明显、动植物种类丰富、少数民族种类多，孕育着我国主要的江河、大面积的森林、草原、湖泊和湿地，拥有绚丽多姿的民族文化。尤其是西部大开发战略和"一带一路"倡仪的实施，给西部地区经济、社会和生态环境的发展带来了前所未有的机遇，坚守发展和生态两条底线，构筑牢固的生态安全屏障成为西部大开发战略和"一带一路"建设中重要的一环。

（一）西部地区生态城市建设评价指标

近年来，我国生态建设步入了新的阶段，一批具有特色的生态城市不断涌现，为了对西部地区生态城市建设特点和现状进行科学合理的评价，本报告将对西部地区84个重点城市生态城市安全屏障建设情况进行深入分析，并对西部地区生态城市健康指数（ECHI）排名居榜首的南宁市在生态城市安全屏障建设方面的主要成果进行简要介绍。本报告按照三级指标进行生态城市建设评价，一级指标为生态城市健康指数（ECHI），二级指标为生态环境、生态经济和生态社会3个指标，三级指标为森林覆盖率、空气质量优良天数等14个单项指标。

（二）西部地区生态城市建设评价结果分析

ECHI是一个城市生态环境建设综合水平的体现，根据评价结果，西部地区有 24 个城市 ECHI 排名进入全国前 100 名，其中四川有 9 个城市，广西有 5 个城市，均位于西南地区，可见与西北干旱半干旱地区相比，西南地区生态城市建设总体水平较高。就单个城市而言，南宁市 ECHI 排名位居全国第 13 位，位居西部地区之首，其次为拉萨市和西安市。按照二级指标评价，生态环境方面，排名前 5 的城市为拉萨、南宁、北海、成都和昆明；生态经济方面，排名前 5 的城市为北海、绵阳、眉山、天水和南宁；生态社会方面，排名前 5 的城市为乌海、兰州、克拉玛依、巴彦淖尔和呼和浩特。

对西部地区 ECHI 排名前 3 的城市进行 14 个单项指标评价，南宁市空气质量优良天数、森林覆盖率、河湖水质、单位 GDP 工业二氧化硫排放量、生活垃圾无害化处理率、信息化基础设施、人均 GDP、人口密度、政府投入与建设效果等 10 项指标位于全国前 100 名（见表 1），其中河湖水质、单位 GDP 工业二氧化硫排放量、生活垃圾无害化处理率位居西部地区前 5 名。拉萨市的森林覆盖率、空气质量优良天数、河湖水质、单位 GDP 工业二氧化硫排放量、R&D 经费占 GDP 比重、人均 GDP、公众对城市生态环境满意率、政府投入与建设效果 8 项指标位居全国前 100 名，其中森林覆盖率、空气质量优良天数、单位 GDP 工业二氧化硫排放量、人均 GDP、政府投入与建设效果位居西部地区前 5 名；西安市的森林覆盖率、河湖水质、单位 GDP 工业二氧化硫排放量、单位 GDP 综合能耗、信息化基础设施、人均 GDP、人口密度和生态环保知识、法规普及率及基础设施完好率、政府投入与建设效果 9 项指标位居全国前 100 名，其中单位 GDP 工业二氧化硫排放量、单位 GDP 综合能耗位居西部地区前 5 名。西部地区其他城市在 14 个单项指标中也有突出优势，如嘉峪关、克拉玛依和乌鲁木齐森林覆盖率位居西部地区前 3 名；广安、玉溪空气质量优良天数位居西部地区前 2 名；金昌、呼和浩特的河湖水质位居西部地区前 2 名；成都市单位 GDP 工业二氧化硫排放量位居西部地区第 2 名；成都、北海生活垃圾无害化处理率位居西部地区前 2 名；资阳、成都单位 GDP 综合能耗位居西部地区前 2 名；安顺、渭南和遂宁一般工业固体废物综合利用率位居西部地

表1 西部地区84个城市生态城市健康指数（ECHI）评价指标考核排名

城市	一级指标	二级指标			三级指标													
	生态城市健康指数	生态环境	生态经济	生态社会	森林覆盖率	空气质量优良天数	河湖水质（人均用水量）	单位GDP工业二氧化硫排放量	生活垃圾无害化处理率	单位GDP综合能耗	一般工业固体废物综合利用率	R&D经费占GDP比重	信息化基础设施	人均GDP	人口密度	生态环保知识、法规普及率，基础设施完好率	公众对城市生态环境满意率	政府投入与建设效果
南宁	13	5	48	36	95	39	14	30	12	124	156	178	70	95	79	88	148	15
拉萨	17	2	91	51	9	9	89	21	256	107	235	7	199	3	278	106	94	12
西安	27	74	63	15	43	256	53	9	210	38	152	234	48	84	28	59	115	34
成都	29	33	75	63	60	219	19	16	21	25	191	253	34	52	23	43	199	27
重庆	32	52	70	43	90	159	57	149	225	67	207	131	109	164	207	129	101	35
北海	35	28	25	144	94	45	54	104	26	75	20	216	18	23	283	89	61	205
柳州	37	44	175	16	61	96	85	140	28	248	30	206	94	62	102	40	71	51
克拉玛依	46	92	153	6	3	69	238	199	230	273	95	133	11	19	4	61	19	45
贵阳	47	50	121	65	26	27	37	216	245	121	264	141	58	94	176	82	174	56
绵阳	51	93	37	81	137	127	132	93	37	59	126	159	88	142	143	189	58	104
广元	52	150	59	22	182	37	179	130	226	73	35	31	162	251	171	90	66	22
兰州	53	114	158	4	40	226	26	158	212	256	114	139	41	96	62	8	52	10
防城港	66	76	180	46	106	38	16	223	48	196	102	248	145	59	274	97	29	47
西宁	69	85	157	59	75	122	17	270	260	267	85	115	77	99	109	63	187	5
昆明	72	40	189	89	33	10	23	183	53	180	257	201	52	73	189	87	222	25
自贡	77	84	104	108	109	225	149	35	254	77	131	190	149	169	243	230	3	39
乌鲁木齐	88	126	208	31	5	218	94	210	269	278	75	179	20	90	215	56	56	6

续表

城市	一级指标 生态城市健康指数	二级指标 生态环境	二级指标 生态经济	二级指标 生态社会	森林覆盖率	空气质量优良天数	河湖水质(人均用水量)	单位GDP工业二氧化硫排放量	生活垃圾无害化处理率	单位GDP综合能耗	一般工业固体废物综合利用率	R&D经费占GDP比重	信息化基础设施	人均GDP	人口密度	生态环保知识法规普及率、基础设施完好率	公众对城市生态环境满意率	政府投入与建设效果
遂宁	92	94	117	134	186	114	166	53	69	81	13	132	218	241	225	272	75	78
眉山	93	218	42	56	217	180	190	162	237	131	60	129	108	195	197	139	110	30
桂林	94	135	55	145	194	94	101	132	70	58	123	105	167	184	238	134	156	144
泸州	96	165	71	101	121	215	131	159	71	153	43	73	163	161	93	263	41	49
包头	98	66	266	25	19	163	35	184	240	237	245	284	105	9	194	27	36	65
南充	99	141	82	128	196	136	194	75	73	82	224	74	216	1	129	164	142	155
呼和浩特	100	80	269	12	17	202	6	171	74	209	260	279	154	61	77	5	121	13
嘉峪关	101	57	275	14	2	97	30	283	75	284	221	266	25	58	218	2	6	61
宝鸡	104	131	171	77	144	210	148	73	215	88	232	185	182	113	7	92	99	190
雅安	106	152	137	86	154	125	188	123	228	158	211	153	84	232	250	153	137	48
石嘴山	107	125	251	21	12	203	87	282	235	282	39	226	75	114	103	17	5	111
钦州	108	109	120	158	178	71	183	70	79	83	55	106	269	200	267	257	46	95
乌海	113	113	273	2	8	181	128	277	232	280	212	273	47	117	91	10	4	19
铜川	114	156	174	72	65	217	126	258	270	239	94	24	135	219	72	144	32	133
安康	117	137	140	131	225	83	253	57	221	79	197	21	221	248	192	256	119	94
酒泉	123	62	221	157	88	120	111	188	89	233	256	112	55	226	232	24	114	264
张掖	127	77	173	194	84	76	133	222	92	241	182	28	79	250	259	33	184	228

续表

城市	一级指标 生态城市健康指数	二级指标 生态环境	生态经济	生态社会	三级指标 森林覆盖率	空气质量优良天数	河湖水质(人均用水量)	单位GDP工业二氧化硫排放量	生活垃圾无害化处理率	单位GDP综合能耗	一般工业固体废物综合利用率	R&D经费占GDP比重	信息化基础设施	人均GDP	人口密度	生态环保知识、法规普及率、基础设施完好率	公众对城市生态环境满意率	政府投入与建设效果
鄂尔多斯	131	59	256	109	39	103	115	198	96	184	263	278	133	43	166	7	82	234
金昌	132	70	259	91	30	70	3	284	97	260	282	117	65	132	95	19	37	221
攀枝花	136	61	265	87	44	13	59	276	100	245	279	244	59	60	205	86	12	183
梧州	137	75	206	182	199	51	138	48	101	210	206	113	247	103	256	226	27	142
玉林	146	153	113	184	264	73	237	40	107	54	70	42	266	205	169	233	150	135
巴中	147	170	133	155	221	52	248	90	108	91	148	9	227	283	147	258	161	77
天水	148	214	47	162	233	105	241	156	109	148	88	6	107	255	155	251	171	41
巴彦淖尔	149	171	262	11	128	107	202	259	110	247	266	107	171	207	39	42	35	50
白银	150	180	231	48	127	106	223	278	111	268	185	16	187	175	48	152	90	52
吴忠	163	105	249	127	96	133	124	274	122	276	210	20	208	105	43	64	239	137
宜宾	165	247	96	114	209	193	221	217	124	126	203	93	184	144	56	276	102	71
延安	167	100	270	96	18	220	28	155	125	266	267	227	57	97	275	26	196	60
银川	166	187	67	215	202	90	228	151	216	80	241	81	8	197	46	96	254	242
安顺	176	210	152	133	164	24	200	237	275	160	5	25	268	224	119	187	212	18
资阳	178	199	115	185	229	129	257	118	133	23	21	140	263	177	223	218	73	166
乐山	179	235	179	83	191	200	168	246	134	213	160	188	96	158	201	113	79	162
咸阳	189	207	92	219	226	260	91	24	238	95	198	187	146	29	209	80	216	244

续表

城市	一级指标 生态城市健康指数	二级指标 生态环境	二级指标 生态经济	二级指标 生态社会	森林覆盖率	空气质量优良天数	河湖水质（人均用水量）	单位GDP工业二氧化硫排放量	生活垃圾无害化处理率	单位GDP综合能耗	一般工业固体废物综合利用率	R&D经费占GDP比重	信息化基础设施	人均GDP	人口密度	生态环保知识、法规普及率，基础设施完好率	公众对城市生态环境满意率	政府投入与建设效果
平凉	193	230	147	160	206	63	258	260	146	235	111	5	38	275	254	163	194	91
呼伦贝尔	197	183	219	152	168	15	210	234	148	162	270	86	198	157	248	85	179	160
商洛	200	234	196	121	274	50	272	137	255	53	226	58	277	265	24	181	103	163
乌兰察布	201	202	281	29	143	116	260	254	249	261	250	100	279	234	54	110	116	96
王溪	203	195	204	180	219	5	172	251	150	211	236	110	205	72	66	185	275	79
德阳	205	189	166	229	166	211	145	144	152	92	225	269	43	127	105	159	195	232
广安	208	163	186	245	185	1	140	207	220	165	249	10	186	167	44	35	273	283
丽江	207	229	131	210	232	100	263	179	154	118	141	46	244	228	160	237	108	214
赤峰	215	164	283	71	156	79	107	239	160	281	261	23	245	206	227	145	134	20
来宾	218	223	210	175	220	123	242	185	162	190	168	64	256	254	106	271	166	102
内江	219	251	154	202	216	175	209	265	163	214	33	172	10	239	178	283	164	97
武威	221	257	191	159	260	112	196	181	277	207	147	13	189	267	137	44	211	170
贺州	223	175	246	196	218	77	227	122	166	240	158	27	261	258	122	259	234	37
崇左	226	173	261	170	248	53	255	82	169	238	246	104	254	168	97	266	145	120
汉中	227	262	229	95	261	179	254	218	217	186	242	67	234	215	69	124	185	125
保山	230	232	218	174	244	16	276	209	171	200	180	18	246	268	18	162	281	14
中卫	233	217	282	55	146	153	247	273	248	283	262	29	194	217	141	48	157	100

续表

城市	一级指标 生态城市健康指数	二级指标			三级指标													
		生态环境	生态经济	生态社会	森林覆盖率	空气质量优良天数	河湖水质(人均用水量)	单位GDP工业二氧化硫排放量	生活垃圾无害化处理率	单位GDP综合能耗	一般工业固体废物综合利用率	R&D经费占GDP比重	信息化基础设施	人均GDP	人口密度	生态环保知识、法规普及率,基础设施完善率	公众对城市生态环境满意率	政府投入与建设效果率
庆阳	234	254	80	253	276	81	281	154	242	86	90	14	219	173	88	221	253	177
固原	236	206	225	203	163	59	261	229	241	229	176	1	264	262	26	137	175	274
六盘水	242	222	244	190	193	40	218	280	262	231	231	49	273	102	255	155	268	68
河池	248	253	239	177	275	46	235	212	182	61	280	8	258	264	146	225	81	176
通辽	250	192	268	178	172	86	162	266	184	263	244	82	237	225	21	135	197	202
临沧	251	198	155	278	268	11	271	103	243	140	120	12	275	252	9	245	284	207
榆林	253	244	245	188	207	135	256	233	266	176	275	158	226	49	101	36	207	241
遵义	257	212	177	272	210	31	229	224	261	130	222	53	272	180	212	195	230	276
达州	262	241	165	275	238	113	226	187	272	167	142	45	209	261	41	236	266	243
百色	264	107	279	277	14	60	244	230	193	270	277	36	259	121	280	190	220	269
贵港	266	213	250	262	252	89	203	157	195	265	103	52	224	260	244	281	138	229
定西	269	266	183	256	281	74	283	255	198	163	194	2	253	284	17	192	276	199
陇南	273	260	284	106	284	41	284	143	201	225	284	4	284	282	60	141	232	3
曲靖	275	256	222	273	269	17	246	272	203	218	223	26	260	135	71	220	277	206
渭南	277	283	213	197	255	274	212	275	218	244	7	55	225	221	202	67	227	196
昭通	280	278	240	238	282	28	282	206	283	185	227	3	281	253	19	264	282	74

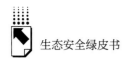

区前 3 名；固原、定西和昭通 R&D 经费占 GDP 比重位居西部地区前 3 名；银川、内江和克拉玛依的信息化基础设施位居西部地区前 3 名；南充、包头的人均 GDP 位居西部地区前 3 名；克拉玛依、宝鸡和临沧的人口密度位居西部地区前 3 名；嘉峪关、呼和浩特和鄂尔多斯在生态环保知识、法规普及率及基础设施完好率方面位居西部地区前 3 名；自贡、乌海和石嘴山的公众对城市生态环境满意率位居西部地区前 3 名；陇南、西宁和乌鲁木齐的政府投入与建设效果位居西部地区前 3 名。

二 南宁市城市建设

在《中国生态城市建设发展报告（2018）》中评价的 284 个地级以上城市中，西部地区有 84 个，根据生态城市健康指数（ECHI）排名结果，南宁市在全国排第 13 名，在西部地区位居榜首。因此，本报告以南宁市作为西部地区的代表城市，对其在海绵城市、大气治理、生态产业、智慧城市等方面促进生态安全屏障建设的成果进行简要介绍。

南宁市是广西壮族自治区的首府，下辖七区五县，总面积 2.21 万平方公里，截至 2018 年，常住人口 725.41 万人，有 49 个少数民族，城镇化率达 62.4%。南宁市位于广西南部，面向东南亚，背靠大西南，东邻粤港澳，南临北部湾，处于华南、西南、中国—东盟经济圈结合部，区位优势明显，是"一带一路"面向东盟的重要门户城市、中国—东盟博览会永久举办地、北部湾经济区核心城市。南宁市地处亚热带，地形地貌以山地、丘陵和盆地为主，气候温和多雨，森林覆盖率达 47.66%，山水林田湖草生态系统类型多样，素有"中国绿城"的美誉，曾获"联合国人居奖""全国文明城市""中国优秀旅游城市""中国养生休闲之都""国家生态园林城市"等 30 多项国家级荣誉。借助得天独厚的区位优势和自然环境，南宁市一直秉承创新、协调、绿色、开放、共享的新发展理念，以"治水、建城、为民"为主线，修复生态、治理水体、净化空气，"十二五"期间共创建了 4 个"国家级生态乡镇"、1 个"国家级生态村"、

11 个"自治区级生态乡镇"、146 个"自治区级生态村"和 482 个"市级生态村",生态成为南宁市立市的"金字招牌"和提高人民生活质量的新增长点,凸显了南宁在西部生态安全屏障甚至国家生态安全屏障建设中的重要地位。

(一)交通建设

南宁市有沿江、近海、临边的地理优势,湘桂、南广、南昆、南防、黎钦等铁路在此交会,是华南地区重要的铁路枢纽。同时,南宁市紧邻粤港澳、大西南和东南亚,是东南沿海地区和西南内陆地区之间项目连接的重要枢纽。借助特殊的地理位置优势,南宁市不断完善公路、铁路、民航、水路立体交通网络,坚持"以交通运输绿色转型发展,助力污染防治攻坚战"的理念。首先,大力推进城市公交建设,三条轨道交通线路呈三角形,构建了城区交通的骨干网络,已经运营的轨道交通 1、2 号线日均客运量可达到 58.55 万人次,客流密度达 1.19 万人/公里,比天津市还要高。南宁市在"十三五"时期就作为我国第一批在全市推进"公交都市"创建的城市,建设期间通过更换车辆能源、优化公交线网、建设公交场站和建设智能公交工程等措施,已经基本形成了以轨道交通线网十字骨架为主体,与快速公交、常规公交、慢行交通等设施无缝连接的城市公共交通服务体系,市区内公交 500 米覆盖率达 99.5%。其次,加大绿色交通建设,2018 年南宁市公众绿色出行率达 82.5%,高于国家生态文明建设示范市的要求,其中第一大功臣要属便捷、安全、环保的新能源公共交通工具。2018 年南宁市共投放新能源公交车 108 辆、纯电动出租汽车 300 辆、纯电动短途客运车辆 5 辆,并建设了 127 个公交充电桩,极大地推动了绿色交通工具的发展,增强了对公众的吸引力。同时,南宁市大力推广慢行交通系统,使步行和自行车交通系统向商业街区、建筑综合体、广场、大型居民区、滨河景观和绿地延伸,并不断加强安全岛、行人驻足区、信号灯系统、公共自行车租赁系统、自行车停放设施等的规划建设。

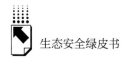

（二）海绵城市建设

南宁市降水充沛，年均降雨量达 1300 毫米以上，城市内涝频频出现，水系发达，集水面积在 200 平方公里以上的河流 39 条，水库 779 座，水资源管理和污染治理难度大。2015 年，南宁市被列入全国首批海绵城市建设试点城市，内涝问题和水资源污染问题出现了反转。南宁市按照"治水、建城、为民"的总体要求，变工程治水为生态治水，启动了示范区建设三年实施计划，先后出台了《南宁市海绵城市规划设计导则》等 6 个技术标准规范和《南宁海绵城市总体规划》，共完成海绵城市建设项目 262 个，建成那考河、石门森林公园和青秀山三大海绵城市建设片区，在财政部、住建部、水利部等部委组织开展的 2016 年度第一批海绵城市（16 个）试点建设绩效评价中排名第三。在南宁市海绵城市建设过程中最典型的案例为荣获"中国人居环境奖"范例奖的"那考河模式"。在南宁市实施国家海绵城市试点之初，正值国家大力推行 PPP（公共私营合作制）模式，南宁市秉持"全流域治理"的创新理念，开工建设全国首个水流域治理 PPP 项目——那考河项目。曾经的那考河上游有 40 多个污水直排口、藏污纳垢、行洪不畅、水质差等问题让南宁市束手无策，自那考河项目开始以来，短短两年时间内那考河水质达Ⅳ类标准，河水清澈见底，6.35 公里长的河道沿岸变成一片色彩斑斓的花海。2017 年，习近平总书记在南宁考察那考河生态综合整治项目时，对那考河项目的实施效果给予了充分肯定。目前"那考河模式"已在南宁市外江内河治理中不断推广，水沙江河、心圩江、水塘江等也在"那考河模式"的基础上不断创新，发展了一大批创新治理项目，为海绵城市建设谱写了新的篇章。

（三）大气污染防治

2018 年南宁市区全年空气质量优良率达 93.4%，PM2.5、PM10、二氧化硫、二氧化氮、一氧化碳、臭氧等指标连续两年达到国家环境空气质量二级标准，其间"南宁蓝"刷爆了朋友圈和各大媒体网站，证明南宁市打赢"蓝天保卫战"的效果明显。为了加强大气污染防治,让"南宁蓝"成为常态,南宁市先后出台了《南宁市大气污染防治规划》《南宁市大气污染防治 2018 年度实施计划》《南宁市大气污染防治攻坚三年作战方案》《南宁市环境空气质量持续稳定达标规划》等一系列切实可行的大气污染防治政策文件,有计划、有目的、全方位地推进大气污染治理。在加强点源污染综合治理方面,南宁市首先进行燃煤小锅炉的整治,出台了《2015~2017 年南宁市城市建成区燃煤小锅炉整治工作方案》《南宁市人民政府关于划定高污染燃料禁燃禁售区的通告》等文件,2014 年以来拆除各类烟囱 1000 多根,淘汰或以清洁能源改造锅炉 400 多台,先后淘汰 20 蒸吨及以下燃煤取暖锅炉和茶浴炉 791 台,35 蒸吨及以下燃煤锅炉实现了清零。其次是对 40 多家涉气重点企业进行实时监控,督促达标排放,并加快重点行业脱硫、脱硝、除尘改造和清洁生产审核工作。在深化面源污染防治方面,南宁市将重心放在扬尘治理上,提出了"2016 年集中整治年、2017 年巩固提升年、2018 年制度建设年"的治尘规划,实施建设工程施工现场设置围挡墙、道路地面硬化、渣土运输车辆全封闭等措施,对堆放煤炭、煤渣、煤灰、煤矸石、砂石、灰土等的场所要求建设封闭设施、喷淋设施和表层凝结设施,并将施工现场、易出现扬尘的场所与城市扬尘视频监控平台联网,打造扬尘治理的"智慧模式"。在强化移动源污染控制方面,南宁市从行业、公共交通、清洁能源等方面综合考虑、综合规划,协调推进"车、油、路"同步发展,并在公交车、出租车上推广新能源,同时推行机动车排气污染定期检查和尾气监测系统,不断加快黄标车和老旧车的淘汰。

(四)城市绿化

南宁市绿地面积达 109.45 平方公里,建成区公园绿地面积达 38.64 平方公里,建成区绿地率为 37.45%,绿化覆盖率为 43.39%,人均公园绿地面积为 12.02 平方米,有"半城绿树,半城楼"之景。目前,南宁市已基本形成"三圈"城乡一体绿化系统,其中,"内圈"以中心区城市公园、绿

化广场、居住区绿化、路网绿化、立体绿化为主，"中圈"以大王滩公园、良凤江森林公园等近郊森林公园、防护林为主，"外圈"以远郊的自然保护区、生态保护区为主，有"300米见绿，500米见园"之观。虽然南宁市目前的绿化水平已处于全国前列，但并没有停止城市绿化的脚步，在土地资源极其有限的市区，南宁市抓住一切可利用的空间硬是闯出了一条节约型园林绿化的道路。南宁市的节约型园林绿化模式以节地、节土、节水为理念，在最小的土地面积上追求绿地综合效益的最大化，其中最有效也是最具特色的措施当属立体绿化。南宁市的立体绿化主要实施于墙体、屋顶、道路护栏、桥梁、护坡、阳台上，一般选择种植佛甲草、马尼拉草、无土蟛蜞菊等成活率高、容易打理的无土绿化植物，对实施立体绿化的居民和企业，政府还会给予补贴。2018年南宁市新增屋顶绿化18.2万平方米，立交桥、人行天桥、市政环卫设施、公园公共服务设施等立体绿化1.8万平方米。南宁市的绿化不仅得益于先天的自然条件和政府的合理规划，还和每一位市民的积极配合密切相关。每年南宁市政府或民众自发组织多次义务植树绿化活动，仅2018年南宁市全民义务植树1018.7万株，植树造林12.1万亩，抚育森林33.36万亩。

（五）生态旅游开发

生态环境是南宁市发展生态旅游产业的最大优势，南宁市坚持以"生态＋产业＋人文"为主导思路，在确保生态环境不被破坏的前提下，依托山水脉络和地理风貌，挖掘民族风情和历史文化，以创建全域旅游示范区、国家中医药健康旅游示范区为目标，打造了大龙湖、青秀山、昆仑关、龙虎山、"美丽南方"等一批具有国内外影响力的生态旅游基地。2018年南宁市共接待游客13159.03万人次，总消费1387.54亿元，其中接待国外及港澳台旅游者64.43万人次。为进一步促进旅游业健康发展，南宁市抓住大众旅游新时代、全域旅游新方位和品质旅游新战略的机遇，制定了《南宁市全域旅游总体规划》《环首府生态旅游圈提升策划》《南宁市创建国际养生休闲旅游目的地规划》等一系列具有前瞻性的战略规划，从顶层设计上将旅游资源开发与生态环境恢复、生态旅游协调起来，以壮乡风情、东盟风情、养生之都为三大核心主题，打造休闲城区、风情乡村、集聚型泛景区化旅游目的地、主题风景道四大核心板块。为了确保旅游业可持续发展，南宁市还科学测定景区生态承载力，设置游客容量红线，严格限定景区游客人数，并制定旅游资源遗产保护相关专项规划，对禁止开发区严禁一切旅游开发活动，对缓冲区采取保护性开发利用。

（六）智慧城市建设

2018 年，为了积极响应东盟智慧城市网络联盟倡议，新加坡举办了智慧城市展览，南宁市作为中国唯一一座城市参加了展览，展出的"一码通城"、扬尘治理、不动产登记、智慧健康、防涝预警、智慧城市等得到各国的高度认可。作为国家智慧城市试点城市和"一带一路"倡议重要节点城市，南宁市坚持"政府主导、共建共享、开放创新"的原则，大力推进新型智慧城市建设，2018 年荣获"中国城市治理智慧化优秀城市奖"。在新型智慧城市建设过程中，南宁市首先主抓移动互联网、大数据、云计算、物联网等新一代信息技术，与云宝宝等合作构建了"一朵云、五平台、多维应用"的技术架构，实现了政务、商业、产业三网融合和线上、线下资源融合，逐渐打破部门壁垒，为整座城市提供了高效化、一体化、科学化、精准化的一站式服务，并吸引了阿里巴巴等著名的互联网企业落户南宁，进一步加强了新型智慧城市的建设。

三 南宁市生态安全屏障建设对策与建议

南宁市虽然始终坚持"生态优先，绿色发展"的战略，但其仍处于工业化、城镇化加速发展的阶段，资源环境一直处于满负荷状态，想要谋求经济社会平稳较快发展，实现环境质量和人民生活水平的大幅提升，可以从以下方面加强建设。

（一）推进垃圾分类

近年来，南宁市生活垃圾产量逐年增加，年均增长速度保持在12%左右，全市每天大约有3780吨生活垃圾产生，但是垃圾的处理能力十分有限，目前南宁市各类垃圾处理厂的设计总处理能力为3200吨/日，所有的生活垃圾处理设施已超负荷运行，目前生活垃圾处理问题已成为南宁市推进生态城市建设的重要问题之一。对此，建议南宁市应按照"减量化、无害化、资源化"的处理原则，加快建立和完善生活垃圾分类制度，建设生活垃圾分类相关基础设施，并开展生活垃圾分类相关宣传教育，普及相关知识，在源头上保障生活垃圾的"消大于产"。同时，要培育建设生活垃圾回收市场，加强再生资源回收系统网络和环境卫生管理系统垃圾清运网络的高度融合，建成可再生资源的产业链，确保回收的生活垃圾得到有效利用。

（二）发展生态农业

南宁市是广西的主产粮区和经济作物基地，盛产香蕉、芒果、龙眼、荔枝等40多种亚热带水果，茉莉花、香蕉等特色产品产量均居全国第一，粮食、木薯、甜玉米、龙眼等产量为全区第一。目前南宁正加紧建设一批现代农业示范园，形成一批在广西甚至全国有较高知名度的农业品牌。在发展生态农业的过程中应注意以下问题：一是实现农业可持续发展，把保护和照顾农民的利益作为出发点和归宿，调动并保护好农民的积极性；二是解放思想，更新观念，把农民从古老的、传统的生产生活方式中引导出来，将农民的个体生产行为纳入社会化生产的范畴，加速农业各环节的产业化进程，逐渐实现种植业的规模化、专业化、商品化，农业产业化是农业走上现代化的不可逾越的一个过程，也是可持续发展战略的基本出发点。

（三）推广可再生能源

应建立太阳能、生物质能、风能、地热能四大新能源产业体系，优化能源结构，促进可再生能源规模化利用和新能源产业规模化发展。当前，南宁可充分利用马山县、武鸣区、横县等风力资源丰富区的优势，加快风电项目建设。以天然气分布式能源为核心，构建小型化区域能源网络，促进能源按照梯级有效利用，多举措提高能源供应链的稳定性，将能源利用与生态环境保护紧密结合，实现能源利用效率最大化和环境效益最大化。在统筹城镇燃气、供热发展规划的基础上，尽快制定天然气分布式能源开发利用的专项规划，实现合理应用。

（四）提倡绿色消费

建议各级政府部门和领导带头，从本单位和个人做起，树立绿色消费的观念并在生活中落实。新闻媒体要加强对绿色消费观念的宣传教育，提高全民对绿色消费观念的认同，增强人民群众对保护生态环境的自觉性和责任感。引进先进的科学技术和科学管理理念，在开发绿色产品上下功夫，建设绿色产品生产基地和营销体系，方便消费者购买，使得产品质量不断提升，成本逐渐降低，让消费者深刻感受到绿色产品带来的切身利益，增强对绿色消费的认同感。不断加强城市绿化，提高绿化率，从源头上提升空气环境、水环境和土壤环境的质量。加快经济发展方式的转型，逐渐从粗放的资源型发展模式向节约资源和生态环境保护的发展模式转变，从源头上减少污染物的排放；加强法律制度建设，为绿色消费提供制度保障。

附　录

Appendix

G.11

西部国家生态安全屏障
建设大事记（2018年）

朱　玲[*]

2018 年 1 月 1 日，《内蒙古自治区饮用水水源保护条例》开始施行。该条例于 2017 年 9 月 29 日由内蒙古自治区第十二届人大常务委员会第三十五次会议通过，旨在加强饮用水水源保护，保障饮用水安全，维护公众身体健康和促进经济社会可持续发展。

2018 年 1 月 10 日，中共甘肃省委召开的十三届四次全会做出了《关于构建生态产业体系推动绿色发展崛起的决定》，提出了培育发展"十大生态产业"的目标，包括清洁生产、节能环保、清洁能源、先进制造、文化旅游、通道物流、循环农业、中医中药、数据信息、军民融合十个方面。决定

---

* 朱玲，女，兰州城市学院马克思主义学院教授，主要从事马克思主义理论、伦理学研究。

走生产发展、生活富裕、生态良好的绿色发展之路。

2018年1月17日，国家公布《三江源国家公园总体规划》，明确提出到2020年正式设立三江源国家公园。三江源国家公园将统筹山水林田湖草系统，对公园范围内的自然保护区、重要湿地、重要饮用水源地保护区、自然遗产地等各类保护地进行统一管理。

2018年2月11日，习近平总书记在四川成都天府新区考察时首次提出了建设公园城市的理念，并特别指出在城市建设中要考虑生态价值。

2018年2月14日，甘肃省政府发布《甘肃省推进绿色生态产业发展规划》，制定的总目标是"建设经济发展、山川秀美、民族团结、社会和谐的幸福美好新甘肃"。在发展布局上，将按照不同区域特点，建设中部绿色生态产业示范区、河西走廊和陇东南绿色生态产业经济带。

2018年2月26日，《甘肃省推进绿色生态产业发展规划》确定了265个、总投资8200多亿元的绿色生态产业重点项目。

2018年3月19日，水利部印发第一批通过全国水生态文明建设试点验收城市名单，甘肃省张掖市名列其中。

2018年3月23日，内蒙古自治区环境保护厅发布《关于印发水污染防治2018年度计划的通知》（内环发〔2018〕101号）。

2018年3月30日，甘肃省生态环境厅发布《甘肃省人民政府办公厅关于印发〈甘肃省2017年土壤污染防治工作计划〉的通知》。

2018年4月11日，甘肃省生态环境厅转发《关于开展2018年度大气、土壤污染防治和农村环境整治中央项目储备库建设的通知》（环办规财函〔2018〕37号），要求进一步加强项目储备、提高项目质量，完善大气、土壤污染防治和农村环境整治中央项目储备库，推进大气、土壤污染防治和农村环境整治工作。

2018年4月25日，由全国生态文明建设发展论坛组委会主办的"2018美丽中国—生态城市与美丽乡村经验交流会"在京召开，会上发布了"2018美丽中国—生态城市与美丽乡村"获奖名单。甘肃省的甘南、酒泉、玉门榜上有名。

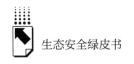

2018 年 4 月 26 日，《甘肃国家生态安全屏障建设发展报告（2017）》发布。这是甘肃省政府参事室组织专家团队，与兰州城市学院、中国社会科学院专家合作，在调查研究的基础上推出的国内第一部《生态安全绿皮书》。

2018 年 5 月 8 日，甘肃省委、省政府印发《关于坚持农业农村优先发展做好全省"三农"工作的实施意见》，提出要深入实施"一户一策"，紧盯"两不愁、三保障"，坚决打赢打好脱贫攻坚战。到 2020 年，确保现行标准下农村贫困人口实现脱贫、贫困县全部摘帽，解决区域性整体贫困。

2018 年 5 月 8 日，内蒙古自治区公布了 2018 年环保目标：空气质量优良天数比例要达到 83% 以上，PM2.5 未达标盟市浓度较 2015 年下降 11.4%；地表水考核断面优良比例要达到 57.7% 以上，劣 V 类水体比例控制在 7.7% 以内。

2018 年 6 月 3 日，陕西省生态环境厅发布了《2018 年陕西省生态环境状况公报》。

2018 年 6 月 4 日，青海省政府新闻办召开全省环境状况新闻发布会，发布《2017 年青海省环境状况公报》。公报显示，青海省 2017 年全省 2 市 6 州空气质量达标天数平均占 92.4%；国家考核的 19 个监测断面水质优良比例达到 94.7%，集中式饮用水水源地水质保持优良；辐射环境质量保持良好；全省生态环境状况总体保持稳定；化学需氧量、氨氮、二氧化碳、氮氧化合物四项主要污染物问题减排目标全面完成。

2018 年 6 月 5 日，甘肃省环保厅发布《2017 年甘肃省环境状况公报》，指出 2017 年全省共设 68 个地表水监测断面，达到水质考核目标断面 66 个；14 个地级城市均开展了环境空气质量六项污染物的自动监测；全省各级各类自然保护区共 60 个，总面积 8832467 公顷，约占全省土地总面积的 20.74%；全省共有野生高等动植物种类 6117 种。

2018 年 6 月 6 日至 7 月 6 日，中央第二环境保护督察组对内蒙古自治区第一轮中央环境保护督察整改情况开展了"回头看"，针对草原生态环境问题统筹进行了专项督察。

2018 年 6 月 12 日，甘肃省生态环境厅发布《2018 年全省生态环境监测工作方案》。

2018年6月23日，内蒙古自治区环境保护厅发布《关于印发水污染防治2018年度计划的通知》（内环发〔2018〕101号）。

2018年6月30日，内蒙古自治区生态环境保护大会召开。

2018年7月31日，陕西省政府出台《陕西省涉及保护区矿业权有序退出的指导意见》。

2018年8月2日，青海省"生态电网"项目在三江源地区逐步破解电网建设与猛禽栖息之间的世界性难题。青海省电力部门自2017年起在三江源头的玉树，投资超过300万元实施"生态电网"项目，最新监测显示，猛禽因触电死亡率大幅下降，每公里死亡数低至1只。项目将持续观察和分析人工鸟巢对三江源生态的积极影响，并在重点草地退化区域建立"生命鸟巢"，通过招引猛禽来控制鼠、兔等啮齿类动物数量，实现草地自然修复。

2018年8月8日，陕西省安康市政府发布《关于印发〈安康市秦岭生态环境保护规划（2018～2025）〉的通知》（安政发〔2018〕17号）。规划明确规定了安康市秦岭环境保护区范围、生态功能区划分、生态保护红线。

2018年8月28日，由中国生态学学会、中共甘南州委、州人民政府共同主办的第九届中国生态文明腊子口论坛在甘南州合作市举办。

2018年9月3日，甘肃省召开第十三届省政府第26次常务会议，安排部署全省自然保护区生态环保问题整改落实工作。省长唐仁健就"绿盾2018"巡查发现的问题提出，要把祁连山生态保护治理作为政治工程、战略工程、生态屏障工程、民生民心工程来抓。

2018年9月11日，陕西省出台《关于进一步加强耕地保护和改进占补平衡的实施意见》，落实5804万亩耕地和4595万亩基本农田保护任务，通过土地整治新增补充耕地21万亩。

2018年9月14日，由中国科学院与青海省政府共同建设的中国科学院三江源国家公园研究院正式揭牌成立。

2018年9月25日，甘肃省崆峒区资源循环利用基地通过国家评审，成

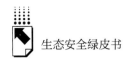
为全省入选的两家基地之一。

2018 年 9 月 28 日，国家公园与生态文明建设高端论坛在甘肃敦煌举行。论坛由国家林业和草原局、甘肃省政府主办，甘肃省林业厅、兰州大学、中国科学院西北生态环境资源研究院承办。来自 15 个国家和国际组织的 150 余名嘉宾齐聚敦煌，共同探讨国家公园与生态文明建设。论坛主题为"保护和改善生态环境，推进美丽中国建设"。

2018 年 10 月 20 日，甘肃省总河长签发总河长令《关于扎实开展河湖"清四乱"专项整治行动的决定》，全省河湖排查整治随之展开，逐河逐湖建立了问题清单，制订了处置方案，协调相关部门形成工作合力，对乱占、乱采、乱堆、乱建等行为依法全面有序清除，确保整改到位，河湖乱象得到有效遏制。

2018 年 10 月 29 日，大熊猫国家公园管理局揭牌仪式在成都举行，标志着大熊猫国家公园体制试点工作进入了全面推进的新阶段。大熊猫国家公园面积达 2.7134 万平方公里，分为四川省岷山片区、邛崃山—大相岭片区，陕西省秦岭片区和甘肃省白水江片区。

2018 年 10 月 29 日，祁连山国家公园管理局在兰州挂牌成立，大熊猫国家公园管理局在成都挂牌成立，标志着祁连山、大熊猫国家公园体制试点工作步入新的建设阶段。

2018 年 10 月，陕西省自然资源厅出台《陕西省矿山地质环境治理恢复指导意见》，安排 1.2 亿元资金用于秦岭地区矿山地质环境治理，全年完成矿山地质环境治理 2.8 万亩。

2018 年 11 月 14 日，陕西省自然资源厅正式挂牌成立。

2018 年 12 月 6 日，内蒙古自治区第十三届人民代表大会常务委员会第十次会议通过《内蒙古自治区人民代表大会常务委员会关于修改〈内蒙古自治区湿地保护条例〉》，自公布之日起施行。

2018 年 12 月 13 日，甘肃省生态建设和环境保护协调推进领导小组会议在兰州召开。会议听取了中央环保督察整改、"绿盾"行动、饮用水水源地整治工作情况和约束性指标进展情况，以及祁连山自然保护区生态环境问题整改工作进展情况汇报，审议了兰州市、白银市、张掖市、定西市和临夏州省级环保督察反馈意见。

2018 年 12 月 25 日，甘肃省委、省政府决定授予古浪县八步沙林场"六老汉"三代人"治沙造林先进集体"荣誉称号。

2018 年 12 月，青海省被国家林业和草原局确定为全国首个"建立以国家公园为主体的自然保护地体系示范省"。

2018 年，甘肃盐池湾国家级自然保护区生态环境持续改善。盐池湾国家级自然保护区位于肃北县东南部，总面积 136 万公顷，是珍禽异兽繁衍栖息的家园，更是珍稀植物种群的基因库。

2018 年下半年，位于河西走廊西端的甘肃盐池湾国家级自然保护区内，架设于海拔 3000 多米的红外相机共捕捉到雪豹影像 60 次。红外相机同时还拍摄到熊、狐狸、白唇鹿、岩羊等野生动物，这表明祁连山生态环境不断得到改善。

2018 年，甘肃围绕打好污染防治攻坚战、紧盯祁连山生态环境问题整改落实等目标任务，国家及省级已投入生态环保资金 194 亿元。具体安排了国家重点生态功能区保护、祁连山保护区矿业权退出、甘肃黑河流域和石羊河流域生态环境综合治理等项目的落实。

参考文献

李永华：《甘肃省主体功能区划中的生态系统重要性评价》，硕士学位论文，兰州大学，2009。

钟祥浩、刘淑珍等：《西藏高原国家生态安全屏障保护与建设》，《山地学报》2006年第2期。

贾文雄：《近50年来祁连山及河西走廊降水的时空变化》，《地理学报》2012年第5期。

孟秀敬、张士锋、张永勇：《河西走廊57年来气温和降水时空变化特征》，《地理学报》2012年第11期。

高真贞、宋军生：《水的呼唤，甘肃水资源短缺警钟长鸣》，《甘肃农业》2015年第19期。

钱国权：《河西走廊生态环境恶化的历史反思》，《开发研究》2007年第3期。

张淑莉、张爱国：《临汾市土地生态安全度的县域差异研究》，《山西师范大学学报》（自然科学版）2012年第2期。

陈东景、徐中民：《西北内陆河流域生态安全评价研究——以黑河流域中游张掖地区为例》，《干旱区地理》2002年第3期。

孙小丽：《甘肃省建设国家生态安全屏障的制度化保障机制研究》，硕士学位论文，甘肃农业大学，2016。

庄俊康、赵勇忠、韩玉梅：《筑起千里河西生态安全屏障——石羊河流域生态治理调查（上）》，《甘肃经济日报》2014年4月10日。

赵成章：《全面构筑祁连山生态安全屏障》，《甘肃日报》2017年7月17日。

孙海燕、王泽华、罗靖：《国内外生态安全屏障建设的经验与启示》，《昆明理工大学学报（社会科学版）》2016年第5期。

甘肃省林业厅：《甘肃林业"十三五"工作思路和战略重点》，《甘肃林业》2016年第4期。

张春花：《甘南生态环境建设的现状及对策》，《甘肃高师》2009年第2期。

柳冬青等：《基于"三生功能簇"的甘肃白龙江流域生态功能分区》，《生态学杂志》201年第4期。

李巍等：《河谷型藏族村落空间特征及生成机制研究——以大夏河沿岸村落为例》，《现代城市研究》2019年第2期。

谢东海：《洮河林区林木物种资源发展的现状及有效对策探讨》，《种子科技》2019年第3期。

金舟加：《议甘南保护生态环境与可持续发展》，《中国农业资源与区划》2016年第6期。

尚小生等：《甘南黄河重要水源补给生态功能区草原鼠害综合治理模式探析》，《畜牧兽医杂志》2015年第2期。

苏军虎等：《甘南草原高原鼢鼠年龄划分及其组成分析》，《动物学杂志》2018年第1期。

赵军等：《基于MODIS数据的甘南草原区域蒸散发量时空格局分析》，《资源科学》2011年第2期。

魏建华等：《天然退化草地实施改良复壮建设与保护措施的思考》，《农业技术与装备》2011年第16期。

孙於春：《黄河上游甘南地区地质灾害形成条件及防治对策》，《甘肃地质》2016年第4期。

魏兴丽等：《不同降雨特征条件下舟曲县地质灾害危险性区划》，《水土保持通报》2016年第3期。

裴惠娟等：《甘肃省地质灾害风险评估》，《灾害学》2017年第2期。

段红梅：《地质灾害风险评价与风险管理分析》，《智能城市》2017年

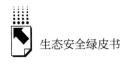
第 6 期。

雷蕾、姚建、吴佼玲、唐静：《环境安全及其评价指标体系触探》，《地质灾害与环境保护》2006 年第 1 期。

甘肃发展年鉴编委会编《2018 甘肃发展年鉴》，中国统计出版社，2018。

《"播绿天水大地·建设生态家园"专题报道之麦积篇》，《天水晚报》2019 年 3 月 31 日。

黄玉华、武文英、冯卫等：《秦岭山区南秦河流域崩滑地质灾害发育特征及主控因素》，《地质通报》2015 年第 11 期。

浦仕梅：《元阳观音山自然保护区资源现状与保护管理浅析》，《内蒙古林业调查设计》2014 年第 1 期。

刘举科、喜文华主编《甘肃国家生态安全屏障建设发展报告（2018）》，社会科学文献出版社，2018。

冯蕊：《陕西秦岭地区生态安全测度研究》，硕士学位论文，西安理工大学，2017。

李旭辉：《陕西秦岭生态功能区划及保护对策研究》，西北大学硕士学位论文，2011。

刘举科、喜文华主编《甘肃国家生态安全屏障建设发展报告（2017）》，社会科学文献出版社，2017。

赵东虎：《西吉县生态建设小流域综合治理开展情况及工作思路》，《现代农业科技》2015 年第 15 期。

张广裕：《西部重点生态区环境保护与生态屏障建设实现路》，《甘肃社会科学》2016 年第 1 期。

胡鹏飞、李净、张彦丽等：《黄土高原水储量的时空变化及影响因素》，《遥感技术与应用》2019 年第 1 期。

马新军：《推行德育改革 实现德育创新》，《文学教育》2019 年第 4 期。

田良才、牛天堂、李晋川：《重塑黄土高原根治水土流失 建设北方现代旱作农业高产带》，《农业技术与装备》2013 年第 21 期。

孔凡斌、陈胜东:《新时代我国实施区域协调发展战略的思考》,《企业经济》2018年第3期。

刘海霞、马立志:《西北地区生态环境问题及其治理路径》,《实事求是》2016年第4期。

孙小丽:《甘肃省建设国家生态安全屏障的制度化保障机制研究》,硕士学位论文,甘肃农业大学,2016年。

张燕、高峰:《甘肃省生态屏障建设的综合评价和影响因素研究》,《干旱区资源与环境》2015年第11期。

张兵、金凤君、胡德勇:《甘肃中部地区生态安全评价》,《自然灾害学报》2007年第5期。

张兵、金凤君、董晓峰等:《甘肃中部地区景观生态格局与土地利用变化研究》,《地理科学进展》2005年第3期。

张秀云、董靓华、姚玉璧等:《定西市气候资源特点与开发利用》,《成都信息工程学院学报》2004年第3期。

王毅荣:《中国黄土高原地区大雨频次演变特征》,《灾害学》2005年第1期。

贺红梅、韩通、高蓉:《甘肃中部近66a气候变化特征与旱涝等级响应》,《甘肃科学学报》2018年第4期。

马洁:《甘肃中部地区引水工程水土流失特征及对策研究——以甘肃省引洮供水二期工程为例》,《甘肃水利水电技术》2015年第2期。

景凌云、费喜亮、吴玉锋等:《甘肃中北部黄土丘陵沟壑区土壤侵蚀模数、水土流失主要类型及分布特征研究》,《安徽农业科学》2013年第14期。

景凌云、费喜亮、张新民等:《甘肃中北部黄土丘陵沟壑区暴雨条件下的水土流失分析——以甘肃省兰州市孙家岔流域为例》,《安徽农业科学》2013年第15期。

陈喜东、石培基、王川等:《不同情景下河谷型城市建设用地扩张的景观生态格局响应——以兰州市为例》,《生态学杂志》2018年第11期。

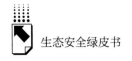

逯承鹏、陈兴鹏、张子龙等：《基于 MFA 的兰州市经济增长与环境压力关系变化分解分析》，《兰州大学学报》（自然科学版）2013 年第 5 期。

李洁、赵锐锋、梁丹等：《兰州市城市土地生态安全评价与时空动态研究》，《地域研究与开发》2018 年第 2 期。

彭定洪、黄子航：《生态城市发展质量评价方法研究》，《中国科技论坛》2019 年第 8 期。

雷思维：《筑牢国家西部生态安全屏障》，《甘肃日报》2019 年 9 月 11 日，第 5 版。

刘举科、孙伟平、胡文臻主编《中国生态城市建设发展报告（2018）》，社会科学文献出版社，2018。

单菁菁、武占云：《西部地区健康城市发展评估与分析》，《开发研究》2017 年第 1 期。

马祖琦：《欧洲"健康城市"研究评述》，《城市问题》2007 年第 5 期。

梁鸿、曲大维、许非：《健康城市及其发展：社会宏观解析》，《社会科学》2003 年第 11 期。

武占云、单菁菁：《健康城市的国际实践及发展趋势》，《城市观察》2017 年第 6 期。

李广华：《转型时期的健康城市建设路径》，《常熟理工学院学报》2006 年第 3 期。

王明星：《海绵城市建设进展与问题分析》，《企业科技与发展》2019 年第 4 期。

张希萌：《生态旅游管理与可持续发展研究》，《现代营销（信息版）》2019 年第 3 期。

左梦婷、鲍建华等：《智慧城市发展水平评价研究——以合肥市为例》，《山西农经》2019 年第 6 期。

焦喜丽：《陕西秦岭生态功能保护区地质灾害特征及其防治措施》，《陕西地质》2004 年第 1 期。

袁蒲菁：《柞水县地质灾害风险评价》，硕士学位论文，长安大学，

2015。

孙佳伟：《略阳县地质灾害风险评价研究》，硕士学位论文，长安大学，2012。

成琳：《留坝县地质灾害危险性区划研究》，硕士学位论文，长安大学，2010。

徐永强：《陕西省山阳县"8·12"山体滑坡》，《中国地质灾害与防治学报》2015年第3期。

王滔、吴增养、赵学理：《陕西省山阳县地质灾害发育特征与移民选址原则》，《地质灾害与环境保护》2012年第3期。

吴泽群：《内蒙古河套地区晚第四纪库布齐沙漠的形成和演化》，硕士学位论文，中国地质大学，2017。

梁佩韵、那非丁：《库布其沙漠治理的时代价值与深远意义》，《实践》（思想理论版）2018年第9期。

《鄂尔多斯林业志》编委会编《鄂尔多斯林业志》，内蒙古人民出版社，2011。

白洁：《筑牢祖国北疆生态安全屏障——我市推进生态文明制度建设综述》，《鄂尔多斯日报》2018年11月26日，第A02版。

王占义：《世界防治荒漠化的"中国方案"——库布其模式解析（上）》，《北方经济》2017年第12期。

《鄂尔多斯市造林总场志》编委会编《鄂尔多斯市造林总场志》，内蒙古人民出版社，2015。

吕广林：《建设精品工程提高国有林场森林质量——以鄂尔多斯市造林总场为例》，《内蒙古林业调查设计》2019年第2期。

曹建义：《用青春和汗水传承生态坚守——鄂尔多斯市造林总场建设发展纪实》，《内蒙古林业》2018年第8期。

内蒙古自治区第二林业监测规划院：《鄂尔多斯市市造林总场森林资源调查报告》，2011。

曹建义、高羽翼、王计、阿拉腾苏和：《风雨兼程四十载　志为荒沙披

绿装——鄂尔多斯市造林总场沟心召分场 40 年林业生态建设发展纪实》，《内蒙古林业》2019 年第 6 期。

吕广林：《鄂尔多斯市造林总场退化防护林改造技术》，《内蒙古林业》2019 年第 6 期。

曹建义、刘文军：《以改革转变发展方式　以产业发展提质增效——鄂尔多斯市造林总场卅顷地分场林业产业发展纪实》，《内蒙古林业》2019 年第 5 期。

樊胜岳、张卉、乌日嘎：《中国荒漠化治理的制度分析与绩效评价》，高等教育出版社，2011。

邓丽君、王爽、牧远：《走尊重自然、顺应自然的科学治沙之路》，《中国英才》2017 年第 9 期。

后　记

　　西部地区是国家重要的生态安全屏障建设区，是国家生态安全体系中的重要组成部分，也是构建国家"两屏三带"生态安全战略格局的重要组成部分。推动东西部协调发展就一定要建设好西部生态安全屏障、西部大都市圈和"一带一路"西部陆海新通道。

　　生态安全屏障具有净化环境、土壤保持、水源涵养、生物多样性保育等多种功能，是保障人类生存发展的物质基础，因此必须构建科学规范、稳定完整的生态安全屏障，提供更多优质生态产品以不断满足人民群众日益增长的对优美生态环境的需求。习近平总书记非常重视西部国家生态安全屏障建设，强调要筑牢国家生态安全屏障。我们必须坚定不移地贯彻落实习近平总书记指示精神，承担起国家生态安全屏障建设的历史重任，坚持"绿水青山就是金山银山"的绿色发展理念，为加快推进国家生态安全屏障综合实验区建设，切实筑牢生态安全屏障做出贡献。西部人民在荒漠化治理、建设国家生态安全屏障中树立了重塑西部自然地理空间的全球荒漠化治理的成功典范。河北塞罕坝林场人用 38 年时间创造了荒原变林海的人间奇迹，成功培育出 112 万亩人工林，这是目前世界上面积最大的人工林。据测算，塞罕坝林场每年可为北京和天津提供 1.37 亿立方米清洁水，固定 74.7 万吨二氧化碳，并释放 54.4 万吨氧气。根据中国林科院对塞罕坝林场生态价值的评估，其每年产生的生态服务价值已经超过 120 亿元。塞罕坝林场被联合国环境规划署授予"地球卫士奖"。内蒙古库布其沙漠整体治理进程加快，绿化面积达 6000 多平方公里，成为全球荒漠化治理的成功典范。甘肃省武威市古浪县八步沙林场"六老汉" 38 年如一日，三代人坚持不懈，累计治沙造林 21.7 万亩，管护封沙育林（草）37.6 万亩，用"愚公移山"精神生动书写了从"沙

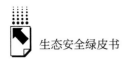

逼人退"到"人进沙退"的绿色篇章，被中共中央宣传部授予"时代楷模"称号，为推动西部地区防风治沙、绿化国土，构建西部生态安全屏障做出了突出贡献，创造了人间奇迹，同时也为贫困地区在扶贫开发与生态保护相协调、脱贫致富与可持续发展相促进方面积累了经验，使贫困人口从生态保护与修复中得到更多实惠，实现了脱贫攻坚与生态文明建设"双赢"。

大都市圈建设也是当前和今后相当长时期需要花大力气解决的突出问题。大都市圈是一个以大都市为核心，以空间联系为主要特征，以物流、人流、经济流、信息流等为衡量指标的功能地域概念；是大都市在充分发挥中心城市集聚效应和辐射效应的前提下，与周边地域形成种种紧密联系所能波及的空间范围（又称为"一日交流圈"），所形成的功能地域、节点地域。要着力推进东西部城市群及大都市圈协调发展，按照国家"两横三纵"城市化规划格局，大力强化西部"一横一纵"规划，建设以兰州为中心的西部大都市圈。因为我国北有以北京为中心的京津冀协同发展战略区，东有以上海为中心的长江三角洲区域一体化发展战略区，南有以广州为中心的粤港澳大湾区，唯独西部没有代表性大都市圈，急需形成若干新的大城市群和区域性城市群。要因地制宜优化城镇化布局与形态，提升并发挥国家和区域中心城市功能作用，推动城市群高质量发展和大中小城市网络化建设，以解决西部现代化问题。

此外，要加快西部陆海新通道建设，这对于充分发挥西部地区连接"一带"和"一路"的纽带作用，深化陆海双向开放，推进西部大开发形成新格局，推动区域经济高质量发展，具有重大现实意义和深远历史意义。要着力加快通道和物流设施建设，大力提升运输能力和物流发展质量效率，深化国际经济贸易合作，促进交通、物流、商贸、产业深度融合，打造交通便捷、物流高效、贸易便利、产业繁荣、机制科学、具有较强竞争力的西部陆海新通道，为推动西部地区高质量发展、建设现代化经济体系提供有力支撑。

《西部国家生态安全屏障建设发展报告（2019）》在《甘肃国家生态安全屏障建设发展报告（2018）》的基础上，对甘肃省、青海省、陕西省、内蒙古等西部重要省区的生态建设现状及发展思路做了评价与总结。影响生态安全的因素有很多，水、湿地、土地、森林、草原、海洋、流域、气候、矿产资源开发和生态功能区开发利用都会影响生态安全，必须在国家国土资源开发与利用大战略格局下，基于资源环境承载力和国土空间开发适宜性评价，强化"三区三线"管控，在国土空间规划中统筹划定落实生态保护红线、永久基本农田、城镇开发边界三条控制线，制定相应管控规则，进一步形成各具特色的资源环境保护区域，再根据地域差异和生态安全影响因素、表现形式的不同，构建具有区域特征的生态安全屏障。

本报告以西部地区生态安全屏障建设区为研究对象，采用比较分析、系统分析、定性与定量相结合的方法，制定了科学的考核评价标准、指标体系，建立了考核评价动态模型，分别对生态安全屏障建设、资源环境承载力、生态安全屏障建设区地质灾害风险评估和生态保护补偿标准等重大问题进行研究评估。本报告对西部国家生态安全屏障安全等级指数进行评价，力图使生态安全状态保持在有利于人类生存发展的有益区间内；对资源环境承载力进行评价，力图把各类开发活动严格限制在资源环境承载能力之内；对生态安全屏障建设区地质灾害风险进行评估，力图使生态安全风险保持在可控范围之内。本报告对近年来生态安全屏障建设的实践与问题进行了分析，给出下一年度建设的侧重度、难度和综合度等具体建议；跟踪研究西部国家生态安全屏障建设进展及重大生态保护修复工程绩效，探索建立多元化生态补偿机制；逐步增加对森林、草原、湿地与耕地、矿产资源开发、海洋、流域和生态功能区等方面的生态补偿标准；及时总结生态安全屏障建设中涌现出来的好的理念、经验与方法，完善考核评价标准与实施路径，构建以生态系统良性循环和环境风险有效防控为重点的生态安全体系，保障国家生态安全。本报告对关心和参与西部地区生态环境发展的党政领导、专家学者和社会各界有重要的参考价值；对推动形成绿色发展方式和生活方式，坚定走生产发展、生活富裕、生态良好的文明发展道路具有重要意义。

《西部国家生态安全屏障建设发展报告（2019）》的理论构架、发展理念、目标定位、评价标准等由主编确立。参加研创工作的主要编撰者有陆大道、李景源、郭清祥、孙伟平、胡文臻、刘举科、喜文华、曾刚、李开明、赵廷刚、温大伟、谢建民、刘涛、袁春霞、钱国权、高天鹏、南笑宁、赵长

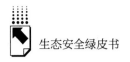

明、汪永臻、康玲芬、曾建军、马驰、包小风、李明涛、王翠云、林龙圳、张鹏、王庭秦、郑佳、李广文、鲍锋、王金相、常国华、张伟涛、朱玲、崔剑波、马凌飞等。《西部国家生态安全屏障建设大事记（2018 年）》由朱玲负责完成。中英文统筹由汪永臻、马凌飞负责完成，主编刘举科、喜文华最后统稿定稿。

西部国家生态安全屏障建设发展研究与《生态安全绿皮书》的策划、立项、编撰、发行与推广工作得到皮书学术委员会及诸多部门领导、专家真诚无私的关心与支持。我们对所有支持和关心这项研究工程的单位和专家学者表示衷心感谢。特别感谢中国社会科学院领导、甘肃省政府领导所给予的亲切关怀和巨大支持。感谢陆大道院士、李景源学部委员所贡献的智慧和给予的无私奉献，感谢配合和帮助我们开展社会调研与信息采集的部门、市县和志愿者，感谢社会科学文献出版社谢寿光社长和政法传媒分社王绯社长、周琼副社长为本书出版所付出的辛勤劳动。

刘举科　喜文华

2019 年年 6 月 30 日

Abstract

The western region is the important implementation area of China's "Two Barriers, Three Zones" ecological security strategy. This region plays an important strategic security role in ensuring national ecological security. The construction of the ecological security barriers in the western region is of tremendous importance in advancing the large-scale development in the western region in new era, securing a decisive victory in building a moderately prosperous society in all respects and embarking on a journey to fully build a modern socialist China. General Secretary Xi Jinping instructed that "to advance theecological protection and restoration, we should give priority to protection, and give first place to the latter; we should make further efforts to integrate the protection and restoration of mountain, water, forest, farmland, lake and grass; the ecological restoration projects concerning the national ecological security areas like Qinghai-Tibet Plateau, Loess Plateau, Yunnan-Guizhou Plateau, Qinling-Daba Mountains, Qilian Mountains, Xing'an Mountains and Changbai Mountains, Nanling Mountainous Area, Beijing-Tianjin-Hebei water conservation area, Inner Mongolian Plateau, Hexi Corridor, Tarim River basin, Yunnan-Guangxi-Guizhou Karst area and so on, should be attached great importance; at the same time, we should enhance the construction of the shields for ecological security." We must unwaveringly implement General Secretary Xi Jinping's instructions, shouldering the historical task of constructing the national ecological security barriers, insisting on the concept of green development that lucid waters and lush mountains are invaluable assets, and making a contribution to accelerate the construction of comprehensive experimental areas of the national ecological security barriers, the large-scale development in the western region, and the ecological security barriers.

Under the leadership of the CPC and through the tireless efforts of the people around China, we have achieved the successful experience and made great

achievement of constructing the ecological security barriers in the western region. For instance, in the Saihanba forest farm of Hebei Province, people spent 38 years creating a miracle by changing the wasteland into an immense forest. They successfully cultivated 1. 12 million mu man-made forest, which is the largest man-made forest in the world. According to the calculation, the Saihanba forest farm could provide 137 million cubic meters of clean water annually to Beijing and Tianjin, fix 747000 tons of carbon dioxide, and release 545000 tons of oxygen. According to the evaluation of Chinese Academy of Forestry on its forest ecological value, the annual ecological service value of Saihanba has exceeded 12 billion yuan. So, the Saihanba forest farm was awarded the "the Champions of the Earth" by UNEP, the highest honor of environmental protection in UN. Another typical case is the holistic governance of the Kubuqi Desert in Inner Mongolia: the area of the afforestation has reached to nearly 6, 000 square kilometers, being regarded as the successful model of global desertification control. What's more, throughout 38 years, six old men in Babusha forest farm in Gulang county, Wuwei city in Gansu Province, made unremitting efforts to control sand and afforest in 217000 mu, and close desert to facilitate afforestation in 376, 000 mu. They made great contribution to the environmental protection in desert with their determination to win victory and the courage to surmount every difficulty. To commend their achievement, the Publicity Community of the CPC Central Committee awarded them the title of "the Model of the Times. " All the above efforts advance the wind-preventing and sand-fixing effects and the afforestation in the western region, as well as contribute a lot to the construction of ecological security barriers. In the meantime, these successful cases help us accumulate the experiences of the coordination between the anti-poverty and environmental protection in poor areas, and the mutual promotion between casting poverty to getting rich and the sustainable development. It also helps the impoverished people obtain benefits from the ecological protection and restoration, realizing the win-win situation of getting rid of poverty and constructing the ecological civilization.

In the past year, the ecological environment of China has been improved a lot: the percentage of forest cover in China has reached to 21. 6% ; the overall area of grassland is 392. 83267 million hectares; the carbon dioxide emissions per unit of

GDP has fallen by 4% ; energy consumption per unit of GDP (tons of standard coal per 10, 000 yuan of GDP) has decreased by 3. 1% ; the air quality also continues to be improved. To further advance the construction of ecological security barriers in the western region, we propose that comprehensive elements like ecology, population, industry, water, information, and culture should be put into the western region; we should fully perform the multiple functions of ecology, economy, society, culture and security to rebuild the geographic space in the western region. In the mean time, the vast tracts of land resources in the western region should be released to unleash and develop productive forces, and promote the coordinated regional development. To reach a new stage in the large-scale development of the western region, we will strengthen the construction of ecology, economy, society, culture and security in the western border areas, areas with large ethnic minority populations and arid areas; we will also try to put forward the idea of "westward project of ecology", coordinating the development between the western and eastern regions.

Keywords: Ecological Security; Ecological Security Barriers; Westward Project of Ecology; Coordinated Development

Contents

I General Report

Abstract: Western national ecological security barrier construction has a
strategic significance to national ecological security in China. There are Loess
plateau, Tibet Plateau, and Inner Mongolian Plateau in western China. In this
report, The state of ecological construction and its development ideas of Inland
river of Qilian Mountains, Yellow River's upper reaches in Gannan Plateau,
Changjiang River's upper reaches in Southern Qinling – Bashan Mountains, the
Loess Plateau in Southeast, the Middle Along the Yellow river in Gansu Province,
and improtant regions including Qinhai province, Shanxi province, Inner
Mongolia in western China, are evaluated and summarized. According to the
above results of assessment, the fellow countermeasures and suggestions should be
taken. The ideas of fostering an ecological civilization that respects, conforms to
and protects nature should be firmly established. Key ecological projects and major
ecological projects should be implemented. Environmentally friendly industries
should be actively developed. The efforts to conserve energy, reduce emissions,
and to protect the environment should be appreciated. Building of an ecological
civilization system and mechanism should be accelerated. Efforts to build an
ecological security barrier in the western region of China should be made.

Keywords: Western region; Ecological security barrier; Ecological environment; Ecological security

Ⅱ   Evaluation Reports

Abstract: The national ecological security barrier in western China mainly includes five: the inland river ecological security barrier in the Qilian Mountain in the west of Gansu Province, the upper reaches of the Yangtze River ecological security barrier in the southern Qinba Mountain Area, the upper reaches of the Yellow River ecological security barrier in the south of Gansu Province, the loess plateau ecological security barrier in the Longzhong and Longdong region of Gansu Province, the ecological corridor along the Yellow River area in the middle of Gansu Province, Qinghai, Inner Mongolia, Shaanxi and other regions. There are various types of ecological problems in Northwest China. With the acceleration of industrialization, urbanization and agricultural modernization, the bottleneck of resources and environment is further intensified. The contradiction between accelerating development and environmental protection is increasingly prominent, and the difficulty of ecological governance is increasing. Based on the concepts and related theories of ecological security, from ecological environment, ecological economy and ecological society, we evaluate the resource carrying capacity and environmental security of the ecological security barriers of the "four barriers and one corridor" in Gansu, Kubuqi Desert in Inner Mongolia and Qinling Mountains in Shaanxi in this report. Finally, some suggestions and countermeasures are put forward for the construction of ecological security barrier.

Keywords: Ecological security barrier in Western China; Ecological security; Resource and environmental carrying capacity; Environmental security

G. 3   Evaluation Report on Ecological Security Barriers Construction

of Inland Rivers in Hexi Qilian Mountain

Yuan Chunxia, Qian Guoquan / 059

Abstract: In this report, 21 indicators, including ecological environment, ecological economy and ecological society, are selected to construct the evaluation index system for the construction of ecological security barriers in this region, and the comprehensive evaluation is made for the construction of ecological security barriers in Jiuquan, Jiayuguan, Zhangye, Jinchang and Wuwei. The results show that the comprehensive indexes of ecological security in Jiuquan, Zhangye and Wuwei are relatively high in 2017. The evaluation results of resource and environment carrying capacity show that the comprehensive index of resource and environment carrying capacity of Hexi inland river region in 2017 is 6. 55, with high resource carrying capacity, but there are great differences among cities. In 2017, the comprehensive index of regional environmental safety of Hexi inland river was 4. 33, of which Jiuquan and Wuwei were in a fragile state. The construction of the ecological security barrier in Hexi inland river region has entered an in-depth and critical period. We can continue to increase investment in wetland, river protection, sewage treatment, scientific and technological innovation, break through key points, overcome difficulties, and further promote the construction of the ecological security barrier in Hexi.

Keywords: Inland river in Hexi Qilian Mountain; Ecological Security barrier; Ecological security; Resources and environmental carrying capacity

G. 4   Evaluation Report on Ecological Security Barriers

Construction in the Upper Reaches of the Yellow River in

Gannan Plateau

Gao Tianpeng, Nan Xiaoning and Zhao Changming / 085

Abstract: This report mainly evaluates the ecological security barrier of the upper reaches of the Yellow River in Gannan plateau from three aspects: ecological environment, ecological economy and ecological society. According to the research, in the upper reaches of the Yellow River on the Gannan plateau in 2017, the ecological security status of Linxia city is ideal and the ecological security degree is safe. The state of ecological security in Linxia, Kangle and Guanghe counties is good and the degree of ecological security is relatively safe. The ecological security status of Hezheng county, Jishi mountain county, Hezuo city, Lintan county and Luqu county was general, and the ecological security degree was early alarming. The ecological security of Zhuoni county, Maqu county and Xiahe county is poor and the degree of ecological security is dangerous. Therefore, in the process of building ecological security barriers, the region should strengthen the management of ecological areas, build a reasonable disaster prevention system, improve the disaster prevention mechanism, enhance the public awareness of disaster prevention, and apply advanced science and technology in the action of disaster prevention and reduction, so as to coordinate the ecology, economy and society and achieve sustainable development.

Keywords: Gannan plateau area; Environmental security; Ecological security barrier; Resource and environmental carrying capacity

G. 5   Evaluation Report on Ecological Security Barriers Construction
in the Upper Reaches of the Yangtze River in Qinba
Mountains Areas, Southern Gansu   *Wang Yongzhen* / 135

Abstract: The report evaluates the ecological security barrier of Qinba Mountain area in southern Gansu from three aspects: ecological environment, ecological economy and ecological society. The study indicates that the ecological security situation of the region is fine, and the ecological security degree reaches safe in 2017. Tianshui's ecological security status is ideal, and ecological security degree to achieve security, which is better than that of Gannan Tibetan

Autonomous Prefecture and Longnan. At the same time, due to various constraints, the construction of the ecological security barrier in this region has entered quite difficult period and hard work. The fact that per capita urban road area, tertiary sector of the economy, urban greening, sewage treatment, scientific and technological innovation, and personnel training are all still not optimistic. The report puts forward some feasible countermeasures, such as top-level design to promote the construction of ecological security barrier, policy support to support the implementation of ecological priority Green Development Strategy, and tackling both the symptoms and root causes to build Green Water and green mountains.

Keywords: Qinba Mountain area; Ecological security barrier; Ecological security index; Resource and Environmental carrying capacity

G. 6　Evaluation Report on Ecological Security Barriers Construction of the Loess Plateau in Eastern and Central Gansu Province

Kang Lingfen, Zeng Jianjun, Ma Chi and Bao Xiaofeng / 163

Abstract: Constructing ecological security barriers of the loess plateau in southeast Gansu province plays an important role in the ecological security of western part of and even the whole China. This report includes 13 indexes in Ecological economy, ecological enviroment and ecological sociaty to construct the evaluation index system of constructing ecological security barriers. Combining entropy method and synthetical index method, this report evaluates the construction of ecological security barriers in southeast Gansu province. The results show that the composite index of constructing ecological security barriers of the loess plateau in southeast Gansu province is 0. 8166. The condition of ecological security is ideal and ecology is safe. Comprehensive index of carrying capacity of resource and environment in southeast Gansu province is 0. 6555. The carrying capacity of resources is high and the condition of enviromental safety is basically safe. After deep analysis of the current condition and problems of constructing ecological security barriers of the loess plateau in southeast Gansu province, this report comes up with some suggestions that will make constructing ecological security barriers of the loess plateau in southeast Gansu province develop better, such as closing mountains and cultivating forests to improve forest coverage, developing comprehensive management of small river basins, adjusting the structure of land usage and Perfecting Infrastructure. This report further guides the sustainable development of the ecological enviroment in southeast Gansu province.

Keywords: Eastern and Central Gansu Province; Ecology enviroment; Ecological security barriers; Resource and Environmental carrying capacity

G. 7 Evaluation Report on Security Barriers Construction of Ecological Corridor Along the Yellow River in the Central Region　　　　　*Li Mingtao, Wang Cuiyun* / 195

Abstract: The central region along the Yellow River is one of the important experimental areas for the construction of national ecological security barrier in Gansu province. Water and soil erosion prevention and control and comprehensive river basin management are the key points of construction. The Yellow River ecological corridor not only has an important impact on the improvement of local ecological environment and the sustainable development of social economy, but also is an important part of the national "two screens and three belts" ecological barrier. Based on the establishment of an evaluation index system for the construction of regional ecological security barriers, this report adopts the entropy method and other research methods to comprehensively evaluate the construction of ecological security barriers in lanzhou, baiyin and yongjing. On this basis, the method of index system to evaluate the bearing capacity of resources and environment, gravity, difficulty and the comprehensive ecological construction, analysis of practice and problems of the construction of the ecological security barrier in the central region of the Yellow River in recent years, and put forward

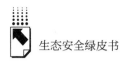
feasible countermeasures and Suggestions, so as to provide reference for regional ecological protection and sustainable development.

Keywords: Ecological corridor along the Yellow River; Ecological security barrier; Resource and environmental carrying capacity; Sustainable development

G. 8   Evaluation Report on Ecological Security Barrier Construction in Hobg Desert Area, Ordos City, Inner Mongolia

Lin Longzhen, Wang Tingqin, Zhang Peng,

Ma Mingyang and Zheng Jia / 212

Abstract: The Hobq desert of Ordos city in Inner Mongolia is the seventh largest desert in China. In recent years, the ecological management of Hobq desert area has made remarkable achievements, forming the "Management model of Hobq desert", which has become a successful model of desertification control worldwide. The report evaluates the construction of ecological safety barrier in Hobq desert area and its resource and environmental carrying capacity, introduces the typical cases to the construction of ecological safety barrier in Hobq desert in the afforestation base of Ordos city, and finally puts forward the countermeasures and Suggestions for further construction of ecological safety barrier in Hobq desert area.

Keywords: Hobq desert area; Ecological security barrier; Resource and environmental carrying capacity; Ecological environment; Ecological security

G. 9   Evaluation Report on Ecological Security Barrier Construction in Qinling Mountains

Li Guangwen, Bao Feng / 242

Abstract: The ecological functional area of Qinling mountains includes most cities and counties of Baoji, Xi 'an, Weinan, Hanzhong, Ankang and Shangluo in Shanxi province. This ecological functional area is an important water resources area in the middle route of water-transferring of China. At the same time, it is the natural boundary and intersection of five natural geographical elements of geology, climate, biology, water system and soil in the south and north of China. Based on the introduction of the concept of ecological security and related theories, this report evaluated the ecological security barrier of Qinling ecological functional area from three aspects of ecological environment, ecological economy and ecological society, and finally concluded that: from the overall evaluation results, the lowest comprehensive index of each region was 0. 6443, which was in a good state of ecological security. So the result is that ecological security is relatively safe. The ecological security barrier in whole Qinling ecological function zone is a good and ideal state. Although there are some ecological environmental problems in some parts of the ecological security barrier, overall, the ecological environment is less damaged and the ecological service function is relatively complete. In some areas, the ecological environment has been well protected and basically undisturbed, the ecosystem services have been basically improved, and there are no obvious ecological problems.

Keywords: Qinling mountain ecological security barrier; Resource and environmental carrying capacity; Ecological environment; Ecological security

Ⅲ Special Report

G. 10 Report on the Construction and Development of Security

Barrier of the Eco-cities with Western Characteristics

Wang Jinxiang, Chang Guohua and Zhang Weitao / 270

Abstract: Based on the assessment of *Eco − City Green Paper: Report on the development of eco-city construction in China* (2019, this report further analyzed the security barrier constructions of the main 84 eco-cities in the west of

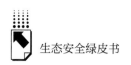
China. Nanning, which has the highest eco-city health index (ECHI) among all the cities in the west of China, was taken as the example to show its achievement in terms of eco-city construction. This city, relying on the advantage of its location, has made great improvements in roads, railways, civil aviation and waterway transport, and has made progress in the construction of green public transport system. Nanning government is also active in constructing "sponge city" and has launched "Blue Sky Protection Campaign", proving to be effective. After the urban greening has been increased, the level of Nanning urban greening has become at the forefront of the country with the scenery of "Half Trees & Half Building". "Ecology and Industry and Humanity" severing as the guide, a series of ecotourism sites with both domestic and international influences has been established. Taking the opportunity of "One Belt, One Road" strategy, Nanning now is implementing smart city with a new type. In addition, this report proposed strategies and advices in terms of garbage classification, eco-agriculture, the implement of renewable energy, green consumption with the attempt of assisting further constructions of eco-cities and its security barrier in Nanning.

Keywords: Ecological security barrier; Eco-city health index; Eco-city; Nanning smart city

Ⅳ Appendix

权威报告·一手数据·特色资源

皮书数据库
ANNUAL REPORT(YEARBOOK)
DATABASE

分析解读当下中国发展变迁的高端智库平台

所获荣誉

● 2019年，入围国家新闻出版署数字出版精品遴选推荐计划项目

● 2016年，入选"'十三五'国家重点电子出版物出版规划骨干工程"

● 2015年，荣获"搜索中国正能量 点赞2015""创新中国科技创新奖"

● 2013年，荣获"中国出版政府奖·网络出版物奖"提名奖

● 连续多年荣获中国数字出版博览会"数字出版·优秀品牌"奖

成为会员

通过网址www.pishu.com.cn访问皮书数据库网站或下载皮书数据库APP，进行手机号码验证或邮箱验证即可成为皮书数据库会员。

会员福利

● 已注册用户购书后可免费获赠100元皮书数据库充值卡。刮开充值卡涂层获取充值密码，登录并进入"会员中心"—"在线充值"—"充值卡充值"，充值成功即可购买和查看数据库内容。

● 会员福利最终解释权归社会科学文献出版社所有。

数据库服务热线：400-008-6695

数据库服务QQ：2475522410

数据库服务邮箱：database@ssap.cn

图书销售热线：010-59367070/7028

图书服务QQ：1265056568

图书服务邮箱：duzhe@ssap.cn

社会科学文献出版社 皮书系列
SOCIAL SCIENCES ACADEMIC PRESS (CHINA)

卡号：914774948473

密码：

基本子库
SUB DATABASE

中国社会发展数据库（下设 12 个子库）

　　整合国内外中国社会发展研究成果，汇聚独家统计数据、深度分析报告，涉及社会、人口、政治、教育、法律等 12 个领域，为了解中国社会发展动态、跟踪社会核心热点、分析社会发展趋势提供一站式资源搜索和数据服务。

中国经济发展数据库（下设 12 个子库）

　　围绕国内外中国经济发展主题研究报告、学术资讯、基础数据等资料构建，内容涵盖宏观经济、农业经济、工业经济、产业经济等 12 个重点经济领域，为实时掌控经济运行态势、把握经济发展规律、洞察经济形势、进行经济决策提供参考和依据。

中国行业发展数据库（下设 17 个子库）

　　以中国国民经济行业分类为依据，覆盖金融业、旅游、医疗卫生、交通运输、能源矿产等 100 多个行业，跟踪分析国民经济相关行业市场运行状况和政策导向，汇集行业发展前沿资讯，为投资、从业及各种经济决策提供理论基础和实践指导。

中国区域发展数据库（下设 6 个子库）

　　对中国特定区域内的经济、社会、文化等领域现状与发展情况进行深度分析和预测，研究层级至县及县以下行政区，涉及地区、区域经济体、城市、农村等不同维度，为地方经济社会宏观态势研究、发展经验研究、案例分析提供数据服务。

中国文化传媒数据库（下设 18 个子库）

　　汇聚文化传媒领域专家观点、热点资讯，梳理国内外中国文化发展相关学术研究成果、一手统计数据，涵盖文化产业、新闻传播、电影娱乐、文学艺术、群众文化等 18 个重点研究领域。为文化传媒研究提供相关数据、研究报告和综合分析服务。

世界经济与国际关系数据库（下设 6 个子库）

　　立足"皮书系列"世界经济、国际关系相关学术资源，整合世界经济、国际政治、世界文化与科技、全球性问题、国际组织与国际法、区域研究 6 大领域研究成果，为世界经济与国际关系研究提供全方位数据分析，为决策和形势研判提供参考。

法律声明